图 1　卖果子露的商人

图 2　卖雪芭的小贩

图 3　1910 年女士品尝冰淇淋

图 4　1877 年的街头冰淇淋小贩

图 5　1930 年代的冰淇淋小贩

图 6　吃甜筒冰淇淋的女士

Of Sugar and Snow
A History of
Ice Cream
Making

糖与雪

冰淇淋与我们相遇的五百年

［美］耶丽·昆齐奥　Jeri Quinzio_ 著

邹赜韬　王燕萍_译

上海社会科学院出版社
SHANGHAI ACADEMY OF SOCIAL SCIENCES PRESS

丛书弁言

人生在世,饮食为大,一日三餐,朝夕是此。

《论语·乡党》篇里,孔子告诫门徒"食不语"。此处"食"作状语,框定礼仪规范。不过,假若"望文生义",视"食不语"的"食"为名词,倏然间一条哲学设问横空出世:饮食可以言说吗? 或曰食物会否讲述故事?

毋庸置疑,"食可语"。

是饮食引导我们读懂世界进步:厨房里主妇活动的变迁摹画着全新政治经济系统;是饮食教育我们平视"他者":国家发展固有差异,但全球地域化饮食的开放与坚守充分证明文明无尊卑;也是饮食鼓舞我们朝着美好社会前行:食品安全运动让"人"再次发明,可持续食物关怀催生着绿色明天。

一箪一瓢一世界!

万余年间,饮食跨越山海、联通南北,全人类因此"口口相连,胃胃和鸣"。是饮食缔造并将持续缔造陪伴我们最多、稳定性最强、内涵最丰富的一种人类命运共同体。对今日充满危险孤立因子的世界而言,"人类饮食共同体"绝非"大而空"的理想,它是无处不在、勤勤恳恳的国际互知、互信播种者——北美街角中餐馆,上海巷口星巴克,莫不如此。

饮食文化作者是尤为"耳聪"的人类,他们敏锐捕捉到食物执拗的低音，将之扩放并转译成普通人理解的纸面话语。可惜"巴别塔"未竟而殊方异言，饮食文化作者仅能完成转译却无力"传译"——饮食的文明谈说，尚需翻译"再译"才能吸纳更多对话。只有翻译，"他者"饮食故事方可得到相对"他者"的聆听。唯其如此，语言隔阂造成的文明钝感能被拂去，人与人之间亦会心心相印——饮食文化翻译是文本到文本的"传阅"，更是文明到文明的"传信"。从翻译出发我们览观世间百味，身体力行"人类饮食共同体"。

职是之故，我们开辟了"食可语"丛书。本丛书将翻译些许饮食文化作者"代笔"的饮食述说，让汉语母语读者更多听闻"不一样的饮食"与那个"一样的世界"。"食可语"丛书选书不论话题巨细，力求在哲思与轻快间寻找话语平衡，希望呈现"小故事"、演绎"大世界"。愿本丛书得读者欣赏，愿读者能因本丛书更懂饮食，更爱世界。

编　者

2021 年 3 月

中文版序

在世界各地，从北京到波士顿，在典雅的冰淇淋店抑或普通人家餐桌上，男女老少都在尽兴享用着冰淇淋。冰淇淋是世界上最受欢迎的美食之一，也是一笔大生意——全球冰淇淋市场价值近800亿美元，并仍在迅速扩张。今天，中国是全球增速最快的冰淇淋市场之一。预计在未来几年内，中国冰淇淋业收入将达到220亿美元。享用冰淇淋已然成为世界上最简单却又最普遍的一种乐趣。

然而，直到19世纪，冰淇淋还是一种罕见的奢侈品——它是皇室、时尚人士以及各色富人的独享美味。在那时，冰淇淋是为中国皇帝、英国国王或王后以及美国总统们准备的，普通人仅能空望生津。冰淇淋生在宫殿里，而非运动场。已知首次使用"冰淇淋"英文单词(ice cream)的文献源自1671年英国温莎城堡举行的圣乔治宴会。当时，"一盘冰淇淋"被端到国王查理二世的面前。如此，今日我们所熟知、热衷的美味冰淇淋，实际上花了好几个世纪，才最终走上了寻常人家的餐桌。

在本书中，我追溯了冰淇淋的前世今生。我从17世纪初意大利的"冰淇淋襁褓"一直写到美国冰淇淋工业化生产的"新黎明"。本书英文版标题"糖与雪"(*of Sugar and Snow*)源自早期糖果商描述冰淇淋所需稠度的一则短语。冰淇淋本不应该是坚硬、冰冷的，它应该像糖和雪一样柔软细腻。在写作本书时，我通过展示那些早期冰淇淋制造商的评论、食谱，向读者朋友们生动演绎了冰淇淋制作、食用的方式如何随环境变化而日新月异，这是一个永恒发展着的甜蜜传奇。

今天，我们在生日、假日以及各类庆祝活动中往往会遇见冰淇淋，当渴望舒适地放松时，我们也会选择冰淇淋。一盘冰淇淋可能是课后小吃，也可能是晚餐甜点。冰淇淋可以装在杯子、蛋卷里，甚至盛在苏打水中。香草、咖啡、杏仁都是冰淇淋的调味伴侣，还可配上热巧克力酱、搅打奶油点缀。当然，如果你愿意，冰淇淋完全可以涂在馅饼或蛋糕上，并能按创意做出千奇百怪的形状。不分夏与冬，不论白昼黑夜，我们随时享受着冰淇淋带来的欢乐。在我成长的意大利，冰淇淋那一部分永远是早餐吃食里最完美的。

而今，冰淇淋是如此受人喜爱，以至大多数读者很难相信，竟然有人会在第一次尝到它时感到不适——有些人不习惯突如其来的"寒气"，并会由此感到震惊、沮丧。许多医学专家认为，吃任何冰镇食物都会对身体构成伤害。医生总是警告"吃冰淇淋引发非自然感冒极不利于健康"，专家们建议不要吃冰淇淋、喝冰饮。然而，即便专家颇有异议，世界上大多数人还是克服了早年的不情愿，更不顾医嘱，满怀热忱地享受起冰淇淋来。

不过在旧时，冰淇淋的价格是个大问题。现代制冷技术诞生前，实现冷冻必须要有足够的冰。但显而易见，那时冰是很难得到的，也很难储存。冬天，住在结冰湖泊附近或靠近冰雪覆盖山脉的人们可以采取天然冰，但他们需要建造特殊场所来储存冰，以防止融化——人们会用一层又一层的雪来填充地坑以维持低温。后来，采冰者把冰储存在乡村庄园的地上"冰屋"里。在英国,这样的冰屋通常是精心设计、构造复杂的大型建筑。当然,即便有了"冰屋",旧日里绝大多数民众依旧负担不起冰淇淋这样的奢侈品。

我们需要强调一点,上述保存冰的过程并不是在制作冰淇淋。用冰冷冻另一种物质,如冰淇淋时,需要把盐与冰混合。盐降低了冰的熔点,使其呈融化状态。例如,当一个装满果汁或蛋羹混合物的器皿浸入"冰-盐溶液"时,"冰-盐溶液"的低温就会传递到果汁或蛋羹中,致使其冻结。当科学家,以及紧随其后的厨师们发现"冰-盐溶液"的秘密时,他们开始积极尝试冷冻各种物质。没错,"冰-盐溶液"实验流芳后世的最佳成果,就是冰淇淋。

几个世纪以来,厨师们都在拼尽想象力制作各种口味的蛋羹、奶油小点。在学会如何冷冻后,厨师们开始乐于把奶油冻变作冰淇淋。早前奶油冻的习惯口味得以传承——其中许多口味,譬如巧克力味、草莓味,至今仍颇受欢迎。其他口味则有些不同寻常——橙花非常受欢迎,它可以带来一种令人愉快的味道。虽然橙花味冰淇淋也曾一度不再受食客追捧,但令人高兴的是,近些年它似乎又重新流行起来了。

即使厨师们已经熟悉了冷冻技术,制作冰淇淋仍然是一个挑战。不仅获取和储存冰很困难,而且像糖和盐这样的原料也很昂贵。厨师们不得不在冰淇淋冻结时不停地搅拌,使之保持顺滑——这是一项寒冷、艰苦的任务,可能会被大厨们留给佣工去完成。鉴于此,冰淇淋仍然是普通人消费不起的。情况的改变发生在 19 世纪初。那时,一位名叫弗雷德里克·都铎(Frederick Tudor)的波士顿商人开始在新英格兰采集冰块,并将其运输到世界各地。他的生意成功地把冰变成了一种人们每天都能负担得起的商品。在许多社区,卖冰人把冰块运到家庭、企业,主妇或后厨将鲜冰制成用来装盛冰块、冰淇淋的冰盒。很快，冰盒成为普遍甚至带有装饰性意味的通用厨房工具。得益于此，越来越多的人能够在"冷瘾上头"时迅速享用冰食。

大约在同一时间，搅制冰淇淋也变得更容易了。另一位美国人，费城的南希·约翰逊（Nancy Johnson）发明了一种"冰淇淋柜"。这种装置装着一根外曲柄来搅拌混合物，使其保持顺滑，呈现诱人的奶油状，"糖和雪的稠度"得以完美复刻。南希"冰淇淋柜"的发明使搅制冰淇淋的工作变得容易许多，并且让自制冰淇淋成为更多男男女女能普遍享有的乐趣。在南希之后，其他发明和改进涌泉继出——无论家用或商用，机械化生产、冷藏方法开始掌控冰淇淋的每一次诞生。此外，当时美国铁路的日益发达也深刻改写了商业冰淇淋的制造、销售模式，全美冰淇淋供应量发生了天翻地覆的剧变。

供应链完备使冰淇淋市场迅猛增长——优雅的甜品店和时尚的冰淇淋铺子相继开业。"出去吃冰淇淋"成为一种日渐流行的消遣方式。即使是不常在餐馆用餐的"正派"女士也会喜欢在精致而热情的客厅里与朋友碰面，分享甜蜜诱人的冰淇淋。那些无力光顾昂贵甜品店的普通人往往会自街头小贩那里购买冰淇淋，在小贩那里，只需花上几便士便可大快朵颐——孩子们尤其乐衷于此。古往今来，孩子们总是对新鲜零食最富热情。虽然也有人担心小贩们的冰淇淋不像冰淇淋店出售的那般卫生安全，但对诸多普通家庭而言，能够给孩子们一个以前根本买不起的"大惊喜"，已足够让全家乐在其中了。

当机械制冷技术发展起来，家用冰箱出现冷冻室时，冰淇淋在西方世界开始变得更加普及。街角巷尾的杂货店里增设了冰柜，售卖包装冰淇淋。兼售苏打水的药店也增添了供应冰淇淋苏打水、圣代冰淇淋的新项目。冰淇淋筒、圣代杯、冰棍，还有巧克力酱包裹的冰淇淋棒被添加进各商家的菜单。那个时代的电影里，明星们在浪漫的约会时不约而同地品尝着浸在苏打水里的冰淇淋，影迷们也被带动起来，争先恐后地效仿偶像。在那时，冰淇淋会现身歌曲、诗歌、童谣、电影，文艺世界里总有人为这种美味"神魂颠倒"。也是在那段岁月里，冰淇淋化身西方节日传统甜点，也成为生日蛋糕极为常见的搭配。

许多看似与冰淇淋无关的社会变迁也曾对冰淇淋业产生了巨大影响。1920 年至 1933 年美国严令禁酒。社区附近原先生意兴隆的小酒馆瞬间跌入谷底，于是乎接踵转行成冰淇淋店，经营得当者由冰淇淋"翻盘"，营业收入猛增。然而，在 20 世纪 30 年代的美国"大萧条"时期，冰淇淋再次成为许多人买不起的奢侈品。第二次世界大战期间，冰淇淋在一些国家被禁止。但在"二战"时期的美国，冰淇淋"带有爱国主义的味道"。尽管食糖等配料因战事紧张而实行了配给制，但受战争宣传刺激，冰淇淋在美国的传播比以往任何时候都要来得广泛。"二战"胜利后，当美国士兵们荣归故里时，冰淇淋成为他们庆功典礼上普遍安排的"欢迎小点"。正是在"二战"后的最初几年，冰淇淋一跃成为发达的国际贸易商品。

当代的冰淇淋制造商，无论本地冰淇淋小店，抑或某家跨国食品公司，都在不断尝试发明各种新口味。事实上现在每一年，乃至每一季都会有新奇口味冰淇淋投产。从抹茶到澳大利亚坚果，从饼干碎到咸焦糖，乃至中国的"五粮液"白酒味、咸蛋黄味，真是无奇不有。今天，冰淇淋公司经常为不同的国家和市场创造不同的口味，以确保每个人都能在品尝冰淇淋时找到完美选择，这是多么神奇的"新全球化"图景！

感谢邹赜韬先生和他的同事王燕萍小姐辛勤翻译，特别鸣谢章斯睿女士对本书的认可与专业编辑，以及上海社会科学院出版社慷慨推出中文版。作为一位职业饮食历史作家，让更多朋友了解食物过往、体验食物魅力是我的职责与志趣。能与"冰淇淋摇篮"传说发生地中国的读者们"共进一杯冰淇淋"，实在令我欣慰且兴奋。

耶丽·昆齐奥

2020 年 10 月 30 日

致　谢

　　常言道："鼎分三足，缺一不可。"在本书出版之际，我要感谢很多人，没有他们的帮助就不会有眼前的这本书。他们有的帮我翻译材料，有的为我寻找参考文献及插图，有的则批阅修改了我的手稿与各样章。他们还在我前行道路上不断地为我欢呼、鼓励我，发挥了极为重要的微妙作用。我珍惜、感恩每一位朋友的关怀。

　　请允许我列出他们的名字：肯恩·阿尔巴拉（Ken Albala）、加里·艾伦（Gary Allen）、杰基·阿米哈尔（Jackie Amirhor）与帕尔维兹·阿米哈尔（Parviz Amirhor）、罗布·阿恩特（Rob Arendt）、爱丽丝·阿恩特（Alice Arendt）、乌巴尔多·贝内德托（Ubaldo di Benedetto）、麦当娜·贝瑞（Madonna Berry）、玛丽莲·布拉斯（Marilyn Brass）、希拉·布拉斯（Sheila Brass）、乔·卡琳（Joe Carlin）、凯莉·克拉弗林（Kyri Claflin）、罗兹·康明斯（Roz Cummins）、伊凡·达伊（Ivan Day）、安妮·福克纳（Anne Faulkner）、诺尔玛·加尔（Norma Gahl）、芭芭拉·哈伯（Barbara Haber）、苏珊·杰西（Susan Jasse）、雪莉·朱利安（Sheryl Julian）、罗斯玛丽·卡夫卡（Rosemary Kafka）、珍妮特·卡茨（Janet Katz）、琳恩·凯（Lynn Kay）、帕特里夏·凯利（Patricia Kelly）、丹尼尔·麦克劳德（Daniel Macleod）、道格拉斯和萝拉·

麦克劳德（Douglas and Lola Macleod）、艾伦·梅瑟（Ellen Messer）、多里丝·米兰（Doris Milan）、德布·麦克唐纳（Deb McDonald）、桑德拉·奥利弗（Sandra Oliver）、贝丝·赖利（Beth Riley）、苏珊·罗西威尔科克斯（Susan Rossi-Wilcox）、琳恩·施魏卡特（Lynn Schweikart）、安德鲁·史密斯（Andrew Smith）、南希·斯塔兹曼（Nancy Stutzman）、安格尼·特纳（Agni Thurner）、乔伊斯·图姆尔（Joyce Toomre）、芭芭拉·惠顿（Barbara Ketcham Wheaton）、琼·威克沙姆（Joan Wickersham）、杰伊·威克沙姆（Jay Wickersham）、温妮·威廉姆斯（Winnie Williams），当然还有我的丈夫，亲爱的丹尼尔·科尔曼（Daniel Coleman）。

图书馆员也在我撰写本书的过程中扮演了至关重要的角色。我感谢那些在波士顿图书馆、波士顿公共图书馆、纽约公共图书馆、温特图尔图书馆、国会图书馆、哈佛大学植物学和霍顿图书馆辛勤工作的图书馆员们。我想特别鸣谢施莱辛格图书馆的每位图书馆员，尤其要感激马利勒·阿尔铁里（Marylene Altieri）以及萨拉·哈琴（Sarah Hutcheon）二位。

我还要感谢那些与我一道享用过冰淇淋的朋友们，他们如此慷慨地把自己的时间分享给我，很多时候还请我尝了各种诱人的冰淇淋。且容我向这些朋友道声感谢，他们是：史蒂夫冰淇淋的创始人史蒂夫·赫利尔（Steve Herrell），他现在是赫利尔冰淇淋（Herrell's Ice Cream）的老板，这家店位于马萨诸塞州北安普顿。还有马萨诸塞州托斯卡尼尼冰淇淋（Toscanini's Ice Cream）的老板古斯·兰卡托尔（Gus Rancatore）、费城卡波吉罗的斯蒂芬妮·雷塔诺（Stephanie Reitano）、得克萨斯州艾米冰淇淋的艾米·米勒（Amy Miller）、罗得岛新港"冷聚变"意式冰淇淋（Cold Fusion Gelato）的托伦斯·科普夫（Torrance Kopfer），当然还有新泽西州普林斯顿的"弯勺子"冰淇淋（Bent Spoon）的加布里埃·卡彭（Gabrielle Carbone）。

我工作室的伙伴们为我提供的支持不言而喻。他们是莫娜·凯（Myrna Kaye）、罗伯塔·利维藤（Roberta Leviton）、芭芭拉·曼德（Barbara Mende）、萨布拉·莫顿（Sabra Morton）、雪莉·莫斯可（Shirley Moskow）、贝丝·瑟杜特（Beth Surdut）、莫莉·特纳（Molly Turner）、罗丝·耶休（Rose Yesu），以及已去往天堂的多丽丝·普伦（Doris Luck Pullen）。

加州大学出版社的全体同仁都给予过我莫大的帮助。他们是兰迪·海曼（Randy Heyman）、凯特·马歇尔（Kate Marshall）、劳拉·哈格（Laura Harger）、伯尼塔·赫德（Bonita Hurd）以及玛丽·科茨（Mari Coates）。最后，我想郑重感谢达拉·歌德茨坦（Dara Goldstein）与希拉·莱文（Sheila Levine）的指导。他们是数一数二的编辑，是出类拔萃的学人。

谢谢朋友们！

序

前些年，每当告诉别人我正在写一本有关冰淇淋的书时，听 者总会面露一丝惬意的笑容，然后将他们与冰淇淋之间的点滴记忆道予我听。有的朋友向我描述了他们在夏日午后卖力操作老式冰淇淋机的场面，他们的渴望，只是在大功告成后舔一嘴搅拌器上的极致美味。早几年间，蜜桃味冰淇淋可是许多人的"心头爱"。近来，另一些朋友也开始缅怀儿时的快乐时光，他们心心念念那无比熟悉的，冰淇淋车上铃铛发出的"叮当"声。每到这时，他们总会不禁陷入纠结，犹豫到底是选择哪款冰品"进肚子"。聆听这些故事的确让人感到幸福。当然啦，那些一不小心把蛋筒里的冰淇淋洒落在街道上的"悲剧"不在其中。

也有朋友告诉我，他们之前听闻过一些有关冰淇淋发明及沿革史的传说。一位来自费城的女性朋友表示：作为一名女学生，她了解到冰淇淋诞生于她的家乡。当我告诉她这其实只是一则谣言的时候，她将信将疑地回答："即便真是那样，我还是不愿相信。"事实上，坊间流传的各种有关冰淇淋起源的故事大多不正确。我觉得这实在是太糟了，冰淇淋的历史已然十分引人瞩目，我们完全没有必要再画蛇添足，搞出什么蹩脚的"修饰"。

于是乎，我下定决心要做些什么，以澄清事实。

一个流行甚广的谣言说是尼禄发明了冰淇淋，缘由是他酷爱品尝以蜂蜜为浇头的冰雪。或许尼禄真的很享受冰雪之乐，然而将蜂蜜倒在雪上并不能制成冰淇淋。

也有很多人认为公元 13 世纪时，马可·波罗可能在中国尝过冰。但马可·波罗显然并未将冷冻技术的秘诀"情报"带回意大利。试想假若他尝过冰，那么当时的各类书籍、信件和日记中都应该会提到"吃冰故事"。而且如果马可·波罗真的尝过冰，那么在他离开三个世纪后，意大利的科学家们全然没有必要执着于创造已经是"现成的"冷冻技术了。

所有冰淇淋"谣言"里流传时间最久者，与凯瑟琳·德·美第奇（Catherine de Medici）相关。据传她与未来的国王亨利成亲之际，将意大利的冰淇淋引进法兰西。然而历史证明，直到凯瑟琳去世近一个世纪后，法国甜品师奥迪格（M. Audiger）还必须远赴意大利学习如何制冰。这就不消多说了吧，如果追随凯瑟琳的意大利甜品师在 1533 年就已经教会法国人如何制冰，那一百多年后的奥迪格肯定没必要再专门跑去一趟。

纵观 16 世纪早期，意大利地区没留下什么有关制冰或冰淇淋的文献记录。正如阿尔贝托·卡帕堤（Alberto Capatti）与马西莫·蒙塔那瑞（Massimo Montanari）在《意大利美食：一部文化史》中所指出的那样：早在 15 世纪前，（原始）冰品的制作技术与背景知识就已在意大利和法国广泛流传①，因而法国人根本无须依靠凯瑟琳"赐下"食谱。

即使当时意大利人知道如何制冰，凯瑟琳也难以影响法国人的饮食习惯。十四岁的她嫁给了同岁的奥尔良公爵亨利。人们并不指望仅是弗朗索瓦一世和克洛德所生的次子亨利登上王位，因此他在王宫中人微言轻。而凯瑟琳又是个相貌平平的外国人，因此她所享有的权利更是少之又少。然而天意难测，亨利的哥哥和父亲不幸逝世,他意外登基。不过等到此时,亨利美丽动人的情妇迪亚娜·德·普瓦捷(Diane de Poitiers),已坐拥比凯瑟琳更大的权力。

亨利驾崩后,凯瑟琳开始得到众人爱戴,她三个儿子中的大儿子成为法国国王。亨利三世(Henri Ⅲ)统治期间(1574 年至1589 年),法国人像之前的意大利人一样迷上了冰品。他们开始用冰雕来装饰桌子,在堆积成山的冰雪之上设计"冷宴",并在各色各样的饮料里加了冰块。然而当时并没有证据表明法国老饕们吃到了冰淇淋。

另一个关于冰淇淋源远流长的流言,出自英格兰国王查理一世(Charles Ⅰ)统治期间(1625 年至 1649 年)。据传有位法国厨师的冰淇淋技艺衍生出了各种传奇。这个故事有两个版本。一个版本是查理一世对冰淇淋情有独钟,以至于奖赏这位厨师做他的终身御厨。另一个版本是查理一世非常强势,以至于他威胁要处死任何一个将冰淇淋制作方法透露出去的人。英语作家斯托林斯(W. S. Stallings Jr.)讲述了两个版本故事的传播史。他写道:这个故事"没有记载,最早见于 19 世纪出版的印刷品。而在流放于法国的查理二世回归时期,英格兰冰淇淋就已经有文献记录保留了"。揆诸史记,1671 年 5 月,在温莎举行的"圣乔治盛宴"最早使用了英语单词 ice cream。当时,"一盘冰淇淋"被敬呈给国王查理二世(Charles Ⅱ)。②

国王因为"守护"冰淇淋食谱而处决自己的爱厨,这个情节已经够饶有风趣了,但历史真相比虚构故事还要更吸引人。就像电影中伍迪·艾伦(Woody Allen)演绎的泽里格(Zelig)一样,冰淇淋的历史上也曾发生过一些让人分泌大量肾上腺素的刺激事件。有时,冰淇淋是故事的主角,当然也有一些故事只把冰淇淋作为

xi

"客串"。时光飞逝,冰淇淋的发展历史为我们讲述了关于冰淇淋及其发明时代的丰富信息。这些历史故事发生的空间从宫殿转移到了市井场所,宴会厅里闪闪发光的银器和水晶装饰也被换成了城市街道上冰淇淋贩夫们推着的小车。不过无论情节怎么变,这些冰淇淋故事都能带给我们无尽的欢乐。冰淇淋的发展史几乎涉及了过去四个世纪里所有影响巨大的社会、政治和经济变革。

在这本书中,我追溯了关于冰淇淋的历史。本书的起点是17世纪的意大利,在美国工业化生产的萌芽阶段收尾。书名"糖与雪"取自一条历史俗谚,是早期甜食商用来描述冰淇淋所需稠度的"行话"。在整本书中,我主要利用流传下来的评论以及各色食谱来说明冰淇淋制作、食用方式的变化,并揭示其与所处环境背景的联动关系。

举例而言,从过去到现在,医学家对于冰和冰淇淋的观点一直都在发生变化。17世纪,一些学者认为冰品的低温会诱发食客瘫痪。但也有其他专家认为它能治疗坏血病、"消瘦症"乃至帮助瘫痪者复健。到了19世纪,人们认为吃冰淇淋会使胃冷却而停止消化,但也有声音指出冰淇淋是治疗某些儿童疾病的一种优质健康的替代疗法。20世纪后期,美国人又发现冰淇淋是导致冠心病的罪魁祸首。然而无论身处哪个时代,无论是受到赞誉还是遭遇诽谤,冰淇淋自始至终都是一种备受人们喜爱的"明星甜点"。

科学家与发明家之于冰淇淋开发的意义,和甜品师、制作商群体同等重要。正是16世纪意大利科学家完成的冰冻实验,启发了一位17世纪的甜品制作商制造出了冰淇淋。19世纪,一位名叫南希·约翰逊的美国妇女发明了一种便携式冰淇淋机,家庭厨师由此开始频繁制作冰淇淋。还有波士顿人弗雷德里克·都铎,他拓展了制冰业,使得自那以后几乎所有美国人都有条件吃到冰淇淋。此外,机械化生产、制冷保存、铁路运输等技术进步,都曾深刻改变了冰淇淋的商业化生产与运销。

出人意料的是,起初冰淇淋的落地生根没有成为普遍共识。当在大街上兜售冰淇淋成为19世纪移民的"落脚点"时,时尚糖果店主与他们的顾客都对此深感沮丧。谁曾想到,当历史来到20世纪初,美国人每年要消耗掉整整五百万加仑冰淇淋,冰淇淋已然是畅销王牌。

许多似乎与冰淇淋无关的事件都对其产生了巨大影响。在美国执行"禁酒令"期间,拐角的酒吧很多被改成冷饮部,冰淇淋生意因此大为兴隆。但是后来的限令以及1930年代的大萧条,还是对该产业施加了尤为沉重的打击。冰淇淋因各种流行歌曲、诗作以及童谣而芳名在外,它也是较早一批的"电影明星",还是1940年代追逐辛纳屈的花季少女们钟情的冷柜台的构成。"二战"期间,冰淇淋流露出了强烈的爱国主义。战争期间,这种"冰淇淋爱国主义"比以往任何时候都传播得更加广泛,其背后是联邦公路系统发展的巨大支撑。冰淇淋是庆祝美国独立日的传统甜品,也是生日蛋糕或一片苹果派必不可少的甜蜜伴侣,更是超市展示冰柜里的必备品。

如今,冰淇淋制造商已缔造了市值超过600亿美元的全球企业。该行业由雀巢和联合利华两家公司主导,它们掌控着超过三分之一的市场,旗下有本杰瑞(Ben & Jerry's)、哈根达斯(Häagen-Dazs)和德雷尔(Dreyer's)等著名品牌。这些国际冰淇淋巨头正在中国、巴西、菲律宾、印度尼西亚等发展中市场迅速扩张。它们的故事并非聚焦冰淇淋本身,而是关于全球业务的,因此我想把对它的评论留给其他作者。

　　最后，我要郑重介绍一下当今的冰淇淋工匠们——他们通过在小店里制作以及销售自己独一无二的冰淇淋谋生，他们继承了优秀的质量以及绵长的创造力传统。毫无疑问，他们的冰淇淋将成为后人怀旧故事的绝佳素材。

目 录

第一章
早期的冰品与冰淇淋

　　在 17 世纪,那不勒斯的皇家晚宴是一种令人眼花缭乱的奇观。金碧辉煌的装潢与芳香四溢的美味佳肴相辅相成,宾客们颇能从中获取喜悦。甜品商们也会紧抓此类机会施展自己非凡的才华:甜品台变成了艺术展台;冰被雕刻成了火腿,放在糖浆做成的篮子里展出;黄油塑造成了蓄势待发的狮子和公牛;添满水果和鲜花的冰塔在烛光下闪闪发光。甜品商们还把杏仁软糖塑造成神的样子,以此守护餐桌边的凡人。

　　宴会上,宾客们大饱口福,他们可享用大量美食,或是滴入了柠檬汁的烤猪肉,浸泡在美酒里的鲜草莓,撒了砂糖和肉桂的千层饼,以及用雪和花装饰的新鲜茴香、梨子、葡萄和洋蓟。帕尔马干酪上桌时下面垫着鼠尾草,上面则摆着涂成银色和金色的月桂树叶。桌面上还陈列着大量的美酒。不过,最气派的压轴产品还要数饼干,糕点,以及风靡一时的新甜点——冰淇淋。

　　当时,西班牙的国王为查理二世*,那不勒斯仍是其殖民地。虽然权力和影响力正在衰退,但与西班牙在欧洲独领风骚的时期

1

---

　　* 即卡洛斯二世(Carlos Ⅱ),是西班牙哈布斯堡王朝最后一任国王。——编者注

一样，西班牙贵族仍受到人们的追捧。这些精英是饮食变革的先锋，他们的风尚席卷了整个欧洲大陆。17 世纪，富有的欧洲人正享受着来自新大陆的产品，品尝着西红柿、巧克力、辣椒和其他新鲜食物。与此同时，当时不断变化的科学理论革新着医学和营养学说，新技术和新发明也在改变着烹饪方式。这种变革在引领时尚的那不勒斯最为明显。这亦是冰淇淋首次亮相的完美时刻。

冷 冻 成 冰

许多饮食变革都关乎着冰淇淋的发展，但冷冻技术最为关键。历史上，人们非常珍视冰与雪，在掌握冰和冰淇淋的制作技巧前，它们仍被视为稀有珍品进贡给国王。冰与雪非常珍稀，储存困难，因而价格昂贵。换句话说，它们是完美的化身。一旦拥有，美食家与贵族们仿佛如鱼得水，他们用冰雪装点着餐桌，使之平添了几分优雅的气息，也为炎炎夏夜里送来了几分凉爽，桌上的食物也因此锦上添花。公元 2 世纪的希腊哲学家阿特纳奥斯（Athenaeus）在《随谈录》（*The Deipnosophists*）中写道：“夏季，人们把装满温水的罐子储存在西莫洛岛的冰下冰窖中，再取出来时已冷如冰雪。”据说亚历山大大帝曾建造过用来储存冰雪的冰窖。4 世纪时，日本仁德天皇收到有关冰的礼物时满心欢喜，因而指定 6 月 1 日为“冰祭”。每年的这一天，天皇都会在“冰祭”仪式上向入宫宾客赠送晶莹剔透的冰片。[1] *

---

* 此处提及的仁德天皇创立“冰祭”，可能有如下出典：据《日本书记》记载，仁德天皇六十二年（公元 374 年），额田大中彦皇子于斗鸡（日本古地名，今位于日本奈良县境内）野外首次发现冰室，从中取得冰献与仁德天皇；和铜三年（公元 710 年），奉元明天皇之命，兼作祭祀、制冰用途的冰室神社建成，次年 6 月 1 日举行首次“献冰祭”（据冰室神社官方网站介绍）。——译者注

到了 15 世纪,西班牙和意大利的精英群体纷纷派仆人或奴隶到附近的山上收集积雪,压实后用稻草包裹,随后带回家。这些雪有时是用骡子驮,有时则是仆人自己背下来的。仆人们把冰储存在主人庄园的地下"冰屋"里。冬季,住在结冰湖泊附近的人,可采集天然冰储存在冰窖中。最初,冰窖只是简单地在地上挖洞,将积雪和稻草层交替填充,并用稻草或木板覆盖。渐渐地,欧洲人建造了更大、更精致的冰窖,并在冰窖内部铺上了砖块或木板。这些冰窖通常建于干燥、凉爽的斜坡上,因此排水效果较好。后来,富人仍用砖砌成了大型的地上"冰屋"。有些冰屋的构造精巧科学,里面的水可成冰,奶油可冷冻,还能够把融水引到附近酒窖里给葡萄酒降温。在 18、19 世纪的英国,冰屋的建筑设计变得更为奇特,人们将它建造成希腊神庙或中国古塔一般的模样。[②]

然而冰屋只能储存冰块。制冰的关键在于如何用冰或雪冻结其他物质。16 世纪中叶,意大利科学家发现,将装水的容器浸泡在一桶掺有硝酸钾或硝石的雪中,水能够迅速结冰。古安巴蒂斯塔·德拉·波尔塔(Giambattista della Porta)最早在 1558 年出版的《自然魔术》(*Natural Magick*)里阐述了这一理论。该书很快有了各种语言的译本,传遍了整个欧洲。

葡萄酒可在杯中冰镇

各大宴会上必不可少的就是冰镇葡萄酒,炎炎夏日更是如此。在此我将教你们如何冷藏、冷冻葡萄酒。冷冻后的葡萄酒不能直接饮用,只能含着吮吸,让酒液随着气息,顺着喉咙滑入肚中。首先,酒入小瓶,兑点水,辅助加速成冰,之后把雪倒进一个木容器里,撒上粉末状的硝石,或者那种被称作"vulgarly Salazzo"的净化硝石皆可。继而将小瓶置于雪里，酒便逐渐凝固。有些冰可以经历一夏而不化。冬日里，只要将水放于铜壶中烧开，倒入大碗，置于户外，水就会结冰。冰比雪更坚硬且能长时间冻结。③

后来，科学家和厨师们发现普通盐粒的效果和硝石是一样的。随后几个世纪，他们都采用了这一方法——冰盐混合，冷冻物质。甚至在今天，一些厨师还会用此方法制作冰淇淋。冰盐混合物降低了冰点，使其呈融化状态。这样一来，热量从冰淇淋混合物中转移，就结冻了。

4　　　德拉·波尔塔（Della Porta）把加水稀释后的酒倒入小瓶，将小瓶在"冰盐溶液"中转动，这种酒（呈冰沙状且口感细腻）在宴会上备受追捧。小瓶或烧瓶在桶中转动的场景，与后人制作冰淇淋的场景惊人地相似，他们把冰淇淋机放在装满冰的桶里转动。当时在罗马工作的西班牙医生布拉斯·维拉弗兰卡（Blas Villafranca）写道："罗马所有的贵族和绅士都在效仿这种冷却酒和水的新技术。"④

除了冰镇酒，这项新技术还练就了各种新奇的冰雕艺术。厨师们把新鲜水果浸在水里，将其冷冻至水果表皮闪闪发光，如此方才端出亮相。他们把"杏仁糖船"放在冰海上漂浮，制作了装满水果与鲜花的高大冰塔。1623 年 8 月 15 日，在罗马庆祝圣母升天节的晚宴上，安东尼奥·弗鲁戈里（Antonio Frugoli）（既是管家，也是 *Practica e scalcaria* 一书的作者）雕刻了一座带有喷泉的冰塔。据弗鲁戈里的描述，晚宴开席后，芬芳的橙花水喷泉运行了半个多小时。⑤喷泉的清凉、芬芳和美丽一定令到场宾客神魂颠倒。

最重要的是，东风已备，厨师和甜品师可以利用冷冻技术来尝试制作冰和冰淇淋了。

"胃寒"

并非所有人都能在短时间内适应冰冷的刺激。17世纪早期,西方饮食信仰仍受体液学说支配,相信此说者重视适度饮食。根据希波克拉底(Hippocrates)、亚里士多德(Aristotle)和盖伦(Galen)的著作,该学说把人的气质分为四种:多血质、胆汁质、黏液质和忧郁质。每种气质都各有千秋,需要特定的食物或食物烹调方法来达到微暖微湿的理想状态。

多血质的人温而润,应多吃凉性、干燥的食物。胆汁质的人热而燥,需要多食凉性、湿润的食物。食物在不同程度上被分为寒、热、干和湿四种,这与它们的物理性质几乎无关。例如,草莓属于第一寒性与第一干性食物,而枣子则属于第二热性和第一湿性食物。⑥

5

与此同时,温度也至关重要,所以要避免各种极端情况。极冰的食物和饮料尤其危险。希波克拉底写道,雪与冰之类的冰寒之物对胸部有害,会引起咳嗽、出血、黏膜炎。⑦公元5世纪时,安提姆斯(Anthimus)写道,"胃至极冷,失其功效"⑧,这是喝冷饮所致。时人认为在饮料中加冰会导致剧痛、抽搐、瘫痪、失明、癫狂乃至猝死。法国食品史学家让-路易·弗兰德林(Jean-Louis Flandrin)写道:"喝冰酒会冷化血液,这一说法令人们对冰饮料产生了偏见。为了避免身体严重受损,那时的人们只喝36度至37度的饮料。"⑨

此外,一些人认为,因为硝石颗粒可能会渗入酒瓶,溶于水或酒中,从而烧灼人们的肠胃,所以这种冰镇饮料的方法十分危险。⑩难怪尽管人们对科学和营养看法有所改变,但17世纪前,许多医生都不赞成喝冷饮，更别提吃冰块了。

当然，如今很多人都不听取医生的建议，很多古人也对医嘱置若罔闻。其理由也很相似——人人都爱喝冷饮，而且他们喝冷饮的次数少，量也少。16 世纪，法国散文家米歇尔·德·蒙田（Michel de Montaigne）访问佛罗伦萨时写道："在这里，人们习惯喝冷饮，我却只在身体不太舒服的时候喝。"⑪ 17 世纪住在帕多瓦的著名英国作家约翰·伊夫林（John Evelyn），将自身出现的"心绞痛和喉咙痛"症状归咎于"当地喝冰镇葡萄酒的习惯"。⑫

体液说虽已烟云散去，但其某些概念仍遗留在大众的脑海里。20 世纪初，著名食谱作家、烹饪学校主任范妮·法墨（Fannie Farmer）就对冰块评价道："从卫生角度来说，不建议冷饮在餐后食用，因为这样会降低胃液温度，阻碍食物消化。"⑬

然而，到了 17 世纪后半叶，大多数医生已然把体液学说抛之脑后。厨师和食客大多都非常乐意跟随他们的脚步。欧洲人的饮食习惯正在发生改变，重口味和甜腻的食物逐渐在餐桌上销声匿迹，香草和沙拉日趋流行，葡萄酒也闪亮登场。同时砂糖也找到了自己的绝好归宿，在甜点台上，大展身手，力压群雄。

小杯果子露

一旦科学家掌握了冷冻技术，并且该技术在医学上得到了或多或少的认可，那么冰和冰淇淋的配方就呼之欲出了。毕竟，多年来厨师们一直在制作各色饮料和奶油——这些美味都是冰与冰淇淋的前身。

自中世纪以来，在中东被称为果子露（sherbet）的那种饮料无处不在。这种饮品也叫作 sharâb 或 sharbât（阿拉伯语）、

sharbate（波斯语）、serbet（土耳其语）。每当味蕾首次与果子露擦出火花，欧洲旅行者们往往都会满怀热情地撰写它的故事。1627 年至 1629 年在波斯旅行的托马斯·赫伯特（Thomas Herbert）爵士写道："阿拉伯人的酒有时由一大杯水、糖、玫瑰水以及柠檬汁混合而成，或者是由糖与香橼、紫罗兰或其他香花混合而成。若要更美味，有时还会混入琥珀，我们将其称为果子露。"赫伯特评价果子露是"一种解渴、味鲜的饮料"，波斯人经常把果子露置于盛满冰和雪的大瓷碗或金碗里，冷藏后用长柄木勺啜饮。⑭

　　19 世纪的英国小说家詹姆斯·莫利阿（James Morier）曾这样描述波斯果子露的味道："酸与甜的碰撞，仿佛生活中幸福与痛苦的结合，平淡而不平常。"⑮酸味的果子露在中东很流行。事实上，酸涩的欧洲山茱萸（Cornus mas）在土耳其果子露中很常见，这种果子称为雪酪。那时欧洲常见饮料的口味包括柠檬、草莓、覆盆子、樱桃、杏子、桃子、开心果和榛子，其中石榴、香橼、柠檬、酸橙和榅桲风味的饮料在中东地区很受欢迎。这类饮料由两种东西混合而成，一是果汁，二是其他含有糖水或糖浆的调味料，上桌前，这种饮料会用雪或冰进行冰镇。尽管现今冰已取代了雪，但我们仍会用同样的方法制作柠檬水。经过反复实验，厨师们领悟到只有加了糖，饮料才能冻成光滑的冰块。18 世纪的饮料配方常提醒，要想饮料变成冰，双倍糖必不可少。

　　冰镇果子露也可用饮料粉冲调。虽然这听起来像现代人才会干的事，但冲调饮料粉已有好几个世纪的历史了。17 世纪的波斯旅行家让·夏尔丁（Jean Chardin）记载道："在土耳其，人们把果子露制成糖粉状保存。当时，在这伟大帝国里，最声名远扬的亚历山大港是前往各地的交通枢纽……那里的人把饮料粉贮

7

藏在罐子或者盒子里；食用时就会挖出一大匙，倒入水中。如同制作糖浆一般，无须怎么搅动，就可以勾兑出一款极好的饮料。"[16]

19世纪的一些甜品商喜欢把磨碎的柠檬皮或其他水果皮与糖混合，压入石罐中，盖上盖子密封储藏一个月，得到的制冰原料，就是所谓的"香精"。[17]夏尔丁提到的果子露粉，本质上可能就是香精。[18]

16世纪晚期，一种土耳其饮料以"sharbat"之名出现在意大利语中。这种冷冻饮料在意大利语中被称为sorbetto，法语为sorbet，西班牙语为sorbete。英语世界则保留了"h"称之为sherbet。而今，中东的sherbet仍然是一款流行饮料，但在欧洲和美国，这个词通常指的是冰或冰牛奶。[19]

冰　淇　淋

自中世纪以来，厨师们就一直在做奶油和乳酪蛋糕，制作工艺说来简单实则烦琐。在中世纪的英格兰，"杏仁奶油"是一种为广大受众喜见乐闻的甜点。西班牙厨师发明一种名为"加泰罗尼亚焦糖布丁"（crema Catalana）的甜点，因用到藏红花而呈金黄色。意大利的"祖母奶油"（crema della mia nonna）用蜂蜜调甜味，香橼增香。英国人用红色的鼠尾草和玫瑰水制作了一款鼠尾草奶油，他们还把奶油皮堆得像卷心菜一样又圆又高，命名为"卷心菜奶油"[20]。其实这种奶油里并不含卷心菜，只是形似而已。

17世纪的意大利厨师巴托洛梅奥·史蒂芬（Bartolomeo Stefani）制作了一款名为"西班牙奶油"（latte alla spagnuola）的蛋奶沙司，由牛奶、奶油、糖和鸡蛋制成，并添加少许过时的配料——麝香。煮好后，史蒂芬加热锅铲，用余热把蛋奶沙司的表

皮烤焦，接着撒上糖，这款蛋奶沙司与焦糖布丁（crème brûlée）十分相像。㉑

　　除此之外，有种奶油点心在 16、17 世纪的法国和意大利可谓是家喻户晓，法国人称其为"雪"（neige），意大利人称其为"掼奶油"（latte miele），英国人则和法国人一样。厨师们会将奶油和糖一起搅拌，有时会加入诸如玫瑰水或橙花风味的调味料一起搅拌，舀出泡沫状的"人造雪"。厨师们虽富有想象力，但却很节俭，他们会把打发好的奶油倒入鲜奶油中重新打发，以免浪费。打发完成的奶油，要么立即食用，要么放置冰上冷藏静候食客。他们偶尔也会加入蛋白霜固定"人造雪"的形态。后来，人们就干脆把冰冻的甜点都统称为"雪"。

　　有些冰淇淋是由一些不常见的原料制成，如月桂叶、藏红花、麝香、龙蒿、芹菜、紫罗兰和玫瑰花瓣。另一些原料则和今日冰淇淋的风味一样令我们感到熟悉：焦糖、柠檬、姜、杏仁、草莓、覆盆子，甚至碎曲奇都在其列。有些食谱是简单地把奶油、糖、调味料或水果泥混合。其他的则是蛋奶沙司，即用蛋黄、糖、调味料、奶油或牛奶或两者混合制成。在 1685 年英国厨师罗伯特·梅（Robert May）的作品《出色的厨师》中，他建议在制作部分冰淇淋时加入蛋黄，加入蛋白，或者加入整个鸡蛋，而不能随意地"可加可不加"。㉒

9

　　蛋奶沙司通常是放在馅饼里烤的。当下，它仍为人们的生活增添了许多趣味。18 世纪英国宴会的高潮是一个小丑猛地跳进一个巨大的蛋奶馅饼，馅料溅客人们一身。在 20 世纪早期，演员们互相扔蛋奶馅饼的情节也是美国默片最欢乐的场面。㉓

　　大多数早期的奶油和蛋奶沙司是冰淇淋的前身，几乎没有变化。事实上，虽然早期的厨师们对冷冻冰淇淋作出了详细说明，但制作方法十分粗略。这也许是因为冰淇淋的制作配方家喻户晓，但冷冻技术却鲜为人知。一旦人们掌握了这项技术，奶油就自然而然地变成了"冰淇淋"，因为"冰淇淋"这一名字从最初看就很合乎逻辑。

雪　花　奇　事

安东尼奥·拉蒂尼（Antonio Latino）是第一批详细记录制冰与食冰方法的作家。拉蒂尼是《现代管家》（*Lo scalco alla moderna*）一书的作者，该书共两卷，分别于 1692 年和 1694 年出版，[24] 是 17 世纪前出版内容最具影响力的欧洲烹饪书籍之一。从书名就可看出，他自诩为"现代管家"。他在当时身处许多烹饪变革的最前沿，使用新大陆的食物，推广地区特色菜，以及运用最新的发明。写这本书的时候，拉蒂尼是西班牙驻那不勒斯总督唐·斯特凡诺·卡里略·萨尔塞多（Don Stefano Carrillo Salcedo）的管家。在贵族家庭中，这一职位举足轻重。不管是食物还是财务，事无巨细，都需拉蒂尼一手操办。除了编制菜单，挑选陪酒以及传授折叠纸巾方法等杂务外，他还监督厨师、雕刻师和其他仆人，挑选乐师和歌手，并平衡收支预算。他曾策划和管理从皇家野餐到婚礼宴会的所有宴会。最为传奇的是，在他的指导下，这些宴会都能顺利举行。

10　　拉蒂尼本担任管家的概率不大，这是因为他的身世限制：1642 年，他出生于意大利东海岸马尔凯地区一个叫科尔阿马托（Coll' Amato）的小镇，五岁时成了孤儿。当仆人之前，他不得不沿街乞讨，为夜间宿地发愁。谁能想到，这一不祥的开端竟然成就了他后来不平凡的人生。

在 17 世纪的欧洲，出身决定命运。大多数人都很贫穷，从未受过教育，只有极少数人能去距离家乡 50 英里以外的地方增长见识。可拉蒂尼是个例外。早年，在他工作的家庭里，一位兼任厨子的牧师向他传授了基本的读写知识。为提升能力，拉蒂尼 16 岁时就去了罗马。在那里，他在教皇乌尔班八世（Pope Urban Ⅷ）的侄子、红衣主教安东尼奥·巴贝里尼（Cardinal Antonio Barberini）家里做厨师，同时兼任雕刻师与管家。得益于这段在当时世界上最发达城市，为最有权势家族工作的经历，拉蒂尼磨炼了技能，变得更有文化。最重要的是，他逐渐掌握了管理一个庞大教会家庭的必备能力。离开主教家后，他在罗马和法恩扎担任高级职员。再后来，拉蒂尼来到了那不勒斯，并于 1682 年正式成为萨尔塞多（Salcedo）家族的管家。㉕

在红衣主教家中任职时，拉蒂尼会穿着牧师袍。在当时，家仆着装与主人身份密切相关。当他搬到那不勒斯并晋升为管家时，他换上优雅的西班牙服饰，戴上一头假发。在《现代管家》的扉页上，拉蒂尼看起来更像国王，而非厨师。他佩戴着蕾丝绉边，穿着飘逸的长袍，假发卷可与法国国王路易十四（Louis ⅩⅣ）相媲美。拉蒂尼深邃的目光，威严的鼻子，严肃的举止都传达出他是位颇有内涵的人。为了突显他的渊博，书匠特地为他绘制了一幅手捧图书的画像；并用椭圆形画框装裱起来，画框上的外沿雕刻着拉丁铭文和华丽花饰，处处洋溢着优雅与博学的气质。

拉蒂尼在书中详细地罗列了厨师、雕刻师和管家各自的职责。他用几页篇幅描述了管家的职责，并强调管家应完全忠于主人。他写道，厨师应是善良而忠诚的，不应酗酒。他也描绘了雕刻师雕刻各种肉、鱼和水果的精湛技艺。拉蒂尼认为雕刻师不仅要技艺高超，还要善于表演。宾客们希望雕刻师能在桌前用叉

11

子叉起一只烤鸟，把它高举到半空中，优雅行刀，切分鸟肉，以资赏玩。

《现代管家》里还列出了那不勒斯王国每个地区的特色食品，介绍了如何挑选鱼，哪里可以找到最好的意大利熏火腿，最优质的大米及硕大的藏红花。拉蒂尼还在书里提到汤、肉、鱼、意大利面、酱汁、饮料和糕点的做法，亦为宴会、婚礼和其他活动提供多种菜单，甚至为观看维苏威火山爆发的旅行定制一份菜单。尽管其中也有中世纪的菜肴，如加糖的意大利面，但书中明确表明他将采用更为现代的烹饪方式完成制作。在其中一章里，拉蒂尼提倡用一些新鲜的香草如欧芹、百里香、薄荷等来烹饪，而不是用肉桂和丁香等甜味香料，并根据圣方济会托钵僧的长寿案例证明这种养生法确有其效。

新大陆与欧洲在饮食方面已融为一体，以致现在的人们难以想象意大利曾经没有番茄，法国早年没有紫菜，爱尔兰先前没有土豆。然而，历经多年后，欧洲人才愿意接受一些外来的新食材。到了18世纪，人们对土豆充满恐惧和藐视，有些人认为土豆会引起麻风病。㉖让·勒·朗德·德阿朗伯特（Jean Le Rond d'Alembert）和丹尼斯·狄德罗（Denis Diderot）在《十八世纪百科全书》"科学与技术"卷（1751—1780）中表示，土豆富含营养，但比起上层阶级的人，更建议农民和工人食用。如今遍地可见的番茄，直到18世纪才在欧洲广泛使用，后来才出现了番茄意大利面酱。从大多数通心面图绘来看，早年间通心面上只配有芝士，直到19世纪配上了番茄酱。㉗所以，尽管拉蒂尼是在哥伦布登陆美洲两百年后才写的《现代管家》，他使用的新大陆食材仍很前卫，如西红柿（他称之为"poma de'oro"和"pomadoro"）。事实上，人们公认拉蒂尼编写了首本意大利文番茄菜谱，其中一种酱命名为"西班牙风味酱",由烤制后去皮剁碎的番茄、洋葱、红辣椒、百里香、盐、油和醋调制而成。拉蒂尼写道:"这是一种非常美味的酱汁,除用于做意大利面外,可用于煮菜或烹饪其他任何食材。"

拉蒂尼的冰淇淋食谱也是意大利文献里的"第一"。意大利冰淇淋仍被视如珍宝。拉蒂尼在介绍冰品时说,每个那不勒斯人生来就知道如何制作冰,他们吃过很多冰,其口感像冰淇淋一样。拉蒂尼解释,这些冰淇淋菜谱并不是为那不勒斯的专家所写,而是为了那些尚未学会用冰制作美味的人,他承诺不会泄露任何专业秘密,他也确实做到了。以现代人的眼光看待,他的食谱条理并不清晰,只能让那些经验丰富的冰淇淋制作行家照猫画虎,但相关食谱还是向我们传递了很多信息,包括当时那不勒斯人吃冰的种类,以及其大致的制作方法。在那个年代,当其他人只能提供一两种配方时,拉蒂尼已在书中列出了九种冰淇淋食谱。在《现代管家》中,冰淇淋用语使用的是阴性词"sorbetta"(单数)和"sorbette"(复数),而没有使用现代的阳性词"sorbetto, sorbetti"。

以下是他制作柠檬冰糕的配方:

20 杯柠檬冰糕的制作方法

你需要准备 3 磅*半糖,3.5 磅盐,13 磅雪,3 个大柠檬。若是小柠檬,尤其在夏天,得根据制作量按需投料。

拉蒂尼的冰淇淋指南是为个别专家量身定制的。这些专家知道雪和盐需放进冰壶里,而非混入冰糕之中。拉蒂尼没有提供

13

---

* 1 磅约等于 0.453 千克。——编者注

任何关于煮料、冷冻、搅拌及各步骤时长的说明。当提到"糖与雪的浓稠度"时，他是在暗示做软冰，而非硬冰，这完全得有专业支撑。

制作冰块的过程中，糖和原液的平衡用量至关重要。一旦糖的用量过多，就会得到一坨既厚又腻的冰泥；用量过少，就会制出一块连勺子都戳不破的冰。纵使如今冰淇淋中糖与柠檬的用量早已发生变化，我们无法尝到拉蒂尼的原版，但可以想见，他的柠檬冰淇淋似乎甜得让人牙疼，且冻结情况欠佳。拉蒂尼单次制作的冰淇淋足够装满 20 个高脚杯，一个高脚杯的容量约为 6 盎司＊，所以 20 个高脚杯差不多是 3.4 升。这么点冰淇淋竟然用了八杯糖。[28] 如今同样数量的冰糕，我们只用四杯。同样，拉蒂尼只用了三个柠檬，但这三个柠檬又有多大呢，又会有多少汁水呢？要知道我们如今用四五个柠檬汁兑水，才只能做出约 1 升的柠檬冰糕。

拉蒂尼把其中一款自制冰品称为牛奶冰糕，他从未用过意式冰淇淋（gelato）这一词。

牛 奶 冰 糕

用牛奶做冰糕，必须先加热。准备一个玻璃瓶，半杯牛奶，半杯水，3 磅糖，6 盎司的柠檬蜜饯或切碎的南瓜，雪和盐的用量按材料用量进行配比。

14　　　拉蒂尼的玻璃杯容量约半升，[29] 所以一瓶半的牛奶加上一瓶半的水后原液就会有一升多，再倒入 3 磅的糖。糖分过多不能很

＊　1 盎司约等于 29.27 毫升。——编者注

好地冻结。拉蒂尼为何要用水呢？他的牛奶有多醇厚、多顺滑？这是唯一一款由拉蒂尼制作的冰糕。这究竟是早期的冰淇淋还是冰淇淋即将闪亮登场的预兆呢？

拉蒂尼创作本书时，热可可在欧洲已是一款受人追捧的热饮。西班牙征服者首次尝到阿兹特克人的苦味冷饮时，其味道让人难以接受。但在其中加点糖，加入旧大陆的肉桂和八角等香料后加热，得到的饮品就成为他们的创意新品。最初在 16 世纪晚期，巧克力被当作一种药物传入西班牙，风靡整个欧洲，用《巧克力的真实历史》(*The True History of Chocolate*) 的作者苏菲 (Sophie) 和迈克尔·科 (Michael Coe) 的话说，"巧克力传遍了每个宫廷，传遍了每一贵族，传遍了每座修道院。"[30] 它是在特制的可可罐中制作的，里面不仅加入了糖和肉桂，还加入了辣椒、杏仁、蜂蜜、牛奶、鸡蛋、麝香、面包屑和玉米末。最后，用一种叫作 "molinillo" 的木制打蛋器将罐中混合物打成泡沫状。17 世纪早期，热巧克力成为西班牙宫廷的一种时尚饮品。皇室成员和他们的客人们用精致的瓷杯品尝热巧克力，杯碟上镶嵌着黄金。每到早晨或下午，他们第一件事便是喝热巧克力。在宫廷和观看斗牛表演时，贵裔们还会把饼干浸在可可里品尝，借此为激烈的比赛助兴。

制作巧克力冰淇淋的想法颇具创新性。拉蒂尼有两版食谱：第一版是把巧克力冷冻成片状或者砖状，不过这需要更多的盐和冰来冻结。第二版则是巧克力慕斯，需在冷冻过程中不断搅拌，使之起泡，后略加冷藏，即可食用。他认为在该过程中，搅拌冰块十分必要。事实上，未来的厨师也会强调这一制作诀窍。

有趣的是其他人会在巧克力中加入许多佐料，但拉蒂尼的"巧克力冰"只有巧克力和糖。我们猜测有可能是他使用了已经

15

添加肉桂或其他香料的巧克力，又或是因为他更喜欢纯正的巧克力。

拉蒂尼的"肉桂冰"里还添加了松子仁。我们并不清楚当年他制作肉桂冰的确切方法。他有可能像我们今天一样，会在最后一刻才加入松子仁，从而保持坚果的松脆感。但更可能的是，拉蒂尼会像如 18 世纪大多食谱所介绍的那样，把松仁浸泡在用于制冰的肉桂水里以增加风味，然后再过滤掉。这样做出来的冰品，丝滑又轻薄，是顶级吃客长期以来的首选。

拉蒂尼对一些冰品的制作有极为精确地描述。譬如制作草莓冰糕，必须用采摘时间不超过一天的新鲜草莓。用于冰糕的酸樱桃，需要把每一颗的果核都剔取出来。在另一份食谱里，拉蒂尼还要求在夏季以外的所有季节都采用樱桃果脯来制作酸樱桃冰糕。

拉蒂尼最具神秘感的冰糕食谱叫作"robba candita diva"，翻译为"蜜饯聚宝盆"——在一份牛奶冰糕中加入了柠檬、香橼或南瓜。然而，尽管拉蒂尼把蜜饯聚宝盆归属为甜点，但他也表示蜜饯聚宝盆需要冷冻在当时备受追捧的巨大冰塔中，这种冰塔可能注定是一件餐桌中央闪闪发光的装饰品。所以，与其说蜜饯聚宝盆是用来吃的甜点，不如说它是皇家宴会桌上的一种身份标志。对皇家宴会上的冰塔而言，蜜饯这一词可以指向所有种类的原料，它的丰富性远超一般人想象。

拉蒂尼既愿意与别人分享冰淇淋食谱，也愿意与他人共享一支冰淇淋。有次宴会上，最晚上来的甜品里使用了大量的冰淇淋，拉蒂尼竟然邀请仆人和现场的宾客一同享用这些美味的冰淇淋。如此非比寻常的举动，或许与拉蒂尼曾经身为奴仆的那段卑微时光有所关联吧。

法 国 韵 味

一个没有咖啡，没有咖啡馆，没有冰淇淋的近代巴黎只能存在于人们的想象之中。直到 17 世纪中叶，巴黎市民还认为咖啡是一种具有异国情调的中东饮品，在那时，经典的巴黎咖啡馆还未出现，冰淇淋更是少数特权阶层才能享有的甜点。谁能想象，这三样新事物在之后不久竟能成为巴黎的"城市之光"。

16

欧洲旅行者在波斯、土耳其等中东国家游览时最早接触到了咖啡，甚至首次尝到了这种苦涩而奇特的饮料。每当早期欧洲旅行家谈起咖啡的味道时，他们总会流露出不愉悦的神情。譬如 17 世纪早期的旅行家托马斯·赫伯特爵士就曾这样谈论波斯咖啡：

> 在波斯，咖啡屋，尤其是晚间营业的咖啡屋总是宾客盈门。咖啡，或者说"咖果"（coho），是一种黑色饮品，更确切地说，它其实是一种草本药汤。波斯人会用小瓷杯去品尝这种需要趁热喝的饮料。咖果是用小兔花或咖瓦果在水中高温浸泡制成的。尽管它既不悦目也不美味，反而又黑又苦（或者说像烤焦的面包皮），在波斯，人们总会情不自禁地多喝几杯咖果。与其说咖果是可口的，不如说它是健康的——据说这种饮料甚至具有暖胃、助消化、驱除风气、消解困意的神奇功效。在波斯民间有着极为盛行的一种传说：这些咖果是天使长加百列专门为穆斯林准备的"神酒"。㉛

17 世纪中叶，咖啡被引入法国。但是最初并不是所有生活

在法国宫廷内的贵族都能接受咖啡这一饮品。譬如塞维涅夫人
（Madamede Sévigné）写给女儿的信中就谈到，她起初认为喝咖啡
是一种很过时的行为。后来她发现，只要添加足够的牛奶和糖，
在四月斋节喝"牛奶咖啡"或"咖啡拿铁"其实是一种极好的心灵
慰藉。㉒

　　直至 1670 年左右，咖啡才逐渐受到法国公众的欢迎。在巴
黎街头，有不少来自异乡的咖啡小贩将自己装扮成戴着头巾的奥
斯曼人，以彰显这种饮料的异国情调。其中一个名叫弗朗契斯
柯·波蔻佩（Francesco Procopio dei Coltelli）的年轻小贩是西西
里岛人。波蔻佩追随着老板亚美尼亚人帕斯卡（Pascal）在热闹
的圣日耳曼集市（Saint Germain Fair）上摆摊出售咖啡。后来帕
斯卡决定去伦敦创业时，波蔻佩接管了他的咖啡摊位。在波蔻佩
的经营下，这家咖啡摊变得越来越远近闻名。后来，波蔻佩加入
了软饮料行会（distillateurs-limonadiers），并"鸟枪换炮"，在图尔
农街（Rue de Tournon）开设了一家小型咖啡馆。1686 年，波蔻
佩搬到了福塞圣日尔曼街（Fossés-Saint-Germain）居住，并在那
里开出了一家名为"普罗可甫"（Le Procope）的咖啡馆。由于当
时的巴黎市民可以从集市、小贩以及少数几家阴暗潮湿的商店买
到咖啡，但多数人还没有机会在时髦的公共空间里享用咖啡。普
罗可甫咖啡馆安装了闪闪发亮的水晶大吊灯，大理石材质的吧台
和锃光瓦亮的镜面，使人无论从哪个角度看，都会眼前一亮。普
罗可甫咖啡店的装潢也为后来的西方咖啡馆奠定了装修风格。

　　普罗可甫咖啡馆开业一年后，法兰西喜剧院（the Comédie
Française）搬到了它的对面（后来街道名称改为"老喜剧院街"）。
知名作家、演员等艺术家，以及有一定身份的戏剧观众都慕名前
来。来客惊喜地发现普罗可甫咖啡馆既有咖啡、巧克力、利口酒，

也有凉爽宜人的冰饮。虽然波蔻佩本人并没有将冰饮引入巴黎，但他为追求时尚的巴黎人提供了享受冰饮的合适场所，帮助冰饮在巴黎美食王国里一度走红、走俏。[33] 后来，包括著名哲学家卢梭、狄德罗以及伏尔泰在内的启蒙运动旗手纷纷把普罗可甫当作他们的社会运动大本营。美国开国元勋本杰明·富兰克林在巴黎的时候也经常光顾普罗可甫咖啡馆。甚至，伏尔泰的一部戏剧《爱的结晶》都以这家他经常光顾的咖啡馆为空间原型。[34] 或许是受到了他在普罗可甫咖啡馆所享用冰淇淋的感召，伏尔泰在他的政治哲学论述中留下了这样一句名言："冰淇淋那么精致，为何它竟不合法！"

《现代管家》杂志在那不勒斯创刊的那年（1692 年），《领主宅邸的管理艺术》(*La Maison Réglée*) 也在巴黎正式出版。这本书由尼古拉·奥迪革（Nicolas Audiger）撰写，内容为如何经营他所谓的优质家庭。奥迪革在他担任甜点师、蒸馏师和大总管（相当于管家负责人的职位）的漫长职业生涯即将结束时，撰写了这本书。三十多年前，正当奥迪革开始工作的时候，法国冉冉升起为欧洲的创新烹饪中心。

那些年间，路易十四王朝的许多宫廷成员都享受过奥迪革的服务——他曾担任过"太阳王"宠妃苏瓦松伯爵夫人（Comtesse de Soissons）的专属甜点师和利口酒蒸馏师，他也为国王的首席大臣科尔贝尔（Colbert）和其女婿圣艾尼昂伯爵（Comte de Saint-Aignan）工作过。奥迪革还在凡尔赛宫、尚蒂伊城堡等其他皇家场所筹备过庆典活动。后来，他在王宫广场开了一家甜点店和酿酒厂，并经常为王室宴会提供餐点，其中就包括冰品。

据奥迪革本人回忆，在他刚开始工作时，他曾游学意大利，学习制作完美冰品及利口酒的诀窍，同时他也接触到了其他一些后来在巴黎非常流行的饮料。[35]虽然在制作法式甜点以及酿造美酒方面奥迪革已经很有经验，他也曾游历过西班牙、尼德兰和普鲁士，但在那几个国家的学习经历并不足以使他的技术达到极致，这只有在意大利才能实现。奥迪革在意大利学到了制作巧克力、茶饮和咖啡的最佳食谱，并决心要把这些技艺引入法国。虽然在奥迪革写作这本书的时候，巧克力、茶饮以及咖啡在巴黎已经家喻户晓，但他还是起到了很大的推广作用。

历经 14 个月的辛苦学习，奥迪革出师回到法国。归国后，奥迪革反复游说国王授予他在法国产销意大利利口酒的特许权，但他终归没能如愿。他在书中提到 1660 年 1 月，在他回法国的途中，偶然发现了生长于热那亚的一些豌豆苗。[36]奥迪革把这些小苗收集起来，连同一些玫瑰花蕾装进一个盒子里带回了法国。奥迪革将这些植物上贡给国王，国王对其新鲜度及口感都赞不绝口。心情愉悦的国王赏了奥迪革一大笔钱，但奥迪革选择了婉拒，他恳请陛下能允许他垄断意大利酒饮市场。国王和许多朝廷官员只是象征性地微笑了下，便再无下文了。奥迪革在他的书里详细介绍了这一事件，丝毫没有掩饰自己的失望之情。后来每当法国各地的利口酒制造商协会成立，奥迪革就会感到非常愤怒，因为在他看来，利口酒的生产权卖给了那些未经测试的、对酿造工艺一无所知的人。由此推想，波蔻佩可能也在奥迪革鄙视的那些"一无所知的人"当中。

19　　　然而比起利口酒，无利可图的《现代生活》显得更加宝贵。奥迪革在书中详细地说明了从人员配备、物品采购、预算编制、菜单规划和餐桌布置等方面，该如何管理好一个贵族家庭的日常生活。奥迪革详细描述了每位仆从的职责，包括自己曾经担任的两个重要职位——大管家及厨师长。随着高级烹饪技术的发展，在

贵族家庭的厨房里，工种区分日渐凸显，就好像大型餐厅里的细
致分工一样。奥迪革规划了贵族家庭厨房的组织架构——大部
分食物都是在中央厨房里准备的，这里是厨师长、烧烤师以及他
们助手一展本领的地方。奥迪革把由厨师长直接领导的冷餐厨
房称为"办公室"，在这里，大厨们可以和助手协同制作沙拉、糕
点、利口酒、果酱、糖浆、杏仁糖等美食。除此之外，冷餐厨房还掌
管酒窖、银器，以及细麻餐台布。当咖啡、茶、热可可乃至冰淇淋
成为时尚潮流时，冷餐厨房的厨师长们纷纷跑去学习制作这些饮
品的方法，并开始在他们的厨房中供应相关饮品。㉝

　　奥迪革在书中还专门介绍了"意大利式"利口酒和利口水（无
酒精饮品统称为"水"）的制作工艺。奥迪革提到的风味包括橙花、
柠檬、草莓、醋栗、覆盆子、樱桃、杏子、桃子、梨子、杏仁、石榴、绿汁
（verjus，一种葡萄制成的酸汁，用于代替柠檬汁或醋）、松子、开心
果、榛子、肉桂、香菜、细叶芹，以及茴香。当时雪芭一词尚未普及，
所以奥迪革使用了"流行的冰糕"这一短语，似乎指向了起源于中
东地区的冰冻果子露。奥迪革的书中没有专门讲述制作冰块工艺
的食谱，但是他提到若要将水冷冻成冰，则需加入双倍糖，同时水
果、花朵或坚果等配料应多添一倍，如此方能实现良好口味。经验
丰富的厨师都知道：若食物在冷冻时味道正好，那么当其升温时，
味道就会过于浓烈。下面展示的是奥迪革调制柠檬汁的食谱：　　20

美味柠檬汁的制作方法

　　准备：1 品脱＊水中加入三个柠檬的汁㉞（若是大柠檬，

　　＊　美制 1 品脱约等于 0.473 2 升。英制 1 品脱约等于 0.568 3 升。——编
者注

只需要两个），七八种香料，1/4 磅糖（最多不超过 5 盎司）。待糖溶解并调匀后即可过滤，冰镇一下，即可享用。

奥迪革表示，若要做柠檬雪芭，就要加半斤糖，对应到厨房秤的话，就是三分之一杯糖。虽然奥迪革的雪芭甜得发齁，但总比拉蒂尼的那款来得好些。与此同时，奥迪革还加入柠檬皮，使得雪酪风味更佳。

与拉蒂尼不同，奥迪革给出的冰冻教程非常冗长。他的建议是把水注入容器，盖上盖子，随后将容器放在一个大桶里，彼此之间留出一指的间隙。然后，把已经粉碎好的冰块装入大桶，同时混合进一定比例的盐。需要注意的是，大桶里必须装满冰块且容器必须深埋于冰块之中。等待 30 分钟到 45 分钟后，打开容器，用勺子搅拌里面的混合物，同时特别当心别把冰盐溶液灌进容器里。之后重新盖上盖子，将容器再次深埋于冰块之中。奥迪革提示读者选用一个底部有洞的桶，装冰的时候装上塞子。如此，融化的水就会时不时地通过孔洞流出。

21 　　冻结是一项又冷又苦的工作，但拉蒂尼和奥迪革都没有提到这点。毕竟是仆人和学徒在做这些艰苦的差事，相比之下，他们两人就轻松多了。

奥迪革强调，冻结时一定要进行搅拌，这样操作后的口感才会像雪而不是冰。尝起来也会更甜美。假如不搅拌的话，糖就会沉淀在容器的侧壁和底部，雪酪也会变得稀薄而无味。而拉蒂尼只有在制作冰冻巧克力慕斯中才提到搅拌。虽然他们的食谱大相径庭，但拉蒂尼和奥迪革都希望他们最终做成的是雪酪，而不是别的东西。

奥迪革只公布了一种属于他的冰淇淋配方：

冰淇淋的制作方法

准备：一酒瓶牛奶，半塞蒂尔[*]甜奶油，六七盎司糖和半匙橙花水。把牛奶、奶油、糖和橙花水混合在一起，放入铅、陶土或其他材质的容器中冷冻。^㊳

一个酒瓶（chopine）大概有 500 克，半塞蒂尔大约有 250 克。^㊴虽然不知道具体浓稠度，但是可以肯定奥迪革使用的牛奶多于奶油。一般而言，在今天制作一份雪酪，通常需要一杯半，至少也要一杯糖，由此看来，奥迪革用一杯多一点的糖制作雪酪并不怎么夸张。

奥迪革也像拉蒂尼一样，制作冰塔并将其作为重要装饰品。不同的是，奥迪革列出了明确的制作工艺。他说，经过精心挑选、仔细排布，把最大的水果或花朵置于铅铸模的底部，最小的置于顶部，使其装满整个模具。接着，在模具里灌满水，再将其埋于冰盐溶液之中，直至冻结成冰。上菜前，他用一块蘸有开水的布擦拭模具的外侧，完成脱模。然后再把冰塔放在一个盘子上，再摆放上一只只冰雕酒杯。奥迪革指出，餐桌上的冰塔是如此壮观，更加衬托出了冰淇淋这朵"红花"。

1651 年，法国著名厨师弗朗索瓦·皮埃尔·德·拉瓦雷纳（François Pierre de La Varenne）撰写的食谱《法国美食家》（*Le vrai cuisinier françois*）并未提及任何冰淇淋的制作方法。但在其后增补版（*Le nouveau confiturier*）中，作者新增了两种冰冻雪酪食谱。第一种是"橙花雪酪"（neige de fleurs d'orange），这很像奥迪革的奶油冰淇淋，只是橙花雪酪需要用到奶油和新鲜橙花

22

---

* 塞蒂尔是欧洲历史上一种容量单位，约合今 150—300 升。——编者注

（如果没有橙花可用橙花蜜饯和橙花水代替）。⑩第二种是"芫荽冰淇淋"（neige de coriante），实际上就是一种调味冰。这两种食谱的用量都不太精确。第一个配方要求使用甜奶油却未指定用量，只是提到要用两把糖、大量冰、少量盐。第二个配方要求两小杯芫荽，一些水，一两把糖，还有少许柠檬汁和柠檬皮。

不过，有关冰冻冰淇淋的教程却很具体。拉瓦雷纳指出，制作者应按奥迪革所说，在装着混合物的容器与桶之间留出一指宽的距离。拉瓦雷纳和前辈的区别在于，他没要求搅拌奶油，而是提出要时不时摇晃容器，保证雪酪不会冻结成冰块。与拉蒂尼、奥迪革一样，拉瓦雷纳想做的是雪酪而不是冰。他还强调，雪酪需在两小时内制作完成，⑪限制冰冻时间可能也是为了防止它被冻得太硬。

英 式 奶 油

23　　安妮·范肖太太（Lady Anne Fanshawe）未刊的烹饪手稿中留下了比上述食谱都要来得早的制作指南。范肖太太是理查德·范肖爵士（Sir Richard Fanshawe）的妻子，范肖爵士在斯图亚特王朝复辟时期先后担任过驻葡萄牙大使和驻西班牙大使。范肖太太手稿创作于 1651 年至 1678 年，而那份冰淇淋的食谱形成于 1665 年至 1666 年前后。1666 年，范肖爵士去世后，范肖夫人从马德里回到英国。或许这一配方正是她在西班牙发现并采集记录的。

冰淇淋的制作方法

准备 3 品脱优质奶油，用肉豆蔻种皮、橙花水或龙涎香调味,在奶油中加糖,静置等待冷却,放入银制或锡制盒中。取出冰切成小块,倒入盆中,将盒子置于冰块中,直至完全被掩盖,静置两小时,奶油就会冻结成冰,然后把它们倒进一个装有相同调味奶油的托盘上,即可食用。[42]

范肖食谱唯一不足的是没有提到盐。没有盐,冰淇淋是不会冻结成型的。她究竟是忘了在食谱上注明要放盐,还是仆人在制作冰淇淋时没有向她提到这一点?或者她是从别人手里得到这份食谱,却没有察觉到这一错误,乃至根本就没亲手做过冰淇淋?对于这些疑问,今天的我们很难知晓答案。

食谱之间都有相似之处。和拉蒂尼一样,范肖要求加热奶油(拉蒂尼也如此要求)。范肖、奥迪革和拉瓦雷纳做冰淇淋时都用橙花水来调味。当时的橙花水堪比现在的香草,中东地区的烹饪会频繁使用橙花水,添加少量的橙花水使得冰淇淋别有一番风味。

第一份英文冰淇淋食谱是在很久以后才出版的,出现于1718年的《玛丽·伊尔斯夫人的食谱》(*Mrs. Mary Eales's Receipts*)。伊尔斯夫人的食谱中涉及糖果和糕点,书的扉页上,伊尔斯夫人被称为"已故安妮女王陛下的甜点师"。虽然她在书中对冷冻技术有详细描述,但不难发现,她似乎对冰淇淋制法颇有微词。

24

制作冰奶油

准备几个锡制冰罐,装上任何你喜欢口味的奶油,包括原味、甜味、水果味等等均可。随后把罐子盖严实。要想把罐子密封好,你必须首先把18至20磅的冰弄得很小很碎,大量冰都需要置于罐子底部和顶部。一定要准备一只桶,在桶底放一些稻草,然后把掺入了一斤海盐的冰块放进去。两个罐子不能挨着放，每个罐子之间都得有冰和盐，罐子周围必须布满冰块。在桶上放上大量的冰，铺上一层稻草，再放入阴暗的地窖里，至少需要 4 个小时奶油才会冻结起来。与其用手把冰淇淋抠出来，不如直接握住冰罐，把里面的东西甩出来。如果你需要做含有很多水果的调味冰，不管你用到的是樱桃、覆盆子、红醋栗还是草莓，只要把这些水果尽可能多地装在锡罐里，放些柠檬汁（由泉水和加糖的柠檬汁制成的），水果与水果之间不要留太多空隙，完成这步后，就可以把罐子放进冰里，和冻结奶油的步骤完全一样。㊸

然而，伊尔斯夫人所谓"你喜欢的任何一种奶油"，指的可能是她的非冷冻奶油食谱。这些食谱就写在冷冻食谱的前页，其中包含用肉豆蔻、柠檬、巧克力或杏仁调味的奶油。她甚至还有一份"鳟鱼奶油"的食谱，但令人惊讶的是，这款奶油是以鱼篮子的形状，而非食材命名的。伊尔斯夫人的奶油食谱用量并不精确。她只是简单告诉读者"按喜好加糖"。不过对一些有经验的人而言，只要按照她的食谱操作，也可以做成冰淇淋。

此后，众星捧月的新大陆原料相继亮相制作冰淇淋厨房。科学家们发现了冰冻的秘诀，医学界的观点也开始转变，就连厨师们也开始跟着创新。拉蒂尼的"冰糕"，奥迪革的"冰淇淋"，拉瓦雷纳的"雪酪"，范肖夫人的"冰淇淋"，以及伊尔斯夫人的"冰奶油"，其实都只是基奠性的工作。到了 18 世纪初，人们已经准备好制作和享用包括冰淇淋在内的各种色香味俱全冰品了。

第二章
至尊精品

17世纪至18世纪,法国为欧洲上流社会餐饮和冰淇淋制作26

树立了标杆。事实上,来自法国的艾米先生(名不详)撰述了世界

上首部冰淇淋专著,这本书于1768年在巴黎问世,并出版了英

文、荷兰文、丹麦文、瑞典文和意大利文等语种译本。那时,四处

游历的厨师纷纷传播着法国的烹饪技巧。在欧洲上流社会聘请

法国厨师更是一种时尚潮流。英国、俄罗斯和意大利贵族都争相

雇用法国厨师。在西西里岛,人们称法国厨师为"蒙祖"

(monzu),这个词是由"绅士"(monsieur)一词衍变而来的。尽管

革命频繁,政局动乱,但法国高级烹饪的"帝国"版图仍在持续壮

大,其影响力也日益增长。

弗朗索瓦·马瑟阿罗(François Massialot,1660—1733)是一

位极有名气的法国厨师。他不仅是许多法国贵族的御厨,更是

《王室与资产阶级的厨师》(*Le cuisinier roïal et bourgeois*)、《果

酱、利口酒和水果的新用法》(*Nouvelle instruction pour les

confitures, les liqueurs, et les fruits*)这两本知名烹饪书的作者。

同时,这两本著作曾多次再版。他的著作合集于1702年被翻译

成英文,并以《宫廷与乡村厨师》(*The Court and Country Cook*)

为名出版。1741年《王室与资产阶级的厨师》又被翻译为意大利

文。毋庸置疑，那时的马瑟阿罗是位举足轻重的人物。

　　然而，和其他人一样，在研发冰淇淋的过程中，马瑟阿罗也四处碰壁，举步维艰。用到的每种原料几乎都存在大大小小的问题：供应冰块的商家少之又少，制作和储存冰块的成本异常之高；冷冻用盐的成本很高，同时，糖必须提纯后才能掺入冰淇淋中，这样成本就更高了；由于没有冰箱，牛奶和奶油经常变质结块，鸡蛋也不时发臭。由于必须确保所有配料都新鲜，像马瑟阿罗这样的厨师，必须在制作前尝试奶油等配料，不能忽视了这一步骤。马瑟阿罗还表示，水源也是影响冰淇淋品质的问题，需要选用清澈的泉水或河水。同时，器具上的障碍也令马瑟阿罗倍感艰辛——在那时，制作冰块的器皿与拉蒂尼和奥迪革时代的相差无几，没有任何创新。

　　甜品师们制作冰淇淋时都在尽可能节约材料。以冰块制作过程为例，马瑟阿罗写道："制冰过程中需要用大量的盐，冰块价格也就水涨船高。"须知，直至今日，即便普通的盐也并非随处可见。盐税是法国人最讨厌的，也是法国最不公平的税种之一。①盐税是农民们最大的负担，即使像马瑟阿罗这样属于精英阶层的甜品师也不愿浪费一毫一厘。为实现节约，马瑟阿罗提倡在使用完冰块后收集融化的冰水，将其煮沸，以回收其中溶解的盐。若每次都如此反复，那么盐就可重复利用多次。数年后，意大利政府实施了食盐垄断政策，盐这一生活必需品彻底变成了昂贵的奢侈品。1891 年，在首本为家庭厨师编撰的意大利文食谱——《厨房科学与美食的艺术》（*La sicienza in cucina e l'arte di mangiar bene*）中，作者佩莱格里诺·阿图西（Pellegrino Artusi）写道："把盐水放置在火上烤，使水蒸发，析出盐，这样就可以反复利用，冰块的成本也就随之降低了。"②

与许多其他的甜品书一样，马瑟阿罗于 1716 年出版的《新式烹饪指南》(*Nouvelle Instruction*)中，开门见山地以单独一章介绍了用糖的奥妙，包括如何选择、提纯、调和，还包括如何制作不同状态的糖以及不同类型的甜品等。就在马瑟阿罗写这本书时，大量奴隶被引入加勒比海沿岸的法国殖民地，在种植园中劳作。糖的供应量由此变大，价格也更实惠了。然而，市面上卖的糖都是大块且含有杂质的，所以在使用前必须要压碎和提纯。马瑟阿罗建议尽可能选择最白、最纯净的糖，这样加工起来会比红糖更轻松。但是，即使是最白、最干净的糖，也必须要经过提纯才能使用。马瑟阿罗提出了两种经典的提纯技术。其一，在一锅水中加入一个或多个压碎的鸡蛋(包括蛋壳)，用白桦树枝搅拌，再倒在糖上。随后放置于火上加热至沸腾，不断地搅拌并撇去杂质，直至表层的泡沫从污浊的黑色变为白色(制作过程中，必要时可加水以防止锅中的混合物沸腾溢出)。因为鸡蛋中的蛋白质可以吸收杂质，所以能够把杂质从表面撇去。撇去杂质后，再用潮湿的白色餐巾过滤一下混合物。马瑟阿罗再次提醒需要节约材料的冰淇淋制作者："经过深度提纯的糖料，仍可再次加热提纯，只需在渣滓中加一些水就好。"

其二，在糖水中加入打好的蛋清，并将之煮沸。水开时，加入少许冷水，如此反复。完成后关火，静置约一刻钟。仔细撇去顶层的黑色漂浮物，再过滤一遍混合物。马瑟阿罗表示，用这种方法制作出来的糖虽然没有第一种那么纯净，但用来制作果酱却是绰绰有余的。当然，值得一提的是，澄清高汤也可采用这种方法，效果也不错。

后来，马瑟阿罗描述了"cuisson du sucre"(即"煮糖浆")的制作方法，并把它定位成糖果艺术的基石。尽管温度计已经面世，

28

但当时仍未流行，直到很多年后甜品师才开始在制作过程中使用温度计，所以，在那时，甜品师们想方设法要将糖煮成至少八种不同硬度和状态的糖浆。马瑟阿罗大致列出了六种状态的糖浆，其中包括拔丝、糖珠、挂霜、嫩汁、琉璃、焦糖。③其他厨师则列举出了更多种状态，其中一种"猪尾糖浆"（当糖浆变成糖珠后继续熬制即可形成该状态）。还有"基督之手"（manus Christi）——得名于测试糖浆时厨师的手势，酷似弥撒仪式上举杯祝圣的手势。④为辨认是否已熬制成拔丝（lissé）状态，马瑟阿罗会用食指沾上一点热糖浆黏在拇指上徐徐拉开。如果糖浆已呈糖丝状态，就会随着两根手指的张开拉成一条丝线，然后才会断裂。如果到了拔丝阶段，那么这条丝会更粗，延展性也会更好。在语言学上，也有这么一个巧合，"cuisson"一词除表示烹饪之外，恰好还能对应到"灼热感"的意思。

　　尽管马瑟阿罗详细介绍了煮糖浆的方法，但他本人并未在制作冰淇淋时使用糖浆。他只是在水中加入水果、鲜花或巧克力调味后加入了些许糖分。通常情况下，用糖浆制作的冰糕都非常美味，一个原因是在加热过程中，糖浆会完全溶于制作冰糕的水。然而，糖却不能完全融于冷水或者果汁，不仅没有足够的甜味，有时还会产生冰沙或冰块这样的异物口感。马瑟阿罗制作冰淇淋的用水比现今要多许多。他指出，冰糕混合物在冻结时必须不时地搅拌才能顺利成形。不过即使是用现代冰淇淋机器去搅拌，马瑟阿罗的"覆盆子水冰"（eau de framboise glacé）也比现代的冰糕味道更寡淡，口感更坚硬。我们不妨来看下他的食谱。

覆 盆 子 冰

　　取 1 磅熟透了的覆盆子，放入锅中。压碎后加入 1 品脱清水、0.5 磅糖。浸泡半小时后过滤并冰冻。⑤

　　艾米在 1768 年版的食谱中写道，早期的水果冰（fruits glacés）是用大量的水、少许水果和未煮熟的糖制成的，得到的是硬冰。他认为把糖提纯并煮成糖浆这一步骤非常重要。一般要煮到拔丝阶段，厨师才可以制作出非常美味的软冰淇淋。

奶　酪　说

　　不同时期，冰品和冰淇淋的叫法各不相同。拉蒂尼把他制作的冰品与冰淇淋都称为"冰糕"（sorbette）。奥迪革则称冰淇淋为"奶油冰"（crème glacé），将冰品称为"黎凡特冰"（sorbec de levant）。后来，法国又出现了各种各样的冰淇淋命名，如"水冰"（eaux glacés）、"水果冰"（fruits glacés），或简单称为"冰"（glace）。直到 18 世纪法国人才使用了"雪芭"（sorbet）这一词汇。那时，人们更倾向于将冰淇淋称为"冷冻冰糕"（sorbets glacés）。1767 年版的《烹饪大词典》（*Dictionnaire portatif de cuisine*）、《办公室词典》（*d'office*）以及《蒸馏词典》（*et de distillation*）都使用了"glace"。虽然用于制作冰块的器具通常都称为"sorbetière"（即"冰淇淋机"），但《便携小词典》（*the Dictionnaire portatif*）却使用了另外两种拼法："salbotiere"和"sarbotiere"，艾米使用的就是第二种拼法。在 19 世纪，意大利人普遍用"sorbetto"（雪芭）这个词指冰品和冰淇淋。在 1894 年出版的一部书里，阿图西（Artusi）用"gelato"（冰淇淋）指代冰品和冰淇淋。在 18、19 世纪，法语中常见的冰淇淋名称还有"crèmes glacés""neiges""fromages glacés"和"mousses"等。

尽管马瑟阿罗制作的冰淇淋不是奶酪，但他还是称其为"冻酪"（fromages glacés）。冰淇淋的第一个配方中要用到牛奶、奶油、柠檬皮和砂糖。厨师需要将混合物全部煮熟后冷却，之后再倒入模具中冷冻。第二个配方为"别样的冰冻奶酪"（Autre Fromage glacé），配方为奶油、少许凝乳酪、橙花水和糖。尽管食谱上写着在冬天这些材料应该煮熟，但这也不是绝对的要求。马瑟阿罗严格把控了牛奶和奶油的用量，但在糖的使用上，他主张制作者可以依照个人喜好来决定。马瑟阿罗建议添加适量的糖。他认为随着季节的变化，人的口味也会发生变化，所以他建议使用草莓、覆盆子或鲜橙花制作夏季冰淇淋，而用肉桂、巧克力、柠檬或佛手柑精制作冬季款冰淇淋。在马瑟阿罗编撰的食谱里，他总会在冰冻奶酪食谱的前后附上新鲜奶酪的制作方法。其中，有一款美味名为"英式奶酪"（Fromage à l'Anglois），这似乎是使用蛋黄制作的冰淇淋，首次出现在印刷出版的食谱上。不过从本质上说，"英式奶酪"还是一种蛋奶冻（crème anglaise）。一起来看一下这个食谱。

英 式 奶 酪

准备 1 品脱甜奶油、1 瓶牛奶和 0.5 磅细筛糖，磕入三个蛋黄，搅匀并加热至即将沸腾的状态。关火，将其倒入模具中，冷冻三小时。待混合物变得坚硬时，稍微加热一下模具，或将模具放在热水里浸几秒钟，便可以轻松取出"干酪"，装盘即食。⑥

这样的奶酪已经初具冰淇淋的雏形，但因为没有添加任何香料，味道有些寡淡。另外，在冻结过程中，马瑟阿罗并未加以充分搅拌，所以这种甜品的口感也不会像我们期待的那般丝滑。

他又为何将这些混合物称为"奶酪"呢？19 世纪初的一位英国旅行者指出，奶酪这个词汇被巴黎的厨师们使用得过于宽泛了。这位旅行者写道："干酪或奶酪在巴黎是一个使用广泛的名词，它们可以用来指代任何压缩过的物质。因此，在法语中，意大利奶酪（fromage d'Italie）也可以指一种博洛尼亚香肠，而冻酪（fromage glacé）又和冰品共享同一词汇。"⑦压缩或成模，似乎是所有冻酪都必须经历的加工过程。尽管有不少人提出这种甜品能被称为"干酪"，是因为其中鸡蛋的用量比蜜饯多，但事实上，厨师只有在鸡蛋用量少，甚至完全不用鸡蛋的情况下，才会加入蜜饯。马瑟阿罗就是个典型的例子。他在做英式奶酪时，鸡蛋的用量比蜜饯要多，但做其他冻酪时，并不会加入鸡蛋。

艾米认为，将冰淇淋塑造成圆形或楔形奶酪时，就变成了冻酪。艾米几乎在所有他撰写的冰淇淋食谱上都附上了说明，人们可以用不同的模具制作冰淇淋，也包括奶酪模具。这样制作出来的冰淇淋就是冻酪。艾米把大部分冰淇淋都称为风味冰淇淋（glace de crême），例如，香草味冰淇淋（glace de crême à la vanille）、草莓味冰淇淋（glace de crême aux fraises），按照这个逻辑，在奶酪模具里制作的冰淇淋应该叫作"奶酪冰淇淋"，用菠萝制成的奶酪状冰淇淋就可以称为"菠萝味奶酪冰淇淋"（fromage d'ananas）。但马瑟阿罗并没有具体规定奶酪模具的形状，同时其他甜品师也设计了各色各样的奶酪冰淇淋模具。《法国罐头制造指南》（Le Cannameliste français）的作者是法兰西名厨约瑟夫·吉利耶斯（Joseph Gilliers），他与艾米是同一代人。在制作"芦笋奶酪冰淇淋"时，吉利耶斯在芦笋形状的模子里装满意大利奶酪，用以模拟芦笋的白色部分，同时用开心果奶酪仿制芦笋的

32

绿色部分。吉利耶斯还指出那种被叫作"利口酒"的混合物可以
用于洋蓟形状的模具中。他还用干酪制作了一种冻酪——吉氏
"帕尔马干酪"（fromage de parmesan）。它由鲜奶油、碎奶酪和
糖制成，并用香菜、肉桂和丁香调味。厨师把混合物煮熟后搅
碎，随即注入一个像帕尔马干酪的楔形模具中冷冻。脱模后，
吉利耶斯又在甜品的表面浇上了一层焦糖模拟的帕尔马干酪
棕色外皮。

　　另一位法国厨师弗朗克斯·门农（François Menon）也采用
了"冻酪"这一术语。在由 1767 年版《宫廷晚餐》（*Les soupers de
la cour*）翻译而来的《现代烹饪艺术》（*The Art of Modern Cookery
Displayed*）里，门农补充介绍了"冰淇淋奶酪"的制作方法。门农
谈道："貌如奶酪，故名之。"他并未说明他使用了什么样的工具，
"冰淇淋奶酪"这种模具的名称其实来源于它的制作地点。冰淇
淋脱模后，他在顶部浇上如雪山一般的风味搅打奶油，后来人们
将门农视为圣代冰淇淋的鼻祖。"黄油奶酪冰淇淋"（Fromage de
Beurre glacés）是他制作过最特殊的一款冰淇淋，如同冰黄油一
般。这款冰淇淋的主料是奶油和 12 枚鸡蛋，同时用柠檬皮和橙
花水调味。在制作过程中，这款冰淇淋无须加糖，直接冷冻就好。
大家也可以尝试"用这种方式制作冰淇淋。当你用勺子舀上一
口，你会发现吃起来像中间还夹杂着黄油小冰晶。"⑧

冰淇淋的制作技巧

　　冰淇淋的名字仍在不断演变。但在艾米写作那本书的时候，
制作冷冻甜点的技术已上升到一个新的高度。以下是这本书的
标题：

冰淇淋背后真正的冷冻奥秘：如何准备各种各样的混合物？如何才能把冰淇淋塑造成水果状、奶油卷状和奶酪状？如何制作慕斯？这本书能解决你的一切困惑。所有需要制作冰品和冰淇淋的人都会感觉本书非常有用。

厨师：艾米先生[9]

艾米的书于 1768 年出版。他在引言处就坦言，即使冰淇淋在早些年间装点过顶级的餐桌，但味道却总有些差强人意。他的观点与拉蒂尼、奥迪革的观点不谋而合，他认为冰的质地应该像雪一样。艾米认为他制作出的才是真正的"冰淇淋"，他还向读者们保证，如果读者们能专心致志地阅读完这本书，他们也有望在短期内仿制出完美的冰淇淋。

其实在那时有关冰品和冰淇淋的食谱非常稀少，且大多处于试验过程中。艾米的书充分地展现了他的自信。因为已做过多次实践，艾米非常了解自己的配方，所以很想与他人分享其中奥妙。书的扉页就揭示了艾米"厨房主厨"（officier）的身份，他管理着整个团队。而吉利耶斯和其他人的头衔仅仅只是"厨师长"（chef d'office）。由于法国在革命前很少有商业化餐馆，所以艾米极可能服务于一个庞大的家族或者个别贵族家庭成员。在书中，他表示他正在给其他厨师和制造商们撰写配方。换句话说，这书是写给专业人士的。毫无疑问，他负责指导他人制作冰淇淋，因为他的文章总是富有启发性，而且他经常会预测到一些问题并自问自答，仿佛以前他就曾多次被别人问到过一样。

今天我们对艾米了解甚少。他的出生时间、出生地、全名、家庭、教育以及婚姻状况，甚至包括他的体型样貌，我们都一无所知。但可以确定的是，他是一位才华横溢、经验丰富的甜品商，极

34

富主见与创造力。尽管在技艺方面，艾米力求完美，但在他的脑海里"中庸"和实用主义的想法根深蒂固。他总是告诫人们不要过度放纵，应当保持自律。

《厨房的艺术》（*L'Art de bien faire les glaces d'office*）这本书中包含从龙涎香（一种用于制作香料的鲸鱼分泌物，直至19世纪的烹饪中还会使用）到酸果汁味等各种口味的冰品、冰淇淋以及冷冻慕斯的食谱。但艾米的书不仅仅是一本食谱，更是冰淇淋生产商的使用指南。书中，艾米讨论了冰品与冰淇淋的历史、制作技术和所需器具。他强调优质食材是烹饪的关键，食谱不仅附上了辨别食材优劣的技巧，还讲述了冰块不能正常冻结时应采用的解决方案。不仅如此，他还撰写了关于健康问题的文章，描述了新世界的食物及其用途。艾米相信万物皆有季节性，冰也同样具有季节性。他认为全年持续供应冰块的想法十分荒诞，冰块应该只在春季或夏季端上人们的餐桌。剩余的半年时间里，人们在对冰的翘首以盼中度过。唯有如此，人们才会倍加珍惜冷饮，就像是经过一年再次品尝到丰收季的新鲜豌豆和草莓一样，那时的豌豆与草莓无疑更香甜。正因为有应季水果的加持，有人们漫长的守候，应季冰淇淋的风味才显得更加诱人。

与其他优秀的厨师一样，艾米对食材有着近乎严苛的要求，就连糖和水这种最基本的食材都会严格把关。艾米把糖称作"甜盐"（sel doux），他认为糖必须经过充分的澄清，溶于水并煮成糖浆，这样才能做出最好的冰。艾米把这样的冰称为"冰中珍品"。[⑩] 他认为，制作冰淇淋的时候，如果把糖撒入水或果汁中进行简单搅拌，糖可能无法完全溶解，最终只能得到寡淡的冰沙。和马瑟阿罗等人一样，艾米讲述了测试糖浆的不同阶段，但他的方法却比大多数同行更为精确。由于用热糖浆制作出来的冰淇

淋口感很苦,所以他建议先将加热完成的糖浆冷却两个小时至三
个小时,然后再和橙子、酸橙、香橼、柠檬等水果一起用于冰淇淋
制作。同时,艾米还建议水果浸泡糖浆的时间不要超过 5 分钟, 36
否则也会产生令人不适的苦味。

　　相较同时代的厨师,艾米创作了更多口味的冰淇淋。但是很
遗憾,其中许多口味都未能流传至今。不过,艾米留下了一个"万
金油"配方,在这一配方的基础上,可衍变出不同口味的配方。由
于他提到了很多技术方面的建议,也提到了未按相关要求执行的
后果,所以虽然这个配方很简单,但它仍占据了多达三页半的篇
幅。以下是他的食谱:

冰淇淋的制作方法

　　需准备 1 品脱奶油,四只蛋黄,1/4 磅左右的糖。先把
四只蛋黄放入锅中,加入少量的糖,搅拌均匀。缓缓加入奶
油稀释蛋黄;待其充分融合,开小火,等待慢炖奶油变至黏稠 37
状态。水油分离后,混合物中的乳脂含量更高,口感也更细
腻。制作过程中一定要注意用木勺或银勺均匀搅拌,因为
如果蛋黄粘到锅上的话,会让奶油变成凝乳继而不能很好
地浓缩。若未搅拌均匀,就会变成颗粒状,任何补救措施都
无法挽回这一结果,与此同时,凝固了的鸡蛋在冷冻后也会
变硬。所以,若操作不当,最终你将无法得到优质的冰
淇淋。

　　如我所说,即便要耗费一小时,在烹饪过程中也要如炖
汤一般,搅拌奶油直至成浓稠状态。起步往往决定了结局。

　　如果火烧得太旺,那就要在火苗上撒一点煤灰降低温
度,从而使奶油缓缓变稠;快好的时候,厨师需要品尝一下,

以判断奶油的甜度；如果确定奶油已经差不多完工，那就要熄火冷却，静待奶油变得更加浓稠。以上步骤完成后，要将稠奶油过筛，之后冷藏。同时，还要偶尔搅拌一下，以防止分层。

总的来说，这是准备熟奶油的最佳方法。接下来我们将介绍如何制作不同风味的奶油。我将再次提及这份食谱，避免重复。为方便起见，请各位在制作奶油时只参考本食谱，你只需要按部就班，成功就在你的眼前。⑪

在一些特定口味的冰淇淋食谱上，艾米都标注了要添加多少调味剂，多少水果，何时添加以及如何添加。他经常在食谱里写一些对水果和调味剂的看法，偶尔还会评论其他厨师制作奶油的方式，并表明他的意见立场。艾米告诉读者，奶油制作过程中要时不时品尝一下，判断出奶油是否在冰冻之后还能保留浓郁的风味。他还提醒厨师在品尝不同风味奶油的间歇要漱口去除残渣，以免影响对下一种风味奶油的评判。

38　　和其他甜品商一样，艾米也把冰和冰淇淋储存在一个称为"储冰洞"的空间中，别称为"冷藏室""冰柜""冷冻箱"或"小冰箱"。时境变迁，"质"是"貌"非，这些器具本质上就是个简简单单的长方形金属盒子，内衬铁板和锌板，两板之间装满了木炭、锯末或隔热纤维。因为冰淇淋模具尺寸很多元，所以在一个储冰洞里可以同时存放几个小的，还有几个较高的冰淇淋模具。模具周围填满了冰和盐，底部留有孔洞，冰盐混合物融化后可以经由孔洞排除。若要把食物冷冻几个小时甚至冰上一夜，那么在此期间就不能频繁地打开储冰洞。所以，甜品商们通常会提前制作好一批冰淇淋，集体冷冻脱模后，供顾客享用。甜品商们还可以在冰脱模后添加些装饰,装饰完成后再把这块冰重新放回储冰洞二次冷藏。一些小型储冰洞装有拉杆,甜品商们可以拖着拉杆将冰淇淋直接送到客人们野餐的地方或者花园聚会上。

珍 稀 香 草

早年间,香草并非随处可见。16 世纪,香草首次从墨西哥传到欧洲,直至 19 世纪中叶,人工授粉技术得以发展,商业化香草种植才随之兴起。从那时起,人们开始广泛使用香草。⑫然而,尽管艾米与同时代的甜品商们的确都用香草豆(而非香草精)制作冰淇淋,但仍需很长一段时间,香草味冰淇淋才能被人们所熟知且喜爱。艾米表示,香草气息怡人,是制作甜品的绝好伴侣。但是,艾米也提到,香草豆必须选择硕大、新鲜、气息浓郁者。他提醒读者,某些无良商家经常试图将老的、干的香草豆浸泡在油中冒充新鲜香草豆。因而,为了避免上当受骗,消费者们在挑选香草豆时,必须要闻一闻香草豆的气味——虽然泡过油的老香草豆看起来新鲜,但它的芳香绝对比不过新鲜的豆子。

艾米用肉桂、丁香、茴香、藏红花、马耳他产的橙子、橙花和覆盆子制作冰淇淋。他还用一种名为"霍卡卡"(houacaca)的香料混合物制作了一款冰淇淋。在巴黎市面上,能够买得到粉末状的霍卡卡,它的颜色类似肉桂或西班牙烟草。艾米认为霍卡卡产自葡萄牙,也了解到它是由肉桂和龙涎香制成的,还具有暖胃的功效。艾米是制作松露冰淇淋的第一人。食谱中的松露可不是松露巧克力,也不是意大利的松露冰淇淋(tartufo)——一种苦甜巧克力味冰淇淋。要知道,艾米采用的可是货真价实的松露,那种"生于地下,葬于豗狗之口"的真菌。这种真菌常因其泥土清香而

39

备受食客推崇。艾米在序言中就描述道，松露有白色、灰色或黑色等多种，生长于山麓地带的松露尝起来味道像大蒜。艾米制作松露冰淇淋所需的材料有：100 克松露、适量奶油、糖和鸡蛋液。虽然艾米曾照着这一配方制作许多黑松露冰淇淋，但他并未留下有关其成品味道的任何记录。

那个时代还存在一种奇怪的冰淇淋风味——那就是吉利耶斯研制的朝鲜蓟冰淇淋。这款甜品所需食材包括朝鲜蓟、开心果和蜜饯橙。不过，最终成品味道与其说继承了朝鲜蓟的味道，不如说像开心果和橙子混合的味道。在冰淇淋工艺发展史上，几乎从最早的时候开始，甜品商们就以商业力量推动着冰淇淋工艺发展。文森佐·克拉多（Vincenzo Corrado）在 1778 年出版的《品味管家》（*il credenziere di buon gusto*）中表示："任何水果蔬菜都可以用来制作冰淇淋。"后来，的确有一些甜品师落实了克拉多这略显夸张的表述。

艾米在食谱中提到的水果都是经过精心挑选的。他最喜欢的水果是菠萝，并称其为"水果之王"。艾米之所以钟情菠萝，不仅因为这种水果异常美味，还有一层考虑是，菠萝的叶冠与皇室徽章极为相似。艾米介绍道，在欧洲，菠萝直到 17 世纪才广为人知。他表示，水果散发出甜美而浓郁的香气时，就代表它成熟了，而且水果必须在成熟期采摘使用，如果再多放三四天的话，就会渐渐变得淡而无味。做菠萝冰淇淋时，艾米首先把菠萝捣成浆，过滤后加入糖浆和少许柠檬汁，制成了"菠萝冰"。他写道，如果菠萝、糖浆、柠檬汁三者比例恰当，那么菠萝冰淇淋也就能够称得上完美。

40　　在艾米看来，如果说菠萝是"水果之王"，那么"水果之后"就非草莓莫属了。草莓味道鲜美，香气怡人，果肉细嫩。艾米说，如果草莓像菠萝一样稀有,一样难种,那草莓就会更受追捧,变得更加昂贵,因为不可能有比它更完美的水果了。虽然在制作冰淇淋时,艾米通常建议加些许的柠檬汁用以调味,但他认为在草莓冰淇淋中加柠檬汁是个不明智的选择。若草莓未展现出其最佳风味,艾米建议可以加一点醋栗汁,因为醋栗汁与草莓本身的味道更为契合。有些时候,艾米还会选用一些非常好看的草莓装饰在草莓冰淇淋上面。⑬

艾米时常对同一水果的不同亚种进行描述和定名,并指明更偏爱哪一品种。他认为麝香葡萄是制冰的最佳葡萄,但他很难在巴黎找到;比起普罗旺斯的橘子,他更喜欢马耳他的橘子,因为马耳他的橘子更甜。法国的石榴像清水一样索然无味,而产自更温暖地区的石榴就显得出类拔萃。由于艾米十分注重水果的味道和新鲜度,他在一开始就告诉读者要选择最成熟的油桃,同理,也要选择一些美观的、新鲜采摘的紫罗兰,或红到发紫的樱桃来制作冰淇淋。艾米表示,水果或花朵的质量越好,制作出来的冰淇淋就越好。而且水果不应太熟或太生,既不能变质也不要有瑕疵。显然,在那个年代,许多食材原料都不是很新鲜。所以艾米提醒大家要注意发霉的巧克力和坚果,内心发霉的柠檬,在货架上招了几年灰后显得脏兮兮的糖块。讲解制作冰淇淋的流程时,艾米谈道:"试尝奶油是头等大事。尤其在夏天,奶油容易发酸,若你尝出任何变质味道,请立即停止使用。"

艾米还制作了几款不同的坚果冰淇淋。和大多数甜品师一样,他一如既往地把坚果长时间浸泡在奶油里,再进行过滤,这样处理的坚果更具风味。在制作榛子冰淇淋时,艾米需要用到坚果仁,这种果仁会先浸在糖浆中煮熟,然后切碎备用。他说,腰果的形状像野兔的肾脏,这种坚果对人的肠胃也有益。他在杏仁冰淇

淋中同时用到甜杏仁和苦杏仁,并用桃核代替杏仁制作了另一种
名为"斯特拉斯堡"的冰淇淋。在制作樱桃或杏子冰淇淋时,他把
磨碎的果核、水果都浸泡在糖浆中,以获取它们各自最浓郁的风
味。然后过滤混合糖浆。

碎饼干、马卡龙甚至面包屑也可以用来做冰淇淋的原材料。
通过过筛,它们的口感变得丝滑,与我们现今喜欢的那种松脆厚
实的冰淇淋并不相同。艾米是用黑麦面包屑做冰淇淋的第一人,
但他把面包屑混于奶油后,又把面包屑过滤掉了。也许是因为许
多甜品师纷纷追随他的脚步,效仿艾米的方法制作黑面包冰淇
淋,这种烹饪方式也就在英国流行了起来。不过,艾米还是建议
可以在端上餐桌前给冰淇淋上撒些饼干屑,由此冰淇淋又获得了
松脆的口感。

在17世纪的欧洲,巧克力、咖啡、茶是三种影响深远的新型
风味饮品,这三种饮品也都可以用来调制冰淇淋奶油。门农用这
三种材料制作巧克力味、咖啡味奶油,以及"随心所欲"香草味的
奶油。⑭他推荐的"香草"配方里含有茶叶、茴香、香菜、龙蒿、芹菜
和欧芹,但由此制作出来的都是奶油,而不是冰淇淋。事实上,直
到很久以后,人们才最终把巧克力、咖啡、茶制成了冰淇淋。

艾米制作了巧克力味和咖啡味的冰淇淋、慕斯和"巧克力
冰",但他没有用茶叶制作冰淇淋。艾米表示可可粉是制作巧克
力的核心要素,他还公布了他研制的"可可味冰淇淋"食谱。艾米
描述了四种不同形状、苦味和脂质含量的可可豆,他说这些可可
豆都能用来制作冰淇淋。但是人们一定要知道如何区分可可豆,
最重要的是得选择那些又大又重,表面不呈绿色,尝起来足够成
熟,且没有霉味的可可豆。艾米表示,经过或未经烤制的可可豆,
都可从香料店或巧克力制造商那里购买。当然,艾米还在食谱中

附上了烘烤可可豆的详细说明。

可可味冰淇淋比普通冰淇淋的制作程序更为复杂。最大的 42
区别在于,可可味冰淇淋要用蛋清代替蛋黄。他首先制作了一种
名为"皇家糖霜"的糖粉,这款糖粉由蛋白与糖搅拌而成。皇家糖
霜还可用于装饰蛋糕。艾米将混合奶油倒入糖霜中,用小火加
热,缓缓搅拌直至混合物变得浓稠。然后,往奶油中加入 56 克烘
焙过的可可粉,随即放入温水中加热,直至巧克力味渗入奶油。
等待一两个小时,再把奶油过滤,最后进行冷却和冷冻。艾米还
建议在奶油混合物中加入一点龙涎香、肉桂或香草,他认为这样
做出来的冰淇淋才是最美味的。

艾米还制作了所谓的"白巧克力味冰淇淋",但制作中未使用
白巧克力。他表示其制作方法大体与可可味冰淇淋的制作方法
相同,只是在煮奶油之前,他额外加入了半粒龙涎香、半颗香草豆
以及两粒肉桂。艾米认为这种方式制作出来的冰淇淋尤其美味。

巧克力冰淇淋的食谱很简单。艾米只是熔化了一些优质巧
克力,把熔化的巧克力与处于糖丝状态的糖浆混合,过滤后冷冻。
如果愿意的话,可以使用香草巧克力或者在制作过程中加入一些
香草、丁香和柠檬。艾米补充道,有了这些材料就可以制作出非
常美味的巧克力冰淇淋了。香草、丁香和柠檬不仅可以暖胃,对
凉性体质的人也有一定的保健功效。1767 年的《烹饪词典》提
到,巧克力制作过程中所用到的少量热性成分(或香料),可能
会对热性体质的人有害。该词典还表示,北美殖民地的一些甜
品师从未想过制作巧克力的原料可以那样无穷无尽、五花八门。

巧克力冰淇淋的历史可以追溯到拉蒂尼的时代,但咖啡味冰
淇淋却姗姗来迟。尽管冰淇淋与咖啡馆密不可分,但直至 18 世
纪,仍没有什么人想到用咖啡来做冰淇淋。艾米为此特地撰写了

两种食谱，第一种是"牛奶咖啡味冰淇淋"（glace de crème au caffé blanc），另一种是"黑咖啡味冰淇淋"（glace de crème au caffé brun）。艾米在制作牛奶咖啡味冰淇淋和巧克力味冰淇淋时都用到了皇家糖霜。他将 1/4 磅咖啡豆浸入混合物中，过滤后完成冻结。如此操作下，尽管冰淇淋只染上了淡淡的棕黄色，然其咖啡风味却非常浓郁。在制作黑咖啡味冰淇淋时，艾米选择采用原始方法，用 1/4 磅澄清过的咖啡来调味。吉利耶斯还在艾米的基础上，在奶油混合物里加入了手磨浓咖啡来制作咖啡味冰淇淋，但他并未透露牛奶咖啡味冰淇淋的制作方法。

波瑞拉先生（Mr. Borella）似乎是茶味冰淇淋的开创者。《宫廷与乡村甜品师》的扉页上介绍将他誉为"西班牙驻英格兰大使的首席甜品师"。这本食谱于 1772 年出版，写明了波瑞拉先生制作茶味冰淇淋时的鸡蛋与奶油比例：

茶 味 冰 淇 淋

先泡一壶浓茶，将奶油与适量的糖和蛋黄混合，浓茶与奶油混合物过筛，用勺子将其全部搅拌均匀，拌匀后，放入装置中，并像平常一样完成冷冻。⑮

中 庸 之 道

作为一名专业厨师，艾米出色地应对了所有专业厨师长期面临的窘境，即如何既忠于自己的想法，又能满足主人或当日顾客的要求。尽管艾米并不赞同采用某些原料或技术，但他知道个别厨师还是会用上它们。于是，他特意列出了利用好那些他并不喜欢的原料和技术的方法。

艾米更倾向于用熟奶油制作冰淇淋,因为奶油在烹煮过程中会蒸发水分,制作出来的冰淇淋能够兼有多脂、柔软、细腻、美味的多重效果,就好像冷冻黄油那样。尽管如此,由于许多厨师更喜欢用生奶油制作冰淇淋,他还是给出了这个版本的教程。用生奶油制作出来的冰淇淋如果没有因调味料而改变颜色,那么这款冰淇淋就是"原始冰淇淋"。如果颜色改变了,就成了艾米口中的"天然冰淇淋"。他表示,在制作过程中原始冰淇淋和天然冰淇淋都可以加入打发好的蛋白,这样口感会更加轻盈细腻。艾米在这份食谱中又一次强调了使用生奶油制作冰淇淋的要点——需要配合使用精炼的糖,并确保加入的糖充分混合于混合物。

在当时那个年代,包括艾米在内的所有甜品师都是应季制作冰品的。在冬季,他会用咖啡、巧克力、肉桂和其他香料调味冰淇淋;到了夏天,新鲜且成熟的浆果,水果,以及花朵就成为主角。不过,假如主顾在隆冬时节特别想吃草莓或覆盆子冰淇淋,艾米就会使用蜜饯来制作冰淇淋。在长篇累牍的冰品食谱后,艾米又附加了一份名为"冬季"的食谱。其中透露了一个秘方——如何在非当季用水果酱制作出堪比用新鲜水果制成的冰淇淋。艾米会用他的助手们在去年夏天熬制的果酱来装点冰淇淋,那时制作果酱的水果正值当季,风味最佳。用美味的果酱就可以做出优质的冰淇淋,这着实让人震惊。而其中的奥秘正在于蜜饯的优良品质。

艾米不仅得满足主顾在冬季吃冰淇淋的愿望,还得满足部分食客对酒精的渴望。他说用葡萄酒和烈性酒来做优质冰实在是无稽之谈。要知道,若含有酒精,酒精会稀释冰,根本做不成冰淇淋。为了向读者证明这一理论,艾米写了满满六页纸进

44

行解说，同时，还附上了实验草图。他认为，不要说烈酒了，就
连葡萄酒都不能成功做成冰淇淋，加入酒精后，随着时间的延
长会极大损伤冰淇淋的品质与风味。不过黑樱桃酒、朗姆酒，
以及用橙花制成的甜酒，还有麝香葡萄酒可能是例外。艾米认
为，与其喝味道不好的冰冻酒不如在常温下畅享美味的葡萄酒

45 和利口酒。但艾米担心他在对牛弹琴，有一些人们依旧固执地
想要尝到含酒精的冰淇淋，于是，他提供了一些正确的操作指
示——在本书的另一部分中，虽然艾米强调他不推荐这种做法，
但他还是提供了包含利口酒和麝香葡萄酒成分的冰淇淋食谱。
他说之所以这样做，是因为他希望这本食谱能够兼容不同的口
味，能够面向、服务更多人。由于深知甜品师们需要满足主顾的
需求，所以艾米借机提供了力所能及的帮助。但是与此同时，他
重申了自己的高标准，并直截了当地表态："无法保证含酒精冰淇
淋的品质。"

喜 悦 与 欺 骗

　　18世纪，甜品师们制作了一批口味、颜色、形态都丰富多样
的冰淇淋。现在已经成为古董的那些模具以及早期食谱中的插
图，都展示了甜品师们在冰淇淋模具方面发挥的出奇想象力——
诸如桃子、梨子、石榴、芦笋、酸黄瓜、小龙虾、野猪头、鲑鱼头、鲑
鱼、火腿等千奇百怪的形状都被雕刻出来。因为在制作过程中，
冰淇淋需要脱模，过一遍热水，所以半成品冰淇淋的表面会因水
的热度稍有融化。甜点师一般都会让半成品"回炉重造"，使其变
得坚硬。艾米说，"重造"后的冰或冰淇淋会有一种模糊的绒毛
感，他非常喜欢这种类似桃子或杏子等水果自然纹理的样式。

冷冻脱模后,甜品师经常会给冰淇淋上一些涂层或装饰。门农写道:"出品之前,准备好接近水果颜色的彩笔,照猫画虎给冰淇淋上色。最好可以找到一个临摹对象或者现成图案。"⑯这种模仿的关键是画风要自然,不失真。另一位甜品师告诉读者,准备制作鱼形冰淇淋时,鱼肚的颜色必须比鱼背浅。调色专家建议甜品师在小罐子里准备好深浅都有的各色颜料,以便体现出细微差别。(一些作者使用"笔"〔pencil〕这个词,另一些则是指画刷,还有一些称之为驼毛笔)

当时,甜品师们会利用各种蔬菜和动物制作颜料,以调合成自己想要的颜色。他们从昆虫和胭脂树提取出胭脂红;又从藤黄树或藏红花采集到黄色;紫色则来自由胭脂红和靛蓝的混合物;绿色源自焯过水并筛过的菠菜萃取物(这种方法非常普遍,以至于食谱中常常简单地称其为"菠菜绿")。艾米提醒读者,获取的天然色素需要和水以及少量糖浆混合,因为如果只用水的话,冰很快就会被染色。不理想的话,颜色会渗进冰内,而不是停留在表层上。艾米建议用菠菜绿给开心果冰淇淋上色,并保证这绝不会影响冰淇淋的口感。艾米也提出将焦糖和巧克力调成棕色,或者把鲜奶油、捣碎的彩糖轻轻刷在桃子或杏子冰淇淋的表面,让它们拥有像真实水果一样的柔软绒毛。也有一些甜品师会先在模具内部涂上色粉,然后再装填冰淇淋原浆,这样冰淇淋在未定型时就已经有了颜色。⑰

艾米在选择给冰淇淋上色时举棋不定。他认为对用餐者来说,这些颜色来自大自然中的水果,用这些颜色来给冰淇淋上色会使人更有食欲。然而也有一些人认为上了色的食物可能有毒,对于这批食客,甜品应该激发他们的欲望而非恐惧,这就意味着提供给他们的冰淇淋要保持原生态,不能上色。但是,考虑到甜

46

品师们要制作多种样式的冰淇淋，所以艾米还是讲解了给冰淇淋
上色的门道。

　　在甜品师看来，摆盘至关重要。甜品师们把真正的水果叶子
和茎干塞进已模制成型的水果冰淇淋顶部——他们在橙花冰淇
淋旁边摆上了橙树枝，为菠萝冰戴上了菠萝花冠，在剥去肉瓣的
橘子皮里装满了橘子冰，并将其命名为"橘子惊喜"（oranges en
surprise），也会把酥皮蛋切成两半后填满冰淇淋，再重新组合起
来。此外，核桃冰淇淋会被装在核桃壳里，栗子冰淇淋则会被装
入栗子壳里。吉利耶斯制作"冰淇淋蛋"的方法是把藏红花色的
冰冻在又小又圆的模具中，冷冻后取出，放在装满白色冰淇淋的
蛋形模具中间，再次进行冷冻。如果把它们切成片，看起来就像
是白煮蛋。为模仿酸模的样子，吉利耶斯还用菠菜绿给开心果冰
淇淋上色，并在旁边摆盘整只或四分之一个蛋形冰淇淋。甜品师
还会做篮子、盒子或水果外皮形状的杏仁糊器皿，用它装盛创意
冰淇淋给食客品尝。门农还用糖浆做了一个带盖小桶装冰淇淋，
他甚至建议可以把糖浆弄成鼻烟壶的样子。他写道："由于制作
这些小玩意儿要耗费大量的时间与精力，所以虽然这些小碟子没
啥用，但却显示了匠心，传递出工匠在工作中获得的乐趣。"⑱

　　如果冰淇淋未被压制成型或没有用勺子将其盛在奇形怪状
的容器里，那么它们的安身之处可能就是玻璃杯了。这些冰淇淋
并非我们所熟悉的圆形冰淇淋或者勺型冰淇淋，而是用勺子压成
的加长版蛋形或椭圆形冰淇淋。这种冰淇淋在形态上拉得越长
越好，到最后剩下纺锤形的尖头。艾米说，做这个冰淇淋会耗更
长时间，也就是说，可能顾客刚开动，冰淇淋就已慢慢地化了。所
以，压制成型的冰淇淋吃起来更方便。

　　有些模塑冰淇淋看起来非常逼真，以至于食客会误以为他们

吃的正是一只新鲜桃子,或一根嫩到出水的芦笋。如此错觉有时是甜品师故意开的玩笑,有时是无心的欺骗。而面对这种骗术时的反应往往会暴露食客们的性格。当时西西里的一位旅行者在写给朋友的信中就描述了一件事:

饭后甜点由各式水果冰淇淋组成,它们保留了桃子、无花果、橙子、坚果的形状。不常吃冰淇淋的人很容易上当。例如,一位素来为人老实的船长近期住在某位熟识的部长家里。平日里这位船长很讲究礼节,气质与优雅的贵族餐桌非常相配。第二道菜撤走后,各种水果和糖果形状的冰淇淋就像"后锋"一样被推上餐桌。一位仆人把一枚漂亮的大桃子递给了船长,船长之前没有经历过这种玩笑,所以丝毫没怀疑过这是个冰桃。他把桃子对半切开,一股脑塞进嘴里。船长默然许久,他不时鼓起两腮,给冰淇淋腾出更多的空间。但是冰冷的力量还是令他失去了耐心,透心的冰凉感在他嘴里左右翻滚,他的眼珠好像要从满是泪水的眼眶里爆发出来一样。强撑一段时间后,船长实在无法忍受,把冰吐到了自己的盘子里,破口大骂道:"该死的! 冰桃子!"然后船长边用纸巾擦眼泪,边怒气冲冲地抓住意大利仆人斥责道:"你是眼瞎吗! 狗娘养的! ——你想干什么!"由于语言不通,这位仆人一言不发,只是忍不住露出些许微笑,仆人的这一行为惹得船长更加相信这是他耍的小伎俩。正当船长要把剩下的冰桃朝着仆人的脸扔去时,一位同伴拦住了他。过了一会儿,船长平心静气,意识到刚刚对仆人发火并不妥当。于是他轻声说道:"很好,伙计,立刻把这些冰淇淋都吃了。我倒要欣赏欣赏你的嘴脸!"⑲

48

　　而在另一场故意制造的恶作剧中，人们既赞赏甜品师的手艺，也乐在其中。《意大利社会风尚观》（*A View of Society and Manners in Italy*）的作者约翰·摩尔（John Moore）写道，有一天，他和那不勒斯国王斐迪南四世（King Ferdinand Ⅳ of Naples）、王后玛丽亚·卡罗来纳（Queen Maria Carolina）等人拜访了那不勒斯的圣格雷戈里奥·阿门诺（San Gregorio Armeno）修道院的修女们。王室成员和他们的随从进入修道院，看到

49　　　　一张桌子铺上了桌布，摆出了一桌丰盛的冷餐，其中有肉、鱼类、家禽等各种各样的菜肴，王公贵胄们对此感到十分惊讶。要知道这场访问可是在下午进行的，让刚享用完正餐的贵胄们马上再享用如此丰富的宴席，似乎有点考虑欠周。然而，修道院院长恳切地请两位陛下落座，国王和王后勉为其难地同意了。大公及夫人以及几位陪同的女士也跟着坐了下来。修女们站在后面为王室客人服务。王后最先拿起刀叉，试了一片"冷火鸡肉"，切成薄片后才发现这原来是一大块柠檬冰，只是做成了火鸡罢了。原来这场丰盛宴席上的所有大鱼大肉其实都是各种各样的冰品。[20]

　　摩尔回忆，这个"小把戏"逗得王室来宾们和在场修女都开怀大笑。

第三章
天才外侨

冰是意大利人的民族骄傲,意大利在某种程度上也因冰而兴
盛。古往今来,意大利诗人与小说家都曾为冰写过赞歌。甜品师
甚至修女们,都喜欢把冰做成火鸡片、芦笋串和熟透桃子的模样
送上餐桌,以此和食客们开一个风趣的玩笑。然而,甜品师和修
女并未像艾米、吉利耶斯等法国甜品大师一样,提供一些具有借
鉴意义的意大利冰品制作指南。今天,我们只能找到两本18世
纪意大利人撰写的冰品食谱,而且这些食谱的作者既不是厨师也
非甜品师,他们竟然是医生和修士。

1775年,那不勒斯的内科医生兼作家菲利波·巴尔迪尼
(Filippo Baldini)出版了一本主张冰淇淋有益健康的图书,这本
书的名字叫《冰沙》(De sorbetti)。本书收录了大量关于支持食
用冰淇淋的论点,但并未涉及任何冰淇淋食谱。事实上,在此前
几年,艾米也在《厨房的艺术》中明智客观地讨论了冰淇淋的利
弊。他认为过度食用冰淇淋可能会产生问题,但如果食客能慢慢
地享用冰淇淋,那么似乎冰淇淋的"坏处"也不会表现得那么明
显。艾米表示,过度食用冰淇淋可能会引起排汗不畅、腹部疼痛
等不适症状,但合理食用却有助于那些脾气暴躁的人控制情绪,
也有益于帮助过度紧张的人缓解焦虑。艾米常说,某些冰淇淋可

能对胃寒者的健康有利，另一些冰淇淋虽然显得有些温热，但多数胃寒者还是可以接受的。艾米也明确表示冰具有很高的营养价值，对健康有很大的益处。不过，由于政府开始对冰征税，人们食用冰品的频次降低了，然而某些常见疾病的发病率反倒上升——艾米因此认为某些疾病的发病率与冰的消耗量成反比。

51　　然而，巴尔迪尼却是冰淇淋的忠实粉丝，在他看来，冰淇淋可以称得上是"万灵药"了——糖、盐和冰的组合对我们的身体非常有益。巴尔迪尼认为，如果用从盐溶液中提取的盐制作冰淇淋，那你将收获一味"灵丹妙药"。在巴尔迪尼眼中，糖几乎十全十美，他总会拿某个人举例子，称正因为那人每天摄入大量的糖，才得以做到长命百岁。

　　虽然巴尔迪尼在他著作的一个章节中使用了"Sorbetti o Gelati"，但在其他部分中他还是坚持使用着"雪葩"（sorbetti）这个称谓——不管这种冰品是用牛奶、奶油甚至黄油，或者其他果汁抑或调味水制成的。巴尔迪尼将那些柠檬、香橼、草莓、菠萝果汁制成的冰品称为"sorbetti subacidi"，他之所以这么称呼，是因为这些冰品的果汁原料都是酸性的。他写道，柠檬味的冰品能缓解人们发烧、胃痛等症状，而香橼味的冰品，则可以让人延年益寿。巴尔迪尼和艾米一样喜欢菠萝，所以，在1784年再版《冰沙》时，他用了整整15页的长篇幅表扬了菠萝的优点。巴尔迪尼指出菠萝雪葩不仅能让病人迅速恢复活力，而且还有退烧的神奇功效。

　　巴尔迪尼介绍用巧克力、肉桂、咖啡、开心果或松子做成的冰品叫作"芳香雪葩"（sorbetti aromatici），肉桂可以缓解疼痛、助人排汗、令人平静、改善血液循环，同时也是一种很好的兴奋剂，一种很有价值的良药。同样，在巴尔迪尼眼中，"巧克力雪葩"也堪称完美,巴尔迪尼解释说,制作巧克力雪葩的可可、肉桂、糖、香草等材料富含精油,因此巧克力雪葩也营养丰富,在治疗肌肉萎缩、坏血病和痛风方面可以起到极大作用。此外,他还亲眼见证巧克力雪葩改善了臆想症和忧郁症患者的精神状态。近年来,医学研究也发现吃巧克力十分有利于身体健康。毫无疑问,如果巴尔迪尼能够活到今天,那么他身后定会跟着一群热情高涨的拥趸。

　　巴尔迪尼把用动物奶制作的冰糕命名为"奶类雪葩"(De Sorbetti Lattiginosi)。他区分了用驴奶、牛奶、山羊奶和绵羊奶制作的雪葩,并说明它们各自的益处。驴奶雪葩可以净化血液。山羊奶雪葩利于缓解持续性腹泻、持续性出血等许多严重的疾病。牛奶雪葩对治疗瘫痪和坏血病等疾病都有很好的效果。羊奶雪葩则可以补充营养,有助于预防腹泻、痢疾、出血和坏血病的发生。[①]参照多年经验,巴尔迪尼表示这些奶类雪葩能帮助人保持健康,缓解病重者的症状。由此,原来被认为导致瘫痪、痢疾、大出血、坏血病等恶疾的罪魁祸首——冰,如今又成为治愈这些疾病的良药。

　　本笃会修士文森佐·科拉多(Vincenzo Corrado)出版于1788 年的意大利文书籍——《甜品师的美味》(*Il credenziere di buon gusto*),是当时意大利唯一有关法国甜品师职责的书籍。作者出生在普利亚大区的奥里亚小镇,曾在阿布鲁佐大区的圣彼得修道院接受圣西莱斯廷(Celestines)的神学教育。宣誓正式成为修士后,科拉多追随切鲁比诺·布兰科内(Cherubino Brancone)将军游历意大利全境,调查并记录了各地的文化与美食。后来,科拉多定居在那不勒斯,并于1773 年匿名出版了《时髦的烹饪》(*The Gallant Cook*)一书。当时的意大利美食及甜品仍深受法兰西风格的影响,所以科拉多出版这本书的目的就是记录意大利

52

本土甜品的历史积淀，同时帮助意大利的甜品业提升水平。[2]

《甜品师的美味》中有一章专门讨论了冰和冰淇淋，科拉多把这两者称为"雪葩"（sorbetti），而非"冰淇淋"（gelato）。同时，科拉多也和巴尔迪尼一样使用了"subacidi"和"sorbetti latticinosi"（只是拼写不同）等术语。科拉多表示相比酸性的水果雪葩，乳质雪葩需要的糖更少。尽管冰是吃的而不是喝的，但科拉多还是将"雪葩"称为高贵的"冷冻饮料"。科拉多也强调要反复练习制冰技艺。和艾米一样，科拉多强调要不断搅拌混合物，如此才能做出口感丝滑的冰或冰淇淋。牛奶是科拉多雪葩配方中的必需品，有时他甚至会同时使用牛奶和奶油。相比艾米的食谱，科拉多的食谱里出现了黄油，鸡蛋使用量更多，整体的原料添加更为充足。和艾米以及大多数的甜品师一样，科拉多在制作冰淇淋的过程中也用到了糖浆，他的部分冰淇淋口味和艾米不约而同，如咖啡、巧克力、草莓、开心果和菠萝等口味。科拉多把菠萝口味的冰淇淋称为"美式菠萝水果雪葩"（sorbetto di ananas frutto Americano）。值得注意的是，科拉多使用的是法语单词"ananas"，而不是意大利语的"ananasso"。

科拉多还介绍了经典的那不勒斯风味雪葩食谱。[3] 食谱中含有石榴味、茉莉花味，以及卡瑟勒风味雪葩。科拉多告诉读者，在那不勒斯语中，"卡瑟勒"（caroselle）是新鲜茴香籽的意思。除了加入茴香籽碎粒外，雪葩里还添加了柠檬汁和糖浆。此外，科拉多还创作了"牛轧糖雪葩"。牛轧糖是由蛋清、蜂蜜和杏仁制成的。圣诞盛宴上经常会出现牛轧糖的身影。每当圣诞节来临，意大利裔美国儿童经常会在圣诞袜的最深处扒出一个装满牛轧糖的小盒子。科拉多用牛奶、鸡蛋、糖、杏仁、香菜以及肉桂水在牛轧糖雪葩里复刻了牛轧糖的味道。以下是科拉多的黄油雪葩食谱：

黄 油 雪 葩

先将 36 盎司牛奶和 6 个蛋黄混合加热，随后加入 12 盎司的黄油和 18 盎司的精制糖，最后加入肉桂提取物调味，冷冻后搅拌均匀。④

科拉多提醒读者制作这款雪葩时要避免手动搅拌，要采用"现代化"的雪葩搅拌器。同时，如果不在雪葩里加入少量奶油，那么成品就会呈现粗糙质地，入口时就会呈现满嘴的油腻感。另一方面，科拉多也认为相比用肉桂提取物制作的雪葩，直接用肉桂棒调制的雪葩会更加美味。

意大利传统饮食对肉桂情有独钟。除了用肉桂给奶油和鸡蛋雪葩调味外，科拉多也用肉桂来制作其他两种口味不同的冰品——红肉桂雪葩和白肉桂雪葩。红肉桂雪葩的制作方法是把碾碎的肉桂浸泡在沸水中，过滤后加入糖浆再冷冻。出品前，还需再点缀上几滴肉桂油。科拉多制作白肉桂雪葩的材料是糖浆、水、肉桂水和几滴肉桂油的混合物。他说，若要做出纯白而又光滑细腻的冰，那么所有的工序都必须做到完美。

倘若要给科拉多的"蜜饯鸡蛋雪葩"（sorbetto di candito d'uova）起一个现代的名字，我觉得"沙巴翁冰淇淋"（zabaglione/zabaione gelato）听起来更洋气、更引人注目。"沙巴翁"最原始的配方是将蛋黄、糖或糖浆混合在一起，加入马沙拉酒，在双层锅炉中搅拌，直至混合物变轻、发泡且体积增大。端上桌时，由于甜品师们经常是在餐桌旁准备沙巴翁冰淇淋，因此这款甜品端上桌时经常还是热乎乎的。科拉多透露沙巴翁冰淇淋的制作方法是把30 个蛋黄和 3 磅糖浆混合加热至变稠，过滤、搅拌待其冷却，最后进行冷冻定型。科拉多建议可以用肉桂提取物或肉桂油调味。

54

19世纪，伦敦的甜品师把一种类似肉桂的配料称为波吧（bomba）。现如今，改良版的沙巴翁冰淇淋通常是由马沙拉酒或朗姆酒调制，时常还会加入鲜奶油来中和味道。

　　科拉多还制作了一款名为"泡沫"（spuma）的搅打冰。制作这款冰需要搅拌原料直至出现大量泡沫，随后过滤掉多余水分，最后进行冷冻。多年来，人们一直采用同样的技术（只是减少了冷冻这一道工序）制作奶霜或冰沙等质地轻而泡沫多的甜品。科拉多还公布了巧克力味搅打冰、牛奶味搅打冰及混合口味搅打冰（如肉桂和咖啡味混合）的配方。搅打冰可能是如今意大利千层冰淇淋（spumone 或 spumoni）的前身。而现在，搅打冰已变成两三种口味混合冰淇淋的代称，其中至少有一种口味的冰淇淋是用搅打奶油做成的。搅打奶油做出来的冰淇淋通常清爽而有较多泡沫。樱桃或坚果常作为混合口味冰淇淋中的一员出现。

　　科拉多并没有详细描述雪葩的形状以及装饰，只说水果雪葩既可以用水果形状的小模具压制，也可以用奶酪形状的大模具压制。他还表示，制作奶酪形状的雪葩比水果形状的雪葩需要的糖更多。在其记述的末尾处，科拉多谈到，当时关于水果雪葩的描述已经很多了，因此他希望才华横溢的专业甜品师们能进一步让许多蔬菜变成雪葩的原材料。

英 式 冰 淇 淋

　　直到17世纪中叶，烹饪书仍由男士掌握，男士既是烹饪书籍的编写者，又是厨房里实践这些食谱的厨师。后来，像弗朗索瓦·梅农（Franqois Menon）这样的美食家也开始为女性厨师和管家撰写食谱。[⑤]到了17世纪末，出现了女性创作出版的食谱，其中有些作者还是女仆或家庭女厨。汉娜·格拉斯（Hannah Glasse）撰写的《简单易懂的烹饪方法》（*The Art of Cookery Made Plain and Easy*）是 18 世纪英国影响最大的烹饪书籍之一。格拉斯的这本书是写给家庭掌勺者，而非精英或专业人士。我们可以在她的序言中品出她对所谓"法国技巧"的极大鄙夷——格拉斯难以置信，竟然有那么多人喜欢"法国笨蛋"，而非"优秀的英国厨师"，她怒斥这样的想法非常愚蠢。⑥

格拉斯的食谱把制作冰淇淋的重任交给了专业甜点师，我们由此推测也许在格拉斯脑海中的英式烹饪范畴里，冰淇淋并没有占据一席之地。1762 年，在《甜品师大全》（*The Compleat Confectioner*）一书里，格拉斯写道："冰淇淋可以用在任何甜点里——在任何季节里你都能品尝到它，甚至在通常情况下，伦敦的甜品店里也总能买到冰淇淋。"⑦ 必须承认《甜品师大全》中的冰淇淋配方并不完美。譬如一则配方写道："拿两个锡盆，一大一小，小的必须配上盖子。倒进奶油及适量如覆盆子果汁混合物，令其有一定的风味和颜色。可以按照个人口味添加一定的糖，一切就绪后拧紧盖子。"⑧ 紧随其后，格拉斯又描述了冷冻的方法。她建议食客可以把冰淇淋做成黄、红、绿、白四色相间的拼盘，也可以适当提供橙花水调味。格拉斯建议可以用藏红花、胭脂红或相关水果的天然色素来调制黄色和红色。那么绿色呢？她写道："可以用很多种果汁配成混合果汁来调成绿色。"不过，估计很少有人会用格拉斯的颜色配方制作出冰淇淋，毕竟那实在是太麻烦了。但幸运的是，人们能够轻而易举地从甜品店里买到色彩丰富的冰淇淋。

另一位名叫伊丽莎白·拉菲尔德（Elizabeth Raffald）的英国女性美食家，在 1769 年出版了食谱《经验丰富的英国管家》

（*The Experienced English Housekeeper*）。其中提供了一款"独家打造"的，更为完整的冰淇淋食谱。拉菲尔德在书中提到她曾长期在英国乡村的富裕家庭担任管家工作。后来，拉菲尔德搬到了曼彻斯特，除却写书之外，她还通过经营甜品店和仆人职业介绍所养家糊口。在拉菲尔德去世前，《经验丰富的英国管家》七次再版，直至19世纪，这本书还在加印。

相比格拉斯的食谱，拉菲尔德的著作更具实践价值，人们可以根据她的指导，按部就班地制作冰淇淋。这就很好地解释了为什么编辑们将1796年版《烹饪的艺术》里"制作冰淇淋"这个条目替换上了拉菲尔德的食谱，事实上，对比之下你会发现，拉菲尔德相比格拉斯的一大改进是用温水而非冷水给冰淇淋脱模。遗憾的是，很多人在使用拉菲尔德的食谱时都没有注明出处。下面不妨让我们来一窥她的精彩发明：

57

冰淇淋的制作方法

将12个成熟的杏子去皮去核，焯水后在大理石研钵中捣碎。加入6盎司的两次精制糖和1品脱的热奶油，并用马尾筛过滤。将混合物放入有密封盖的罐子里，再放入装满盐水碎冰的盐桶里。当看到奶油在罐头边缘微微冻结时，就要进行搅拌，反复操作直至变稠。倒入桶中待其完全冻结。之后，将奶油从罐里取出，倒进选用的模具里，再盖上盖子。随后重复先前的冷冻步骤——准备好另一桶冰和盐，把模具放在中间，模具上方与下方都铺满冰，静置四五个小时。等到脱模的时候，先把模具在温水里浸泡一会儿再操作。如果是在夏天，必须等到想吃时再把它拿出来。若没有杏子，你也可以用其他任何水果来制作冰淇淋，只是要注意须把水果清洗干净。⑨

1779 年，博雷拉（Borella）撰写出版的《宫廷与乡村甜品师》（*The Court and Country Confectioner: Or，the House-Keeper's Guide*）是英国首部用整个章节谈论冰淇淋的图书（第二章甚至出现了茶味冰淇淋的食谱）。人们对博雷拉的生平知之甚少，但在第一版中，他自称"天才外侨"，透露他移民到伦敦是为了寻求工作机会。在 1772 年再版的书里，博雷拉又披露他是"西班牙驻英国大使的首席甜品师"。博雷拉写道，他有多年为国外贵族家庭制作甜品的经验，也曾在英国生活数年，在一些最显赫的家族里担任过甜品师。《宫廷与乡村甜品师》是博雷拉专门为英国女性撰写的。他在致辞中写道："在其他国家，甜品和酒饮的食谱并不多见，但英国的主厨们能够轻松地获得很有价值的指导。"[10]

博雷拉向管家们提供了十几种水果和鲜花冰淇淋的配方，以及十四种"奶油冰"的配方，同时也说明了这些冰品冷冻与定型的方法。他最拿手的是"开心果奶油冰"，这款冰淇淋要用到 1 品脱的奶油和四个蛋黄，以及"一些捣碎的方糖"。博雷拉还讲述了如何将开心果奶油冰食谱灵活适用于巧克力、杏子等口味的冰淇淋。他认为开心果奶油冰主配方的步骤、材料使用比例、注意事项和关键诀窍，可以引入到许多其他的冰淇淋上。博雷拉指出，冰淇淋的混合物应只煮到"将近沸腾"。因为如果真的煮沸了，混合物就可能会变成乳清。他还建议奶油应新鲜而甜腻，否则一旦加热便会层析成凝乳和乳清。[11]

58

博雷拉表示，在制作冰淇淋时可以用蜜饯代替新鲜水果。但与艾米不同的是，博雷拉没有对原材料的季节性做出评论，也没有说用蜜饯制作冰淇淋是个备选方案。他的冰淇淋口味包括开心果、巧克力、草莓、黑面包、醋栗和桃子。他建议黑面包冰淇淋应该用细筛过的面包屑制作，那样"吃起来口感更加顺滑"。除了茶味，博雷拉还做了咖啡和牛奶咖啡味冰淇淋。博雷拉告诉我们，把烤好的咖啡豆"放在一块布中包起来，趁热浸泡在奶油里"⑫，得到的就是牛奶咖啡了。

如果博雷拉的食谱没有被抄袭的话，那么他和他的配方一定会更加名扬四海。1800 年，玛丽亚·威尔逊（Maria Wilson）对格拉斯的《甜品师全集》进行大量的补充与更正，随即以格拉斯的名义重新出版了这本书。显然，威尔逊意识到冰淇淋食谱的传播非常重要，于是威尔逊照抄了博雷拉的冰淇淋和"奶油冰"食谱。威尔逊不仅照抄了博雷拉的副标题，甚至还复述了他对冷冻成型的出色解释。不过，博雷拉的文风独特，引人入胜，所以很容易被后人辨别出来。例如，他介绍用果脯制作冰淇淋时写道："当你们用新鲜水果制作冰淇淋时，没有一种蜜饯可以替代新鲜水果的位置。"⑬完全同样的文辞也出现在威尔逊的序言里。

59　　当时，作者们经常会抄袭他人的食谱。不过人们认为博雷拉是特殊的，因为他的食谱注明了蛋糕配方源自格拉斯和拉斐尔德。但一个例外是人们相信他的黑面包冰淇淋食谱只是艾米的黑面包冰淇淋的翻版，但是他却没有注明出处。弗雷德里克·纳特（Frederick Nutt）是一本同样名为《甜品师大全》的书的作者，他翻印了吉利耶斯的帕尔马芝士冰淇淋食谱。⑭在那时，人们能接受适当的剽窃，因为他们认为食谱类似于民间传统，是所有人可以共享的公共财产。然而，许多食谱作者在介绍他们的作品时，也会强烈主张自己的原创性，同时声明他们的食谱没有抄袭。显然，对于那些能够容忍抄袭行为的读者而言，他们内心的底线不知道比今天宽松了多少，就拿威尔逊挪用博雷拉食谱的事例来看，放在今天这无疑是极端严重的抄袭。

博雷拉并不是唯一去英国展示过手艺的甜品大师。后来，由于法国大革命产生了一系列连锁反应，法国甜品的秘密也就传播得越来越广。当然，法国大革命之前，英国也曾有厨师们去法国研学过。但革命后，去法国旅行的英国人明显就变得更多了。当法国的本土以及意大利甜品大师丢掉了他们在贵族家庭的固有职位时，他们大多数人都远赴英国或美国寻求工作机会。于是乎，英国和美国上流家庭的家庭、咖啡馆、餐馆、甜品店、茶饮店都在同一时间招募了许多法国厨艺大师。因此，法国移民的厨艺大师们与英国、美国的厨师和甜品师开始进一步分享他们的烹饪知识。其中，还有一些移民自法国的厨师创作了烹饪书籍，借此进一步传播他们优秀的美食经验。古格里莫·亚林（Guglielmo Jarrin，后改名威廉·亚林）是一位在伦敦拥有着漫长而精彩职业生涯的意大利甜品师。亚林写道："甜品艺术与其他各种艺术几乎都一样，在现代化学的帮助下得到了极大的改进。同时，法国大革命使许多有才能的人失去了由贵族家庭的供养的工作，迫使他们将甜品的秘密公诸于众以维持生计，这也极大地促进了令人愉快的甜品艺术向前发展。"⑮

在伦敦，无论他们是否有创意，这些制作冰淇淋的外国人往往都在本行业内有所影响，最后甚至都在城里面开起了冰淇淋店。有趣的是，伦敦的这些外国冰淇淋店主会以"真正的巴黎风格"或"最地道意大利风情"等噱头打出自己的商业广告。⑯此外，那时的英国甜品师经常前往法国或意大利研习技术，学有所成后回到伦敦施展自己的才华。著名的冈特茶饮店（Gunter's Tea Shop）便是一个很好的例子。1757 年，意大利裔甜品师多米尼克·内格里（Domenic Negri）创立了这家店，以合伙人詹姆斯·冈特（James Gunter）的名字命名。后来，冈特最终接管了这家茶饮店。冈特茶饮店位于伯克利广场，后因歌曲《夜莺在伯克利广

场歌唱》(*A Nightingale Sang in Berkeley Square*)而闻名于世。光
顾冈特茶饮店的客人们都喜欢在广场上的梧桐树荫下享用冰淇
淋。男士们在室外边闲逛聊天，边品尝冰淇淋，而女士们则会坐
在马车里等待店员为他们奉上美味的冰淇淋。[⑰]

　　1815 年，冈特决定送儿子罗伯特(Robert)去巴黎的托尔托
尼咖啡馆(Tortoni's Café)学习更多制冰知识。当时托尔托尼咖
啡馆风靡全城，拥有最好的冰品。有学者认为罗伯特·冈特的巴
黎之行表明冈特一家尚未成为制冰专家。在巴黎待过多年的英
国人里斯·豪威尔·格罗诺(Rees Howell Gronow)上尉写道：
"冈特之所以必须赴巴黎学习，那是因为无论英国人还是外来客
都认为伦敦的冰淇淋不够美味。"[⑱]然而，冈特茶饮店的冰淇淋还
是得到了许多识货者的认可与欢迎。要知道，伦敦还有许多甜品
店也在供应冰淇淋，所以他远赴巴黎更有可能是去了解最新的冰
淇淋流行趋势和新发明的冰淇淋食谱。

　　两年后，亚林回到伦敦，开始在冈特工作。从此以后，冈特茶
饮店被时人长期视作伦敦冰淇淋行业的标杆。在许多人眼里，冈
特茶饮店的冰淇淋永远是伦敦最好的。数十年间，冈特一直为伦
敦的上流社会提供冰和冰淇淋。1859 年，记者乔治·萨拉
(George Sala)在其著作《两度轮回》(*Twice Round the Clock*)中
构思了一场晚会。萨拉无须解释冈特是何人何物，他径直写道：
"马的嘶鸣多么大声！裙子何其沙沙作响！珠宝多么耀眼！如此
美丽的女人和勇敢的男人们都聚集在这里！……各位先生！冈
特的店员带来了冰品。人们在暖房里调情，上下楼梯时逐一握
手。"[⑲]这家店一直营业到 20 世纪 30 年代，而伦敦人对它的美好
记忆又持续多年。1974 年的小说《冈特的茶》(*Tea at Gunter's*)
中，主人公十分怀念两次世界大战之间的时代，那段时间，她和家

人定期在冈特见面享用着"美味可口"的冰品。[20]可以说冈特茶饮店的风貌就象征着已经遗失许久的英伦优雅风范。

笔尖下的冰淇淋

内格里和冈特聘任的几个甜品师后来都留下了他们的食谱，里面很多重要章节有关冰淇淋。这些甜品师都在自己书中提到了他们与冈特茶饮店的渊源。其中就有弗雷德里克·纳特出版1789年的《甜品师大全》，威廉·亚林发行于1820年的《意大利甜品师》（*The Italian confator*）、詹姆斯·冈特的儿子威廉·冈特（William Gunter）创作于1830年的《冈特甜品师的预言》（*Gunter's conftioner's Oracle*），以及威廉·吉恩斯（William Jeanes）于1861年出版的《现代甜品师》（*The Modern Confectioner*）。1871年，吉恩斯的这本著作又以《冈特的现代甜品师》（*Gunter's Modern Confectioner*）为名再次刊行。

当时人们期望威廉·冈特能撰写一本讲授冰及冰淇淋工艺的优秀专著，然而却没想到他竟然写出了一本毫无意义，甚至有些放纵自我的"烂书"。威廉·冈特的著作充斥着插科打诨和自吹自擂，处处透露着戏谑之感。除食谱以外，威廉·冈特的书还塞满了有关运动和消化的讨论，甚至还有一部分内容完全是供甜品师检索的原材料字典。这部分内容以代表苹果的A开头，却直接跳过了B，因为B，"对我们而言是个没有意义的字母"。接下来是C，是一篇关于咖啡的长达14页的法语文章。虽然冈特给这段文字标注了引号，但他并没有提及描述的具体来源。在"咖啡"条目里，冈特描述了这种植物及其起源，同时也介绍了巴黎的咖啡生活以及普罗可甫咖啡馆的故事。冈特提到有一位匿名作家曾说，从医学角度上讲，咖啡会使大脑兴奋。并且他也观察到像伏尔泰这样的伟大作家很多也会摄入巨量的咖啡。冈特的这部"字典"还跳过了 D 和 E。随后出现的字母 F 代表面粉。冈特解释称"我现在会跳过一些无意义的字母，直到写到 P。"接下来梨（pears）、烈酒（spirits）、糖（sugar）和松露（truffles）填满了整个"字典"的剩余部分。

62

　　冈特书中的冰淇淋食谱真是非常漫不经心，在一道被他命名为"冰淇淋"的主菜菜谱里，要求使用 13 个蛋黄、将近一升的奶油、少许调味料和"一些块糖"。冈特也提到，若要制作咖啡冰淇淋，可以加入一些烤咖啡豆。如果要做巧克力冰淇淋，则可以加入巧克力、香草、肉桂、杏仁以及利口酒。然而，令人诧异的是，冈特并没有具体说明各种配料的添加量。譬如他提到的水果冰淇淋食谱就让人有些摸不着头脑：

水 果 冰 淇 淋

　　　将部分滤过的果汁加入糖粉中，便可制成水果冰淇淋。还可以挤入些许柠檬汁。[21]

　　艾米就显得比较挑剔，他更喜欢马耳他而不是普罗旺斯出产的橙子，也认为醋栗汁比柠檬汁更适合搭配草莓。所以，艾米对冈特不注重细节的做法感到十分惊讶。

　　纳特、亚林和吉恩斯都十分认真负责，且对自己满怀信心。这三人都认为之前的甜品工艺书籍显然不如自己所写，这些想法在他们的著作里溢于言表。曾经的学徒纳特在冗长的副标题中提到，自己的这本书包含了"250 条廉价又时尚的食谱。这一成果与名流内格里与威腾（Witten）的多年合作密不可分。"（威腾是内格里早期的合伙人之一)不过,纳特对格拉斯夫人表现得非常不屑,1789 年,在他出版的书里将格拉斯夫人的作品贬低为"虚假作品"。到了 1807 年,纳特的第四版食谱又借机讽刺道:"除了这本,世界上只有一部作品是关于甜品艺术的,而那部作品已经遭到了它应得的鄙视。"㉒

1784 年,亚林出生在意大利帕尔马附近的一座小镇。长大后,亚林来到了巴黎,在冈特茶饮店工作了一段时间。后来,亚林也拥有了属于自己的甜品店和餐饮公司。亚林的著作《意大利甜品师》在短短几年间数次再版,并十次重印。㉓在 1823 年版的序言中,亚林分享了自己 20 多年的工作经验,他写道:"书中包含了很多我亲身经历过的或与我熟悉的甜品师有关的细节,里面有各种各样的新鲜信息,以及一些在当时英国鲜为人知的甜品工艺。"㉔

和纳特一样,亚林也瞧不起现有的甜品著作。但是亚林并没有去贬低任何人,只是表明他的书可以弥补其他作品的短板。亚林表示,现有的作品"非常不完美,完全抓不住重点"。纳特还说,"事实上,能够真正启示甜品师的指南完全没有一篇是用英文写的"。㉕

1861 年版《现代甜品师》的扉页上印着"威廉·吉恩斯——伯克利广场冈特茶饮店的首席甜品师"。这本书的前言指出,"和其他制造过程一样",近年来甜品工艺随着化学的进步出现了一系列流行趋势和口感风味的变化。也正因此,那些曾经流行和显得高雅的甜品都被贴上了"过时和品位差"的标签。吉恩斯称赞了著名的法国厨师玛丽·安东尼(Marie Antoine)的著作,称其是"唯一一本可以引导年轻新手、没有经验的从业人员的指南"。但是,吉恩斯也提到,英国人的品位与欧洲大陆居民大不相同。

他对亚林的评价是："亚林（曾在我司工作）在 1820 年写了《意大利甜品师》这本书，里面写到的一些食谱是我们店里以前使用过的，但到今天为适应现代人的口味，这些食谱早已被更新替代了。亚林提供的许多食谱是完全错误的，我们店里为了制作更优秀的甜品，早就已经把他提到的老式器皿抛弃了。"[26] 亚林在 1848 年去世，1861 年《意大利甜品师》的另一个版本出版了。就在同一年，吉恩斯的著作也得以问世。也许这是吉恩斯应对竞争威胁的回应。但吉恩斯还是受到了严厉的批评，尤其是他的食谱大量抄袭亚林著作这个失误引得了后世的广泛诘责。

不 谋 而 合

因为都曾在冈特茶饮店工作，都曾迎合过具有相同风格偏好的顾客，那些冈特茶饮店前员工各自的冰淇淋食谱，也就自然会具备很高的相似度，冈特茶饮店前员工撰写的食谱在半个世纪后仍具有很小的差异，这点还是很令人惊讶的。尽管早在 1843 年带着曲柄的冰淇淋机就已经被发明，但似乎吉恩斯根本没有使用过这个机器。可以看到，从 1807 年纳特的著作到 1827 年亚林的食谱，再到 1861 年到吉恩斯的图书，冰淇淋冷冻的操作方法几乎没有什么改变。甜品师仍然使用冷冻罐或冰桶来冻结混合物。亚林和吉恩斯都指定使用白镴而非锡制的罐子，因为白镴可以防止容器内的物质凝结得过快。亚林表示，使用白镴"能够腾出足够的时间，方便冰淇淋充分混合，冰淇淋的混合程度便完全取决于冰的制冷效果。而锡制容器很容易使混合物凝结过快，根本来不及充分混合"。[27] 对此，吉恩斯提醒读者："罐子应该是白镴的，而非锡制的，因为白镴可以防止里面的东西迅速凝固成块，这样

就有时间把各种成分混合在一起。"㉘

无论是纳特、亚林还是吉恩斯,他们都坚持将顶部带着手柄的冷冻罐置于冰中。他们会每隔一段时间打开罐子,刮掉侧壁上的冰冻混合物,再搅拌剩余的冰淇淋原液。三人就何时打开和搅拌混合物有着不同观点,纳特建议每十分钟开罐一次,亚林则认为不应该超过每三分钟,而吉恩斯给出的方案是间隔五分钟。虽然时间迥异,但三人奔赴同样的目标——纳特指出"要把奶油搅拌至像黄油一样稠密",吉恩斯则提出要混合至"像黄油一样丝滑",而亚林仅仅含糊地说要把混合物搅拌成"冰淇淋"即可。

亚林和吉恩斯均表示,冷冻会降低冰淇淋的甜度是谣言。他们说,甜和苦的差别在于糖是否充分融合。如果不充分搅拌,使得糖都沉到了罐子底部,那么冰淇淋就会冒出一股酸味。因此,亚林和吉恩斯都建议必须彻底搅拌混合,防止冰淇淋发酸结块。他们谈到结块一直是一个困扰冰淇淋加工的问题。亚林敦促读者:"切勿吝惜你的劳动,如前所述这部分操作至关重要。"㉙吉恩斯则表示:"如果你想制作出令人满意的冰淇淋,你必须专注地投入足够的劳动,只有将它们充分混合搅匀,才能防止出现结块。"㉚

1844年亚林版食谱和1861年吉恩斯版食谱,都建议厨师使用糖度计。糖度计是一种为啤酒和葡萄酒酿造业研发的新型仪器。该设备常常用于测量溶液中的糖含量,不仅比手动测试更精确,甜品师的手指也能免于高温糖浆灼烫之苦。

比起亚林和吉恩斯两者食谱间的略微差异,纳特的食谱明显不同于其他人。其中一个突出的不同是,纳特主张首选果酱、果冻或果脯制作冰淇淋。虽然其他甜品师也会这么操作,但其他人基本只会在淡季和没有新鲜水果时才会退而求其次。在冰淇淋

65

条目下，纳特列出的第一批食谱都是用伏牛花、覆盆子、草莓、杏子、醋栗的蜜饯制成的。后来，纳特又编写了新的版本，不过蜜饯好像依旧是他的首选，反倒是新鲜水果退居其次。然而亚林和吉恩斯则要求在食谱中必须使用成熟的新鲜水果，只有在严寒的冬天可以用果脯或果酱来代替。吉恩斯在有关"冬季制冰"的说明中指出，不加糖的果脯更适合用于糖水冰糕。他表示他更喜欢在冬季制作奶油冰时使用或酸或甜的果酱。纳特与亚林和吉恩斯的另外一个区别是，纳特使用糖浆而非块糖制作奶油冰淇淋。

66 　　纳特时常"离经叛道"，他会在一些冰淇淋混合物中加入一些脆皮。在他之前，大多数冰淇淋都是光滑和奶油状的。为了制作烤榛子以及烤杏仁味的冰淇淋，纳特将烤过的坚果和奶油混合物混合在一起，从而萃取浓烈的坚果风味，浸泡完成后，再滤出浸湿的坚果，直到冷冻之前再加入新鲜的坚果。纳特认为这是将坚果的风味和冰淇淋丝滑口感融合在一起的最佳方法。同样，他在制作黑面包冰淇淋时，也会往冰淇淋中加入面包屑。而艾米则选择把黑面包屑过滤掉了。

　　纳特的"皇家"冰淇淋食谱可能受到博雷拉同名食谱的启发。两者配方的共同点是柑橘皮和诸如肉桂、香菜等香料。不同于博雷拉，纳特会在给混合物定型之前，再次加入香橼、柠檬、橙皮和开心果等辅料。

皇家冰淇淋

　　取十个鸡蛋黄和两个全蛋，搅成鸡蛋液，随后加入一只柠檬的皮、2及耳*糖浆、1品脱奶油、一点香料、些许橙花

---

　　* 英制一及耳约等于 0.142 1 升，美制一及耳约等于 0.118 升。——编者注

水,㉛混合均匀后把冰淇淋原浆放置在火上,加热的同时不停地用勺子搅拌。待其变稠时过筛,后放入冷冻罐里冷冻起来。把一小片香橼、柠檬、橙皮以及焯过水的开心果和冰放在一起切碎,再次放入模具中。㉜

不久以后,其他甜品师也开始往冰淇淋里加入小块的饼干、面包屑、水果蜜饯和碎坚果,而且不再把它们过滤出来。直到"冰布丁"开始广泛流行时,几乎所有的冰淇淋里都开始加入各式各样的配料。

冰潘趣酒是 19 世纪末风靡美国的冰饮,纳特、亚林和吉恩斯都研制了冰潘趣酒的配方。纳特的配料表选择了橙子、柠檬、糖浆和朗姆酒。亚林则用白朗姆酒给柠檬冰提味。吉恩斯既提供了给朗姆酒增香的方法,也说明了白兰地和朗姆酒的调和方法。吉恩斯还将打好的蛋清和糖混入到柠檬冰中,制作了"罗马冰潘趣酒",然后再把它倒入"一杯朗姆酒、一杯白兰地和一杯香槟"的混酒中。㉝虽然之前艾米告诉人们不要在冰沙里加酒,但显然很多人都没有把他的话当回事。

尽管吉恩斯声称自己的食谱原创且权威,但他制作冰和冰淇淋的配方还是与亚林的食谱只有细微不同。举例而言,两人都使用同样的香槟、糖和柠檬汁制作了香槟冰品。差别是亚林用了 6 杯香槟,而吉恩斯用到了 7 杯。又如吉恩斯喜欢用欧洲酸樱桃制作樱桃冰,而亚林倾向于使用肯特洲所产樱桃。再如吉恩斯不像亚林那样会在杏子冰里加捣碎的杏仁,而亚林不如吉恩斯一般,把打好的蛋清加到柠檬冰里。当然,他们也有很有趣的相似之处。他们都会把冰淇淋做成水果的形状,并且不约而同地表示可以把水果核"洗净"后放入模具中。

两人在制作蛋奶冻时也有相同的经验，先准备 1 品脱"好"奶油和 1 片柠檬皮。吉恩斯主张加入七八个蛋黄和"半磅敲散的糖（或依据个人口味的糖）"。亚林则提出要用到 8 个蛋黄和"半磅敲散的糖，依个人口味增减量"。两人共同的观点还有都可以用一半牛奶和一半奶油打底，也可以再加入两三个额外的鸡蛋，但是两人都指出，如果用新奶油和少量鸡蛋，那么蛋奶冻风味会更佳。

要说吉恩斯和亚林的不同之处，主要就在于他们起的菜谱名字不尽相同。例如，同样是用绿茶制作冰淇淋，亚林就称之为"茶味冰淇淋"，并指定使用"质量最好、味道最浓的绿茶"。而吉恩斯则把用"最优等绿茶"做成的冰淇淋称为"绿茶味冰淇淋"。亚林将烤好的咖啡豆（他称之为"浆果"）浸泡在热奶油中，然后过滤并加糖，从而做出了"牛奶咖啡味冰淇淋"。他写道："你也可以加入浓咖啡，但这样就会染上咖啡的颜色。"㉞吉恩斯也用了同样的方法制作冰淇淋，并总结道："有些人会使用咖啡粉制作冰淇淋，但如此操作会使得过滤后的奶油变成不太漂亮的棕色。"㉟

真 诚 的 恭 维

68   纳特、亚林和吉恩斯都有自己的专属秘方，但他们都可能借用了博雷拉的配方或者对之进行了少许改编。一般情况下制作葡萄冰都会用到麝香葡萄，但是博雷拉却使用了接骨木花，没有选择任何一款葡萄。博雷拉指导读者们把接骨木花浸泡在热水里，然后再把过滤得到的花香水注入柠檬冰的混合物中。纳特、亚林与吉恩斯都把这款甜品称为"葡萄水冰"，且他们用到的每一种食材都与博雷拉的高度相似。四人都以相同的方式浸泡花朵，然后把过滤得到的花香水倒进柠檬冰原液中。这款冰的成品尝起来就像是带着柠檬花香的柠檬冰糕，不禁让人联想到特色茶的香味。以下是亚林的食谱：

葡 萄 水 冰

取一把干燥的接骨木花，把它们放进一个冷冻罐里，倒入沸水没过。静置半小时后，仔细过筛一遍，再加入两个柠檬，并依照口味添加些许糖。在冷冻过程中，每次搅拌时都加上一点白葡萄酒，最后再注入模具里。㊱

1885 年，艾格尼丝·B. 马歇尔（Agnes B. Marshall）在《冰之书》（*Book of Ices*）中收录了一份类似食谱。马歇尔称她的水为"葡萄冰水（Eau de Grappes）"。她用的食材是接骨木花香水而非接骨木花，将其混合于柠檬冰水中，加入两杯雪利酒。吉恩斯则加入了一杯马德拉酒，博雷拉和纳特的食谱里没有任何酒。有趣的是，这些葡萄水冰食谱里没有一个是加入葡萄的，且只有纳特一人把冰做成了葡萄的样子。

多年来，人们一直用接骨木花和接骨木果制作茶、酒、果冻、糖浆和调味醋。有些人认为这种花香类似麝香葡萄，㊲所以厨师也会把接骨木花做成的冰称为"麝香葡萄冰"。又由于接骨木花的味道也能使人们联想起葡萄酒，所以这一款冰后来又被称作"葡萄冰"。芭芭拉·K. 惠顿（Barbara K. Wheaton）在《维多利亚时代的冰饮与冰淇淋》（*Victorian Ices & Ice Cream*）一书中指出，出现这种名称可能是因为有人把法语短语"grappes de sureau"翻译成了葡萄，但它其实是接骨木花的意思。㊳另一种可能是，由于接骨木花带有类似麝香葡萄的香味，博雷拉把这个食

69

谱称为"麝香葡萄味冰"，但是后来的其他人把"麝香葡萄味"错译成了"葡萄"。除了麝香葡萄冰以外，博雷拉的书里还收录了另一种"葡萄冰"食谱，其中用到了真正的成熟葡萄。玛丽亚·威尔逊将这两种食谱都收录在格拉斯的书中。艾格尼丝·马歇尔往后，人们已经习惯了用葡萄冰去命名接骨木花制作的冰品。不过而今大多数葡萄冰还是会用到真正的葡萄。

冻 布 丁

在 19 世纪，"冻布丁"开始流行起来。吉恩斯是最早介绍冻布丁的食谱作者之一。他的食谱用到奶油、牛奶、十个蛋黄和两个全蛋、糖、香草、一杯黑樱桃利口酒、一杯白兰地以及混合香料（典型的香料组合包括多香果、丁香、肉桂、肉豆蔻、生姜，甚至还会添加香菜）[39]。吉恩斯制作的这款冰淇淋十分细腻丝滑，不过他很快就在用模具定型前给冰淇淋添加水果蜜饯了。同时，他的"涅谢尔罗迭布丁"也采取了这种做法，这两款没有效仿其他的经典食谱。

和其他大多数原始资料一样，《法国美食百科全书》（*Larousse gastronomique*）也把"蜜饯冰淇淋"（plombière）描述为一种杏仁味的冰淇淋。这种冰淇淋里面含有长时间浸泡在樱桃酒里的蜜饯，有时还会加入一些搅打奶油。人们认为这个名字来自法语单词"plomb"（铅），意指用于制作冰淇淋的铅铸模具。但也有部分资料显示，蜜饯冰淇淋的名字可能来源于法国地名"plombière're's-les-Bains"。认同此说者传闻这款冰淇淋是为拿破仑三世而作，当时他在那里会见了意大利外交官卡米洛·本索·迪·卡富尔伯爵（Count Camillo Benso di Cavour），与他商讨将奥地利军队驱逐出亚平宁半岛的问题。然而，由于有关拿破仑三世的传闻发生在 1858 年，而在许多年前，巴尔扎克的小说就已经提到蜜饯冰淇淋是那家店的特色甜品，因而蜜饯冰淇淋的名字更可能来源于铅铸模具。

虽然各种食谱众说纷纭，但人们认为"涅谢尔罗迭"是由栗子泥制成的。这道甜品是以一位俄国伯爵——卡尔·瓦西里耶维奇·涅谢尔罗迭（Karl Vasilyevich Nesselrode）的名字命名。涅谢尔罗迭是 19 世纪的一位杰出外交官。据说，他的厨师穆伊（M. Mouy）创造了原始未冷冻，用栗子泥、蜜饯水果、醋栗干、小葡萄干和搅打奶油制成的涅谢尔罗迭蛋奶沙司。要知道，蛋奶沙司既可用作布丁、派，也可做成其他甜点，还可做成冻布丁。英国食品历史学家伊万·达伊（Ivan Day）告诉我们，冷冻版的涅谢尔罗迭布丁可能起源于一个嘲讽英国人食用脱模冰淇淋的玩笑。⑩

吉恩斯的蜜饯冰淇淋里并不含任何水果蜜饯或杏仁，他的涅谢尔罗迭布丁里甚至也没有栗子。但吉恩斯绝不是唯一一个走出经典禁锢的人，其他厨师也把无花果、枣、桃子、开心果、核桃、马卡龙、蛋糕干、香橼、朗姆酒、黑樱桃利口酒和其他配料搅拌到冰淇淋中，并把它们命名为各种各样的蜜饯冰淇淋、涅谢尔罗迭布丁。不过，也许对这些甜品最恰当的命名还是"冻布丁"。

亚林还制作了一款名为"邦巴冻"（bomba ice）的冰品，它与科拉多的蜜饯蛋奶冻（或冻沙巴翁）十分相似。亚林把 16 个新鲜鸡蛋磕入 1 品脱的水中，再加入一杯果仁酒或黑樱桃酒，同时按需加入糖浆。他选用的利口酒通常是由杏仁和桃核制成的，会带有一定的杏仁气味。一切就绪，亚林指引制作者将混合物煮热，"像搅拌蛋清一样"，用搅拌器把它拌匀。等到混合物沸腾时，关火继续搅拌，直到它出现"轻微的泡沫"。参考今天的食谱，邦巴冻的制作指南通常会要求将混合物搅拌冷却，且要搅到体积膨胀至 2 倍。

　　吉恩斯也提供了与亚林相似的配方，但他的配方需要用到更多的材料。吉恩斯开列的清单包括：3.5 品脱水、25 个"新生蛋"、两杯黑樱桃酒或果仁酒、外加 1 品脱糖浆。亚林和吉恩斯都建议把邦巴冻冷冻在模具里，然后在中心位置填充不同口味的冰淇淋。起初，他们的做法是先用一种原液把模具填满，然后把中间的冰淇淋舀出来再换成另一种口味的冰淇淋。亚林写道："你可以用勺子把中间的冰舀出来，然后用任何其他种类或颜色的奶油冰填满罐子来盖住这种冰。"[41] 此后，人们又设计出中空的模具，可以填装不同类型的冰和冰淇淋。

　　这种用模具制成的邦巴冻又有一个别名"炸弹"。事实上，这些邦巴冻确实很像炸弹。19 世纪末，维多利亚时代的民众把冰块仿造成无政府主义者所持有的炸弹的样子，有的甚至还在顶部装上了配套的"火焰"。《实用烹饪百科全书》(*The Encyclopedia of Practical Cookery*) 的编辑写道："值得注意的是，一些烹饪从业者倾向于将'战争艺术'引入他们本来和平与平淡的职业生活。酷似炸弹的邦巴冻是其中比较有代表性的一款甜品，它的外形与炸弹的外壳确实非常相像。"有些"炸弹"是一人食，其他较大的则会被切成薄片食用。《食用烹饪百科全书》的编辑调侃说，甜品师是熟练的"炸弹制造者"。他们写道："用大麦糖来仿制从炸弹孔隙里喷出的火焰，视觉效果极佳。"[42] 这似乎告诉我们，意大利甜品师可不只会制作冰淇淋的。

巴黎甜品潮流

　　当冈特去托尔托尼打听有关冰品的信息时，托尔托尼正是巴黎最著名、最出色的一家咖啡馆。格罗诺(Gronow)将其称为"快乐、风流和娱乐的中心"。他写道:"在法兰西第一帝国末期,以及波旁王朝复辟和路易·菲利普统治期间,托尔托尼咖啡馆是个非常时髦的地方。当时,这家咖啡馆非常受顾客欢迎,以至于想在那买份冰品简直是难于上青天。每当歌剧院的表演结束,林荫大道上就会挤满了来自宫廷和郊区的马车,这些载客马车的共同目的地是托尔托尼咖啡馆。"㊸

托尔托尼咖啡馆坐落在意大利大道和泰特布特街的十字路口,它得名于店主的名字。店主托尔托尼是个那不勒斯人,在当代的记载中我们没有找到他的姓氏。当他的老乡维洛尼(M. Velloni 姓氏同样不详)持有这家店的产权时,托尔托尼也担任该店的总领班。在 1803 年至 1804 年,托尔托尼重新接管了这家咖啡馆,飞跃性的进步随之发生。每天早上,股票经纪人在那里享用早餐;午后,艺术家们相聚品尝着苦艾酒,交流他们的最新创作;入夜,看完戏的富人们也会来这里一尝美味的冰品。1843年,《美国人在巴黎》(*The American in Paris*)的作者朱尔斯·贾宁(Jules Janin)写道:"晚上 11 点,托尔托尼咖啡馆不再是吃饭的地方,摇身一变,成了出售果子露和冰品的酒吧……最优雅的美女,和最讨人喜欢的年轻人,都赶来参加当天的最后一次狂欢。为了托尔托尼咖啡馆的快乐时光,富人们放弃了歌剧的结尾,赶在最后一幕上映前就匆匆赶来托尔托尼咖啡馆。"㊹

在马奈(Manet)和盖拉德(Guérard)的画作中,在巴尔扎克、莫泊桑和爱伦·坡的小说故事中,以及在奥芬巴赫(Offenbach)的歌剧中,托尔托尼永世长存。1889 年《哈泼斯》(*Harper's*)杂志发表的一篇文章把托尔托尼誉为"时尚中心"。㊺当时托尔托尼的顾客包括了马奈、波德莱尔、罗西尼、福楼拜、塔列朗

72

(Talleyrand)还有巴尔扎克等文化名流。托尔托尼甚至还在阿根廷开出了一家同名分店——1858年，托尔托尼咖啡馆在布宜诺斯艾利斯开业，它是为了向巴黎的母店致敬。这家咖啡馆已经成为布宜诺斯艾利斯最早的也是最著名的一家咖啡馆。

虽然当代作家都认为托尔托尼的冰品是巴黎数一数二的冰品，但大多数作家并没有过多透露有关冰品制作方法的信息，也没有说明当时最受欢迎的口味是什么，以及他们如何食用冰淇淋。然而，在1839年首次出版的小说《交际花盛衰记》（*Splendeurs et miseres des courtisanes*）中，巴尔扎克给我们描述了托尔托尼的一款冰淇淋："饭局结束时，蜜饯冰淇淋被端上餐桌。众所周知，这款冰品用小玻璃杯装着，表面点缀着精致的果脯，不仅不影响冰淇淋的金字塔形状，还与其他佐料相辅相成。"巴尔扎克补充写道，冰淇淋是在泰特布特街和林荫大道十字路口的那家著名的托尔托尼咖啡馆购买的。[46] 也许蜜饯冰淇淋就是在托尔托尼咖啡馆诞生的。

如今，仍有一种以托尔托尼为名的甜点依旧在被人们享用——它就是"饼干冰淇淋"。诚然，现在已很难弄清托尔托尼饼干冰淇淋和那家同名咖啡馆之间的渊源。但是这种泡沫状的冰冻慕斯大概率起源于巴黎。漂洋过海后，它成为美国人的心头最爱。甚至相比于法国，托尔托尼饼干冰淇淋在美国的名声更高。以至于我们不能排除这款冰淇淋是为了追忆托尔托尼冰淇淋而设计的。

73　　　为什么叫"饼干"？这个词在18世纪时就开始用于形容含有饼干或曲奇的冷冻甜点。这些甜点将马卡龙、坚果、或已经磨碎或切碎的蛋糕混入冰淇淋。另一些则更加简单地把饼干或蛋糕屑拌入冰淇淋里。另外一些是冷冻慕斯，它们没有经过搅拌，直接由打发的奶油或/和弄得很硬的蛋白霜加入调味料放入纸杯或模具中冷冻制成。有的直接叫"饼干冰淇淋""饼干奶油冰""饼干美式冰淇淋",甚至还有的叫"浓汤冰淇淋"或"浓汤"。"浓汤"（bisque）这个说法显得很奇怪，因为它也是一种通常用贝类做成的法国汤的名字。不知是拼写错误，还是有意误导食客，让一个本身不起眼的饼干看起来更有价值，也就有了这个词。与之相似，英国一本点心食谱也在菜单上列出了"浓汤酱"（bisque glaze）这道点心，这显然是"极度疯狂的命名法"。[47]

不管饼干冰淇淋是何时发明的，到了 20 世纪初，每一家时尚的美国餐厅里都能见到这道菜品的身影。后来，在美国东部地区较为简陋的意大利餐馆里，饼干冰淇淋成了一道常见甜点。由于它不需要冰淇淋机，制作起来很简单，所以深受普通家庭的欢迎。虽然它今天已不再被人们奉若珍宝，但从 19 世纪到今天为止，饼干冰淇淋仍旧保留在美国食谱中。不管是范妮·法默（Fannie Farmer）还是朱莉娅·查尔德（Julia Child），每个人都拥有自己的饼干冰淇淋食谱。以下就是我本人做法：

饼干冰淇淋

半杯压碎的杏仁饼干脆片

一杯重奶油

四分之一杯甜品用糖

三汤匙朗姆酒、苦杏酒或佛朗哥利口酒

两个蛋清

碎饼干或切碎的杏仁作装饰

把饼干磨成小块（但不要磨成粉末）。

取一个中等大小的碗，把奶油和糖搅打至出现软尖角。

74

小心地加入饼干碎和朗姆酒。在另一个碗里，把蛋白打至形成硬尖角。轻轻拌入奶油混合物中。

用勺子将混合物倒入纸衬里的杯形蛋糕罐中，旋转混合物直至呈山峰状。撒上饼干屑或杏仁。盖上保鲜膜，直至完全冷冻。

大致可以做出 12 份成品。

1893 年，巴黎的托尔托尼咖啡馆终于歇业，《大西洋月刊》（*Atlantic Monthly*）杂志为此刊登了一篇题为"托尔托尼餐咖啡馆末日"的文章。作者斯托德·杜威（Stoddard Dewey）将托尔托尼咖啡馆的衰落归咎于那些在闲暇时期不再去咖啡馆消磨时光的精英们，也将巴黎咖啡馆水准的普遍降低归咎于渐渐逝去的民主。杜威还指责英国人日益增长的影响力，以及由此在巴黎流行起来的英式茶馆。他哀叹啤酒餐吧和啤酒正在取代苦艾酒和冰品——他写道："时尚、文学和艺术，以及'绿色魔鬼'（苦艾酒）仍然存在，但它们却早已失去原貌。托尔托尼咖啡馆支起的百叶窗，已成为一块过时风景线的墓碑"。[48]

第四章

冰淇淋之乡

历史上美国的冰淇淋工艺发展远远落后于欧洲大陆,乃至落后于英国。在美国独立战争结束之前,冰淇淋还是个稀罕物,糕点师和甜品师少之又少。虽然已经有了冷藏室,但冰块不仅很难冷冻,也难以长期储存。与此同时,在当时的美国,砂糖还十分昂贵。而且众所周知,在那时,制作冰淇淋是一项费力又费时的工作,即便是雇用了仆僮的富裕人家,也很难有机会尝到一口冰淇淋。直到19世纪中叶,普通美国人才能在非常特殊的情况下偶尔有机会尝到一口冰淇淋。

由于在18世纪中叶冰淇淋是非常少见的稀罕物,所以人们往往会在日记或通信里提到他们享用冰淇淋的经历。1744年,马里兰州州长托马斯·布莱登(Thomas Bladen)夫妇举办的晚宴上提供了冰淇淋,当晚出席的威廉·布莱克(William Black)在日记中写道,这次晚宴非常讲究,菜单上有美味的菜肴,"接着端上来了惹人喜爱的甜点。在那些稀世珍品里,精美地搭配着草莓牛奶的冰淇淋,真是美味极了。"[1]形成鲜明对比的是,在当时的意大利和法国,冰淇淋已然是家庭餐桌上的常客,不过,对美国人而言,一盘简单得不能再简单的冰淇淋已经属于万分难得了。

独立战争结束后,美国家庭都逐渐爱上了冰淇淋。美国国父乔治·华盛顿采购了一台"制冰奶油机"。而在托马斯·杰斐逊的食谱里，你能看到八种自制冰淇淋配方。其中一种是香草冰淇淋，旁边还写着无油萨瓦饼干的做法，如此安排是因为杰斐逊很喜欢用这种饼干搭配冰淇淋。我们猜测，这些食谱可能是1780年代末的某天，杰斐逊在结束了繁忙的巴黎外交工作后写下的。

下面就来看看美国人所写的最早的冰淇淋食谱中的一例：

冰　淇　淋

两瓶优质奶油，6个鸡蛋黄，0.5磅糖

先混合蛋黄和糖。

把奶油倒入砂锅加热，同时加入一根香草荚。

快沸腾时关火，然后慢慢倒入蛋液中。

搅拌均匀。

再次加热，用勺子不停地搅拌，以防止粘锅。

快沸腾时关火，用方巾过滤混合物。

投入冰淇淋机（Sabottiere）。

等要吃前，提早一小时把原液置于冰盐混合物中。

把盐覆盖在冰淇淋机盖上，再敷一层冰。

等待七八分钟。

把冰淇淋机置于冰块中转动10分钟。

用抹刀把机器内部的冰淇淋刮松。

关上冰淇淋机，把它再次放入冰内。

时不时开盖一下，让机器表面的冰块脱落。

取出冰淇淋，用刮刀搅拌均匀。

把冰淇淋注入模具里，压实。

把模具放在之前的冰桶里冷冻。

食用前取出。

取出时把模具浸泡在温水里,充分翻动即可脱模。②

　　除了利用美国本土的食谱,杰斐逊在众多英国或欧洲大陆的烹饪书籍里苦苦寻找着冰淇淋食谱。美国最早的本土食谱出版于18世纪末,但当时的美国食谱并未包含冰淇淋食谱。由于在1842年前,美国年均出版的图书不过100种,因而人们并不在意食谱匮乏与否。19世纪中叶,印刷术的进步使得美国的食谱出版业发生了翻天覆地的变化。汉娜·格拉斯和伊丽莎白·拉菲尔德等美食家的食谱都被带到了美国。把时间推回到18世纪末,当时的美国重印出版了许多英国的食谱。1792年,理查德·布里格斯(Richard Briggs)的《英国烹饪艺术》(*The English Art of Cookery*)在费城出版,美国版《英国烹饪艺术》改名为《烹饪的新技巧》(*The New Art of Cookery*)。这是在美国出版的最早收录冰淇淋的食谱,不过布里格斯的冰淇淋食谱也是来源于拉菲尔德,虽然布里格斯没有将相关配方挂在拉菲尔德的名下,但这毫无疑问就是拉菲尔德的智慧成果。已知最早的美国本土食谱是1796年阿米莉亚·西蒙斯(Amelia Simmons)出版的《美国烹饪》(*American Cookery*),本书出版距美国独立已过去整整20年,但其中仍旧看不到冰淇淋的踪影。

　　1824年,美国本土的首个冰淇淋食谱终于问世——玛丽·伦道夫(Mary Randolph)的《弗吉尼亚家庭主妇》(*The Virginia House-Wife*)在当年正式出版。这本书深受美国南方民众的欢迎,可以说是19世纪美国最具影响力的食谱。伦道夫介绍的南方特色菜包括鲶鱼汤,"最受弗吉尼亚人喜爱的鸡肉布丁"以及烤"乳猪"——"这是南方各州对肥美猪仔的称呼"。《弗吉尼亚家庭主妇》也收录了其他国家地区的菜谱，比如"西班牙冷汤"和"美式甜甜圈"。③

伦道夫撰写了很多冰和冰淇淋的配方。她用柠檬水做过一种水果冰，也用同样的配方制作了欧洲酸樱桃冰或醋栗汁冰。除此之外，她制作冰淇淋的材料有许多，包括杏仁、巧克力、香橼、椰子、覆盆子、草莓、香草和咖啡。伦道夫制作"咖啡冰淇淋"用的是牛奶咖啡。她写道："若处理得当，冰淇淋就不会褪色。"她还说，冰淇淋原液里过滤出来的咖啡渣，晒干后还可以再次用来煮咖啡。"如果没有进行必要的过滤，那么就要给原液里多兑上一点水。"不同寻常的是，在她的冰淇淋食谱中，有一款是冷冻牡蛎奶油，但这仅仅是一碗反复过滤和冷冻的牡蛎汤。然而遗憾的是，伦道夫并没有解释她推荐在什么时间，何种情境下享用这款冷冻牡蛎奶油。下面我们就来看看她引人注目的一例食谱：

桃 味 冰 淇 淋

备上细腻、柔软、成熟的桃子，去皮，去核，放入瓷碗里；撒上一些糖，用银勺把桃子切分得很小——若桃子足够成熟，就会变成细腻的果酱；根据桃子的用量，尽量添加一些奶油或牛奶；添加更多的白糖，即可进行冷冻。④

在"观察冰淇淋"这章中，伦道夫解释了冷冻冰淇淋的原理。他明确指出，最好在深 12 英寸 * 或 14 英寸、宽 8 英寸或 10 英寸的冰柜里冷冻冰淇淋。她表示这种尺寸的冰柜最有利于冷冻，"冰块裸露在空气中的表面积越大，成形也就越快。"不过在当时，

---

*　1 英寸约等于 2.54 厘米。——译注

狭窄的圆柱形冰柜仍是大多数冰淇淋制造商的选择。伦道夫的食谱里处处可见她严谨的烹饪态度。她批评道："那些偷懒的厨师常常把装着奶油的盛器放在冰盐混合物中，再塞进冰室里。虽然这样可以让奶油变成冰淇淋，但是等不到冰盐混合物冻结，里面的奶油品质就已经完全被破坏了。"她还补充道，只有制模之前充分搅拌冰淇淋，得到的冰淇淋尝起来才能细腻丝滑。⑤

　　伦道夫是杰斐逊家族的远房表亲，她从小生活在一个富裕的家庭里。婚后她和丈夫一起搬到了弗吉尼亚州詹姆斯河畔的种植园，成为一名远近闻名的女主人。然而，后来伦道夫的家庭遭遇逆境，她不得不卖掉房子，同时为谋生在里士满开起了一家寄宿所。再后来伦道夫写作了一本广受欢迎的食谱，她也由此在美食界芳名远播。19世纪初，普通家庭根本不可能自建起冰室，因此也无法制作冰淇淋。不过，伦道夫家族是个特例。直到19世纪末，美国的制冰产业获得了发展，冰淇淋原料更加实惠，同时冰淇淋机的设计也取得长足进步，普通美国人在家自制冰淇淋的梦想也就看到了曙光。

79

公 共 娱 乐

　　那时，美国人可以在费城、波士顿，特别是纽约等城市的甜品店、冰淇淋乐园以及冰饮店里享用冰淇淋。那些因政治动荡辞别故土的意大利和法国甜品师也会像他们在伦敦的老乡一样，经营起美国的冰淇淋店。1777年，《纽约公报》（*New York Gazette*）刊登了一则美国最早的冰淇淋广告。在广告中，从伦敦来到美国的甜品师菲利普·伦齐（Philip Lenzi）承诺："人们每天都能吃到冰淇淋。"

  法国美食家、《味觉生理学》(*The Physiology of Taste*)的作者让·安塞尔姆·布里亚-萨瓦兰(Jean Anthelme Brillat-Savarin)曾访问过美国。萨瓦兰在他的书中写道，1794 年至 1795 年，一位名叫科莱(Collet)的船长曾在纽约"为这座商业城市的居民"制作冰品，因此大赚了一笔。萨瓦兰还描述了美国女性对冰淇淋的反应——"起初，她们无法从冰淇淋这种新奇的事物里找到乐趣。真的没有什么比看着美国女性边皱眉头边吃冰淇淋来得更有趣了。对那时的美国女性而言，冰淇淋能在夏天 32 度的高温下仍不融化，简直是一个无法理解的神秘现象。"⑥

  尽管萨瓦兰的口吻里带着些傲慢，但他的表述确实说明冰淇淋在 18 世纪末的美国还是一种很新鲜的产物。对此，汉娜·格拉斯也有类似表述——在美国，要在很久之后"才能在甜品店里买到冰淇淋"。1815 年，刚从法国来的弗朗西斯·盖琳(Francis Guerin)在百老汇开了一家咖啡馆，但该店只在夏天提供冰淇淋。⑦ 1827 年，来自瑞士德尔-莫尼科(Del-Monico)家族的成员在纽约市中心的威廉街开起了一家名为"德尔莫尼科斯"的甜品店。店名由一位著名画家题写，这家店也成为后来几年间全美国最好的餐厅。不过在最早的时候，德尔莫尼科斯只是一家主营业务不超出蛋糕、咖啡、巧克力、糖果以及花式冰淇淋的小咖啡馆。⑧

  1818 年，埃莉诺·帕金森(Eleanor Parkinson)在费城开了一家甜品店，她的丈夫乔治·帕金森(George Parkinson)在隔壁开了一家酒馆。这家甜品店非常成功，帕金森先生也协助他太太一起打理日常事务，在两人共同努力下，这家甜品店最终成为全费城最著名的企业之一。后来，帕金森夫妇的儿子创立了首本美国烹饪行业杂志——《甜品业杂志》(*Confectioners' Journal*)。帕金森甜品店闻名遐迩，其代表商品冰淇淋也就跟着扬名四海。⑨ 在帕金森太太出版的食谱《甜品师、糕点师和面包师大全》(*The Complete Confectioner*，*Pastry-Cook*，*and Baker*)（1844 年首次出版）的序言中,帕金森夫人将这家店称为"美国历史最久、影响最广、经营最成功的甜品店"。帕金森夫人在制作冰和冰淇淋一章里介绍,"长期以来,费城在制作冰淇淋方面享有盛誉",同时她也警告读者不要使用劣质的配料或增稠剂:"制作冰淇淋的全过程都要使用奶油,绝不能掺上哪怕一点点牛奶——牛奶会大大减损冰块的浓稠度以及丝滑感。"诚如帕金森所言,费城冰淇淋正是因全奶油制作冰淇淋而享誉各地。[⑩]

　　帕金森的食谱包括了近 50 种冰和冰淇淋的食谱,以及冷冻和塑形的说明。然而她也承认,书中所提到的大部分的食谱都不是她自己原创的:"我尽我所能查阅了可见的所有权威资料,无论它来自法国还是英国。不过,这本食谱最主要的参考来源还是伦敦出版的《里德的甜品店》(*Read's Confectioner*)"。《里德的甜品店》的作者是英国甜品师乔治·里德(George Read)。但是帕金森夫人还是有一些自己原创的配方,在那些配方里她要求使用的都是蛋清而非蛋黄。事实上,蛋清确实经常出现在冰淇淋配方中。比如艾米的冰淇淋食谱就用到了打得很充分的蛋清,艾米认为这样做出来的冰淇淋会轻盈而细腻,不过这并非当时的典型做法。下面是帕金森自己研制的配方。

布拉马冰淇淋

81

　　准备 1 夸脱奶油,10 份鸡蛋清,1.5 磅优质糖粉[现在的细砂糖];将材料全部倒入锡锅中;开火,不停地搅拌直到沸腾,接着加入两杯柑香酒、半杯橙花水;最后放进冷冻罐里完成冷冻。[⑪]

这个食谱的奇怪之处在于帕金森使用的糖实在太多了。要知道今天普通厨房电子秤称出的 1.5 磅糖可多达三杯。而今天类似食谱只要一杯糖就足够了。由此可见，帕金森夫人的布拉马冰淇淋是有多么甜。而橙花水和橘子甜酒的组合又赋予这款冰淇淋一种复杂的"苦甜味"，由此这款冰淇淋的甜度更是令人咋舌了，不过必须承认，布拉马冰淇淋的质地极为轻盈，也像丝绸一般柔滑。

最初，冰淇淋乐园是部分高档酒馆附属的小型户外就餐区。到了 19 世纪初，冰淇淋乐园演变成了一块消费区域，付费的顾客可以在这里散步、听音乐，也能品尝到许多很受欢迎的甜品，包括冰淇淋、磅蛋糕、柠檬水。当时的新闻表明，那时最常见的冰淇淋口味是香草和柠檬味，如果恰逢草莓"收获季"，那么还会有草莓冰淇淋。[12]那个年代的大多数作家只描述了冰淇淋的口味，很少对其他特点进行描写。不过，在纽约康托特欢乐园（Contoit's New York Pleasure Garden）冰淇淋乐园闭门歇业时，一位深感惋惜的作家还是写道："厨师们在半熟的鸡蛋里加入红糖"，以此为原料制作冰淇淋。当时的店家会给冰淇淋食客提供铁勺子，"经常会有铁勺子被人包在手帕里顺走"。[13]

当时纽约的冰淇淋乐园坐落在乡郊的一块区域，而今这里也是纽约最繁华的市中心——曼哈顿。1805 年，沃克斯豪尔乐园（Vauxhall Garden）在纽约阿斯特广场（Astor Place）附近开业时，人们普遍认为它离市区实在太远，因此不认为他能招徕顾客。然而，阿斯特广场周边的小镇很快就发展了起来，因此沃克斯豪尔乐园也就成为多年来家喻户晓的休闲场所。美国冰淇淋乐园的特点各不相同，但它们大多都配有荫凉的走廊，种植着大树和鲜花，有的冰淇淋乐园还会在树枝上挂几个住着鸣禽的鸟笼。最

82

初,冰淇淋乐园的典雅装饰只吸引了部分社会上流的时尚人士,在当时的条件下,淑女们只有在冰淇淋乐园里才能如此自由地散步,纵享如此优雅的环境。一位作家在描述纽约欢乐园回忆道:"围墙两边排列着幽静的凉亭,女性游客可以在那里自在地享用茶点。而男性顾客则可以在树荫下散布的长凳和椅子上饮用白兰地或吞云吐雾。"⑭

那时,冰淇淋乐园在伦敦已流行多年,因此,美国版的冰淇淋乐园也会效仿英国冰淇淋乐园的布局和命名。当时伦敦最时尚的冰淇淋乐园要数沃克斯豪尔,每到夏夜,那里总能以魔幻的热气球,动听的音乐,以及高质量的茶点吸引来成千上万的游客。由于在英国太过出名,沃克斯豪尔也就成为美国冰淇淋乐园竞相借用的通用名称——费城有"沃克斯豪尔冰淇淋乐园"、波士顿又有"波士顿沃克斯豪尔冰淇淋乐园"。尽管当时的英国旅行者都批评纽约的冰淇淋乐园完全是对"伦敦冰淇淋乐园的拙劣模仿",但数座沃克斯豪尔冰淇淋乐园还是陆续在纽约面世。⑮

后来,冰淇淋乐园渐渐变成了光彩夺目的娱乐休闲中心。在那里,彩灯照耀下的音乐会、舞台表演、雕塑与灯光喷泉、烟火乃至饮料和点心都吸引着男男女女的目光。托马斯·詹维耶(Thomas A. Janvier)在他的小说《纽约老城》(*In Old New York*)里描绘了一座 19 世纪后期的冰淇淋乐园:"藏在假山和灌木丛间的灯光分外耀眼,这里不仅有烟火、热气球和音乐会,还可以欣赏喜剧演员登台献艺……更不用说这里的美食是多么丰富而诱人了——放眼世界,很少有其他地方能找到如此令人愉悦的空间。"⑯

部分乐园还会提供酒水。艾伯兰·代顿(Abram C. Dayton)在他的《荷兰人在纽约的最后日子》(*Last Days of Knickerbocker Life in New York*)里表示:"有四分之一的冰淇淋乐园会偷偷地

83　把酒饮混入甜品，譬如在柠檬冰上点几滴干邑白兰地。不过让做伴的淑女们惊讶的是，绅士们似乎更喜欢美味的香草冰。"[17]

早年，纽约的冰淇淋乐园是排斥黑人的，当时能入园的黑人只有服务生。有新闻报道称："尽管这座城市有很多冰淇淋乐园，但显然没有一个可以接纳黑人。"于是，在 1821 年，曾经担任船长的自由黑人威廉·亚历山大·布朗（William Alexander Brown），在纽约西区素来以白人富人聚居而闻名的托马斯街建造了一座服务黑人的乐园。当时，有一篇新闻报道将布朗的冰淇淋乐园贬低为"非洲丛林"。文章刻薄地揶揄道："在这里，即使是皮肤漆黑的男女们也都能享用冰淇淋和冰茶，欣赏单簧管和军鼓表演。"然而好景不长，布朗的冰淇淋乐园开业不到一月，负面报道引起了邻居们抱怨，它无奈只得关门大吉。后来，布朗成为经营综合性剧院的一位先驱，不过白人的攻击最终还是迫使他退出了这个行业。据说，布朗曾经气愤地树起一块告示牌，上面对那些歧视他的人们回应道："白人不知道该如何给有色人种打造量身定制的娱乐场所。"[18]

黑人厨师和餐饮经营者开办了专门服务黑人的餐饮企业，也包括冰淇淋乐园。费城最早的冰淇淋乐园是由一位法裔克里奥尔甜品师科洛先生创立的，科洛是在海地革命之后离开祖国，移居到费城的。[19]

19 世纪中叶，工人阶级的白人通常在晚上或者周日参观冰淇淋乐园，因为这是他们少数有空的时段。在曼哈顿，位于鲍威利地区的冰淇淋乐园经常得到工人阶级光顾，而位于百老汇的冰淇淋乐园则吸引了更多的富人阶层。1852 年，美国南方作家威廉·博波（William Bobo）提出了一个观点，他认为冰淇淋乐园"既是一家冰淇淋店，也是时尚精英的群英会，与百老汇的冰淇淋乐园不同，由于时尚精英在白天大多没有时间，所以服务他们的冰淇淋乐园往往在晚间营业。"⑳到那时，冰淇淋乐园其实已经不再受到上流社会的青睐，因为他们不想接触的工人阶级已经大批涌入了冰淇淋乐园。一如《纽约先驱论坛报》(*New York Herald*)的说法，在 1856 年沃克斯豪尔乐园关闭前，"它早已不是时尚名流的天堂，平民人士已然占据了这个梦幻空间。"㉑

84

消费阶层改变后，美国冰淇淋乐园的境况今非昔比，在当时的报道中可以看到，冰淇淋乐园随处可见过度饮酒，人员嘈杂以及混乱骚动的种种乱象。这些畸变也使得冰淇淋乐园在公众的印象里跌落神坛，那里不再是淑女与绅士的度假胜地，而是聒噪人群的游乐场。一个典型的案例是，在 1850 年代设计纽约中央公园的规划方案时，人们本来将冰淇淋乐园纳入考虑范畴，但最终抛弃了这一想法。虽然冰淇淋乐园的确是工人阶级非常热衷的活动空间，同时爱尔兰裔和德裔也在舆论间为冰淇淋营造声势，但当时美国的主流观点还是觉得冰淇淋乐园已经过于商业化和庸俗化了。1857 年，《纽约时报》的一篇社论指出："如果冰淇淋乐园已经沦为流氓的天堂，那么最好让它永远消失。"㉒当时还有社会名流批评冰淇淋乐园"太过华而不实"，㉓远逊于当时欧洲最时尚的、如画的自然景观。因而，最终中央公园的方案选定了由弗雷德里克·劳·奥姆斯特德(Frederick Law Olmstead)和卡尔弗特·沃克斯(Calvert Vaux)提供的绿地计划，那是乡村风格景观的典范。

伦敦的冰淇淋乐园早些时候就已开始衰落，该市著名的沃克斯豪尔冰淇淋乐园在 1858 年已永久关闭。同年，纽约最后一座游园——"皇宫冰淇淋乐园"在第六大道附近的第十四街开业。据称，皇宫冰淇淋乐园的设计目的是吸引"高雅、时尚的名流以及知识分子"。㉔然而，事与愿违，女佣、学徒以及其他工人阶级成员才是它真正的光顾者。当精英们离开后，冰淇淋乐园的老板又增加一些儿童游乐设施，也营建了一座新的露天剧场，并请来了马戏团表演杂技。但皇宫冰淇淋乐园只营业了四年，迅速衰亡的一个原因可能是因为它不卖酒，致使盈利过低。皇宫冰淇淋乐园的消亡意味着冰淇淋乐园的时代已经终结。取而代之的，是喧闹的杂耍和游乐活动。

85

冰淇淋酒馆

　　19 世纪的人们不仅可以从冰淇淋乐园购买冰淇淋，也可以在酒馆和专卖店里得到冰淇淋。亦如冰淇淋乐园的情况，每家冰淇淋专卖店的受众群体都不尽相同，可谓包罗万象。乔治·福斯特（George Foster）是 19 世纪中期《纽约论坛报》（New York Tribune）的一位知名作家，他有关城市生活的专栏文章，说明了不同冰淇淋店的相异之处。后来，福斯特的文章又被收录进《碎片化的纽约》（New York in Slices）以及《灯光照耀的纽约》（New York by Gas-Light）。福斯特描绘了一家精致的百老汇商店，入口处摆放着一张长长的柜台，上面满是各种蛋糕、水果和甜品。福斯特的就餐区就在购物区的几步开外，光顾那里的大多是女性顾客。虽然是白天，就餐区的灯光也显得相对昏暗，福斯特指出："女士们喜欢这样的氛围，当然，相对年轻的少男少女们并不太欣赏这样的环境。"㉕

　　只要迈入这样的商店，女士们绝对会忘掉饥饿是什么，除了冰淇淋，优雅的太太还可以享受茶、咖啡、巧克力、三明治、牡蛎、上等牛排和雪利寇伯乐。"寇伯乐"在当时备受欢迎，这是一种由雪利酒、糖、柠檬和冰块制成,并以水果装饰的酒精饮料。让维多利亚的淑女深感震惊的是人们竟然会用吸管这种东西去啜饮雪利寇伯乐。

福斯特告诉读者:"一些有个性的顾客经常会去光顾那些新奇的'蒸汽冰淇淋酒馆'。"所谓"蒸汽冰淇淋酒馆",得名于那里用蒸汽驱动的冷冻机制作冰淇淋的特殊模式。福斯特半开玩笑地调侃这样做出来的冰淇淋一定是温的。福斯特把蒸汽冰淇淋酒馆的顾客框定在"城市商人、机械师、工匠以及中产阶级"的妻儿。他写道:"这些女士们围坐在漂亮的餐桌旁,形成了一道靓丽的风景线。每位女主人身边都缠着'一伙'垂涎三尺的小孩子,他们满怀期盼地抱着母亲的膝盖——想着能时不时地尝到一勺美味新奇的蒸汽冰淇淋(亲爱的读者,冰淇淋毕竟不会是温的),孩子们总觉得自己的期望不会落空。"[26]入夜,各种冰淇淋酒馆之间的阶级差异变得更加鲜明。福斯特写道:

> 百老汇冰淇淋酒馆的风格一般都过于夸张华丽,从街上看过去,效果宏伟,但若置身其中,就会感到有点过于耀眼和压抑了。晚上,煤气灯把花哨的窗帘、银灰色的墙纸和镀金的镜子照得通明时,此刻的景色就更加光彩夺目,大多数人都赞叹不已。人们永远不会意识到不同冰淇淋酒馆的差异。闷热的夏夜,每一家时尚的冰淇淋酒馆里都挤满了衣冠楚楚的中产阶级男女。而鲍威利地区冰淇淋酒馆的门槛上挤满了男性工人和他们丰满红润的妻子,这些女性们的血管里涌动着健康和青春的气息,圆润的脸颊上洋溢着幸福的光芒。[27]

在文章末尾福斯特也提到,比起之前提到的冰淇淋店,这里

86

不乏档次更低的冰淇淋店——即使那些冰淇淋店没有发生过遭窃案件，一些粗心大意的食客，也常常会成为扒手们争相偷窃的"肥肉"。㉘

采 冰

19世纪上半叶，一些大事件、变革和创新给冰淇淋的生产与消费带来了巨大影响。内置搅拌槽冰淇淋冷冻机的发明、制糖业的扩张、特别是工业化制冰技术的进步，使得冰淇淋在美国变成了一款家喻户晓的美食。冰不再只是冬季池塘、湖泊和河流的一部分，它也变成了美国人夏季格外喜爱的一款甜点。

很久以前人们就开始采集冰块，以之冷藏饮料、保存食物、冷冻冰淇淋。不过早年间，这仅限于有能力购买并储藏冰淇淋的个别富人。杰斐逊在蒙蒂塞洛就建有一座冰屋。和大多数建造于18世纪末19世纪初的冰屋一样，杰斐逊的这座冰屋更像是一个冰窖。杰斐逊的冰屋位于别墅的露台下，这是整个别墅相对最阴冷的一处。杰斐逊家的这些冰块是在冬季从里瓦那河运来的，他们家的冰屋可以容纳整整62车冰块，这些冰大体可以供全家使用一整年。譬如在1815年，杰斐逊家前一年采集的冰块，一直用到了来年的10月15日。㉙

1861年，英国甜品师威廉·吉恩斯在他的《现代甜品师：实用指南》（*The Modern confectioner: A Practical Guide*）一书里提供了有关建造冰屋的建议。他写道："在美国，几乎每个小农场主都享受到了冰屋带来的奢华体验，然而在英国，除了一些大型企业外，几乎没有什么人了解这些神奇的东西。"吉恩斯详细讨论了冰屋的制作材料、建造场地和保温材料，并建议墙壁厚度应为14

英寸到 18 英寸，"如果你本身拥有一座凉爽的乳制品厂，那么就把冰屋建在厂子旁边"，他建议道，"这种安排可以一举两得，在气候温暖的月份里，冰块可以冷却乳制品，而短时间内当地的气候也不会令冰块融化"。但是他警告读者："冰屋必须尽量保持密封，要特别提防热空气进入其中。"③⑩

　　从今天的角度看，吉恩斯的建议其实是错误的。在建设好排水系统以防止融水与固体冰接触之外，另一项重要的工作是营造良好的通风系统，释放出冷冻区的热空气。冰屋建筑技术在 19 世纪不断发展，人们对冰冻技术的了解也不断加深。具有良好的通风和排水功能的地上冰屋拔地而起，这种冰屋常常会被油漆成白色，如此可以反射太阳光。与此同时，人们也会给冰屋铺设锯末或稻草，增强它的保温效果。富裕的农民以及拥有池塘或湖泊的地主通常会自建一座小冰屋。在一些社区里，邻里们会集体采冰，并把获得的冰储存在公共冰屋里。③⑪ 那些拥有湖滨酒店的老板可能也会建造一座冰屋，这样他就可以利用冬天采来的冰发展起一门生意。有的人会把冬天采集到的冰块贩卖给当地的商店、餐馆、甜品店或宾馆。1806 年，弗雷德里克·都铎（Frederick Tudor）首次将冰从波士顿运到马提尼克岛，但直到 19 世纪中叶，冰才成为美国食品业的"香饽饽"。

　　都铎来自波士顿的一个名门望族，人们希望他能像父亲和哥哥一样进入哈佛大学学习。但都铎很有自己的想法。他辍学离家，四处漂泊了几年。几年间先后当过短期学徒，也游历过哈瓦那等异国他乡，此外，都铎还在波士顿郊外的索格斯当过家庭农场小工。这户农场主就拥有一座冰屋，他们会把冬天池塘里的冰储存起来，到了夏天，他们也会自己制作冰淇淋。

　　望向池塘里那清澈的冰块，都铎看到了自己的未来。他回想

88

起哈瓦那炎热的酷暑，由此意识到如果能向西印度群岛供应冰块的话，那么他就会赚得盆满钵满。不过，在当时并没有多少人认同他，更没有什么人愿意投资他的创业项目。然而，1806 年，都铎成功设法获得了在马提尼克岛销售冰块的专卖权，获得宝贵机遇的他赶紧采购了整整一船冰块，用干草包裹好保温。2 月 13 日，都铎的船从波士顿起航，并于 3 月 5 日抵达马提尼克岛，当都铎的船驶入马提尼克岛，船上的冰块基本完好无损。然而，《泡汤了的生意》(*The Frozen-Water Trade*)一书的作者加文·韦特曼(Gavin Weightman)指出，都铎抵达马提尼克岛首府之际，竟然发现自以为万事俱备的商业伙伴们竟然忘了准备冰屋，于是他压根儿就没有地方储存冰块。与此同时，当地人并没有存储冰块和制作冰饮的知识，因而他们并不急于购买冰块。情急之时，都铎或许想起了每年夏天制作冰淇淋的往事。于是他说服蒂沃利花园餐馆的老板，用他运来的那些冰，制作成许多冰淇淋出售。就这样，都铎提供冰块，餐馆老板投入奶油，两人合作起了冰淇淋生意。后来，都铎在给姐夫的信中写道："仅仅一个晚上，我们蒂沃利花园餐馆单靠卖冰淇淋赚了整整 300 美元，从那以后，餐馆老板看见我总是不停地点头哈腰"。㉜

这个具有里程碑意义的时刻被《圣皮埃尔报》(*The Saint-Pierre newspaper*)记录了下来："历史会记住 3 月 6 日这个重要的日子，自从位于北纬 14 度热带地区的马提尼克岛建立定居点以来，岛上的居民第一次吃到了冰淇淋，这可以说是该岛奢侈品和企业商贸史上一个跨时代的非凡壮举。"㉝

尽管都铎在创业初期自掏腰包贴了不少钱，但令人欣慰的是，他运输冰块的想法被证明完全可行。经过几年的积累，都铎的运冰生意终于开始成熟，他也成为大名鼎鼎的"冰王"。都铎的一大成功秘诀是，他没有把自己的生意完全寄托在冬季天然冰上，他与他的合伙人纳撒尼尔·惠斯（Nathaniel Wyeth）一同研发了新型的制冰装备，并以此不分季节地批量制冰，制冰技术的改进使得都铎的产业变得效率极高、利润极大。他们还改进了采冰工具和冰屋的设计方案，提高了采冰与储冰效率。都铎和惠斯也是最早引入"马拉犁技术"去切割冰块的商家。用马拉犁技术切割的冰块比不规则的冰块更容易储存。他们两人还首创了"凿池术"——这种技术要求在冻结过程中的冰块底面上打几个孔，让中间还未凝固的水露出来，迅速结成冰，这样冰块也就得以更快的速度变硬、变厚。两人还发现以前在别人眼中毫无价值的木屑其实是一种性能很好的隔热材料，他们在缅因州的木材厂里获得了稳定可靠的木屑供应，可以说冰雪贸易为木材公司开辟了一个全新的市场。

　　1833 年，都铎把冰块从波士顿运到加尔各答。都铎带来的冰块让生活在加尔各答的民众，尤其是那些英国殖民者感到惊讶，兴奋不已。要知道，加尔各答的人们已经受够了炎热天气的残忍折磨。当时，加尔各答的一份地方报纸谈道："托斯卡纳"号于 5 月 12 日从波士顿启航，9 月 13 日抵达加尔各答，该船供应的冰块足够满足本地整整 60 天的消费。㉞如果美国的商船能定期运送冰块到印度，那么回程时，这些商船将给美国带回大量的印度黄麻，这种可以做成绳索、编织物以及麻袋的材料是英格兰迫切需要的。近到美国本土，商船将冰块运往南方各州，回程北方纺织厂所需的棉花塞满了船舱，在冰块贸易兴起之前，去往南方的商船都以石块作为压舱物。虽然南北战争期间港口封锁中断了南北方之间的冰块贸易，但这一封锁却促进了美国与印度间"冰块换棉花"贸易的膨胀。与此同时，北方冰块商人们也通过向

89

联邦军队出售冰块谋取丰厚利润。

赚得盆满钵满的都铎也引来了其他人的垂涎，越来越多的人涌入了制冰行业。转眼间，许多纽约和新英格兰的湖泊、池塘，乃至河岸边都建起了巨大的木制冰屋。1845 年，都铎的一位竞争对手开始从波士顿北部的温纳姆湖（Wenham Lake）采集冰块，并跨过大西洋运到伦敦出售。在这名对手位于伦敦市中心的办公室里，一块透亮又坚固的大冰陈列在橱窗前，这块冰似乎从未融化过，让过往的路人赞叹不已。然而人们有所不知，店家会在必要时用一块新的冰块代替融化的冰块，所以橱窗里的冰才能永远看起来那么晶莹剔透。当时很多人甚至以为橱窗里的那块冰是用玻璃做的，只有摸到这块冰块时，他们才会相信眼前所见的就是真真实实的一块冰。在这位商家的推动下，温纳姆湖的冰变得十分出名，以至于"温纳姆"干脆变成了伦敦对冰的代称，酷似当年源自英国的沃克斯豪尔冰淇淋乐园在美国遍地开花一样。后来，挪威的一个湖泊干脆就改名叫温纳姆湖，当地商家希望这样能帮助湖里的冰畅销伦敦。

1859 年，当时已经 75 岁的都铎在波士顿北部的纳罕特购入一块地皮，建起了名为"莫里斯"（Maolis）的公共游乐场，把它打造成了一处海滨度假胜地。游乐场的许多景点包括野餐区、茶馆、舞厅、鬼屋、保龄球馆和冰淇淋亭。虽然莫里斯游乐场带来的利润对于都铎而言还不够塞牙缝，但这个快乐的空间确实给他生命的最后几年带去了莫大的愉悦。莫里斯游乐场开业的第五年，莫里斯终于合上了他的双眼，走完了他 80 年的传奇人生。

多年来，美国的天然制冰业持续蓬勃发展。1879 年，每年估计收获 800 万吨冰。制冰业雇用了数千名工人，有些人一年到头都在工作，更多的工人是在采冰季临时雇来的，从缅因州到加利福尼亚州的许多池塘、湖泊和河流里,都能看到工人们在采集冰块,他们的劳动成果会通过轮船、泊船、火车以及马车等交通工具被运往世界各地。冰块产业的蓬勃发展改变了很多企业——工具制造商们为之设计制作了大量的采集、运送冰块工具。制冰产业也带动很多相关产业获得了巨大利润——譬如冰柜就成了商用和家用的电器。制冰业也使得屠宰和啤酒酿造业获得新生,冷藏车把芝加哥的鲜肉完好无损地运往全国各地,需要相对低温的密尔沃基啤酒也不再仅限于冬天酿造。同样受惠的还有加州的蔬果生鲜以及芝加哥的黄油产业,前者得益于冷冻火车直销芝加哥,后者则借助于冷冻船运往欧洲。㉟冰也被用于医疗,尤其是那些发热患者,特别需要用冰降温治疗。在当时的城市里,一整年间冰库都会储存足够的冰块,卖冰人的货车每天也是装得满满当当。他们总会赶在冰融化之前把凉爽送进居民的家中或者商店里。得力于冰产业的发展,冰淇淋也陆续出现在美国城市里,1875 年以后,冰块几乎到处都能买到,因此,冰淇淋也随之出现。1887 年 5 月 13 日,伊利诺伊州《克林顿公报》(*the Clinton Public newspaper*)就透露,西区新开的面包店和甜品店"每天"都有冰淇淋出售。

就在同一年,缅因州的制冰厂收获了将近两百万吨的冰块。㊱ 1890 年出生在德累斯顿的詹妮·埃弗森(Jennie Everson)回忆:"小时候,我家河边的草坪上建有十几座规模不等的商业冰屋,它们的容积普遍在 15 000 吨到 50 000 吨之间的。"㊲除了商业冰屋,德累斯顿的许多家庭都拥有自己的小冰屋,当地居民会储存利用商业制冰厂富余的冰块。

即便天然冰产量充足且覆盖甚广,一些发明家仍在执着地尝试人工制冰。发明家们尝试了许多使用压缩空气原理以及乙醚

91

降温原理的制冰机器。然而在早期制冰业中，的确存在机器出现故障，甚至发生爆炸的现象。同时，那些机器所用到的腐蚀性化学物料和石油也会毁了食品级的冰。最重要的是，与天然冰相比，人工制冰的成本更高，因此在天然冰足够满足生活的前提下，多数观点认为，人工制冰并不现实，更没必要。1862 年的伦敦世博会展出了一台制冰机器，当时的参观者普遍认为这台机器里的冰是由魔术变成的，所以没有严肃看待它。然而，印度殖民当局却认为这是无比伟大的发明，因而当即为军队订购了一台，这预示着美国和印度之间的天然冰块贸易即将落下帷幕。⑱

　　在南北战争期间，美国的人造冰块生意因北方对南方的封锁而蓬勃发展。由于当时北方物资禁止向南运输，因而南方人无法获得应对炎热天气的必需品——来自北方的天然冰块。于是，美国南方民众转向了人造冰　　法国人费迪南·卡雷（Ferdinand Carre）设计了一种氨汽化驱动的制冰装置，并申请了相关专利。卡雷的发明使得南北战争期间，南方的人工冰需求得到满足，人造冰的生意也由此被证明完全行得通。

　　不过，新发明的制冰机并未垄断整个行业，但它却预示着未来的走向。当历史发展到 19 世纪末，天然制冰业的前进道路上出现了许多新挑战。如果冬天相对温暖，那么即便是在缅因州这种非常靠北的地区，冰块的生产也很难满足需求。促使制冰器取代天然制冰的因素还有很多，包括城市发展使得周边水域被污染，不再适合生产冰块。同时制冰机的技术不断改进，制冰的成本越来越低。还没等人们反应过来，天然制冰业的退潮也就汹涌而去。尽管人们都没有意识到，但天然制冰业的潮流正在发生变化。1895 年，纽约尼克博克制冰公司（New York's Knickerbocker Ice Company）总裁罗伯特·麦克雷（Robert Maclay）就机器制冰生

意谈道:"与自然制冰相比,即便不算化学添加剂的额外成本,光是机器开支成本一项,就使得人工制冰业无利可图。"㊴

另一些人更为准确地预测了人工制冰业未来的走向。1894年8月,波士顿烹饪学校的刊物《新英格兰厨房》(*New England Kitchen*)在一篇题为《冰与冰品》的文章中,清晰地演绎了人工制冰快速崛起的动态。该文告知读者,石油渗透入人工制冰的问题已经得到解决,接着,作者谈道:

> 如今,大多数城市的人们都可以在天然冰和人造冰之间进行选择,而且费用差不多……
>
> 人口增加使得全国范围内冰的销量快速增长。由此人们越来越推崇人工制冰,自然冰的生产因而渐渐淡出了历史舞台。㊵

美国人口统计局发布的数据显示,到了1920年,全美范围内人工制冰产量为4 000万吨,而天然制冰产量则为区区1 500万吨。㊶而且要不是因为在"一战"期间美国政府征用了制冰业的氨水去生产弹药,那么这个变化会更快到来。第一次世界大战结束后,人工制冰业得以迅速发展,天然冰产业也就一蹶不起,沦为明日黄花。

93

糖 的 价 格

在19世纪之前,昂贵的糖价是冰淇淋推广的另一块"绊脚石"。令冰淇淋制造商们感到振奋的变化正在悄然发生,食糖的价格开始下降,越来越多的人能够买得起糖,冰淇淋也就从一种奢侈品变成了普通甜点。

在 18 世纪，糖依照澄清程度的不同，可以划分为从最粗制的红糖到精制的白糖等多个等级。当时，市面上售卖的食糖，要么是圆饼型的，要么是圆锥状的，厨师必须在使用前将整块糖捣碎，过筛，获得细糖粉。有些人会用研钵和杵捣碎糖块，另一些人则选择用瓶子把糖块滚碎后再加以筛分。选择用瓶子的人认为，比起研钵，他们的方法浪费糖较少。糖的来源也是那时糖价高昂的重要原因。伊丽莎白·李（Elizabeth E. Lea）在《家庭烹饪，实用清单，年轻管家烹饪指南》（*Domestic Cookery，Useful Receipts，and Hints to Young Housekeepers*）一书中表示，"来自哈瓦那的白糖应多精炼几遍才可食用。"㊷ 即使多数糖已然精制，其中还会含有许多杂质，甜品师和家庭厨师撰写的指南特地交代了如何澄清糖里的杂质。伊莉莎·莱斯利（Eliza Leslie）在她撰写的果冻食谱中为读者列出了提纯糖的方法："你可以把糖装进法兰绒袋子里，在煮沸的过程中一点点撇去过滤出来的黑色浮渣。"㊸

为了省钱，一些精明的家庭主妇会根据不同的用途采购不同等级的糖。譬如哈里特·比彻·斯托（Harriet Beecher Stowe）的妹妹凯瑟琳·比彻（Catharine Beecher）在她出版于 1850 年的《比彻小姐的家庭清单》（*Miss Beecher's Domestic Receipt Book*）中，建议读者要准备四种不同类型的糖——"精制块糖用于泡茶，碎糖用于制作上好的水果蜜饯，优质红糖用于冲制咖啡，普通红糖用于烧菜及其他一般用途。"然而比彻小姐也指出，储存糖也不是一件轻松的事，她认为糖不能一桶一桶地买，以免"糖变成糖浆，把地板弄得脏兮兮的"。她提醒读者可以用纸把块糖包起来放在架子上，而其他的糖则需要"密封进罐子里，或塞进专门定制的带盖木桶。"㊹她还谈到,许多厨师在制作蛋糕和饼干时加的都是糖浆而不是糖。

西方世界最早的现代制糖业起源于加勒比地区,由于最初使用奴隶劳力,因而制糖业逐渐走向了薄利多销。一如西敏司(Sidney Mintz)在《甜与权力》(Sweetness and Power)这本书里谈到的,1700 年时,英国人人均每年消耗 4 磅食糖,而 100 年后这个数据就变成了 18 磅。㊺ 从 1840 年至 1850 年短短 10 年间,英国的食糖价格下跌了 30%,随后 20 年又跌了 25%。㊻ 所以到了 19 世纪下半叶,即便是赤贫家庭也有能力买糖点缀茶水了。当时美国的人均糖消费量要滞后于英国,但温迪·沃罗森(Wendy Woloson)在他的《高雅的品位》(Refined Tastes)一书中提到,在 1870 年代每个美国人一年消耗约 41 磅的糖,㊼ 而 20 年后,美国的人均年消耗量竟高达 90 磅。㊽

甜菜糖的发展也使得甘蔗糖的价格暴跌,虽然人们早已知道如何制作甜菜糖,但之前这项技术尚未推广。但在 1812 年,俄法战争的爆发切断了法国的蔗糖供应链,于是拿破仑下令在全法范围内推广甜菜生产,甜菜糖也由此走上了法国市场。甜菜糖产量的增多使得法国的供应日益爆棚,价格也就随之日益下降。甜菜不同于甘蔗,可以在温带地区种植,因此 19 世纪末的美国人将它视为珍宝。与此同时,在夏威夷地区蔗糖种植园的开辟也大大增加了美国的糖供应量。到了 1906 年,美国本土及海外领土每年已能生产超过 30 万吨的糖,美国也因此成为主要的产糖国家。㊾

甜品师们一直在改进熬糖的方法。19 世纪后半叶的工业化时代,许多产品的生产和分销方式都改变了。就制糖工业而论,蒸汽机、离心机、脱水机等精炼设备以及精炼方法相继出现,这些变化使得制糖生产变得更有效率,成本更低,品质更佳。这样做出来的糖无须再进一步澄清就可以用于食品。这大大节省了烹饪者的时间与精力。到了 20 世纪初，糖已经变成一种常见、实惠又方便的家用调料。由于糖价确实低廉，《美国厨房杂志》（American Kitchen Magazine）的一篇文章谈道，属于玛丽·安托瓦内特（Marie Antoinette）的甜品时代已经到来。另一位匿名作家也表示："全世界的糖都太便宜了，我们可以做更多的高糖蛋糕来补充能量，算起来这样会比用同等重量优质小麦所做的面包便宜更多"。这位作者接着感叹道："如果可怜的玛丽·安托瓦内特能多活 120 年的话，她一定能为今天的景象而开心地尖叫起来。"⑩

搅　拌

到了 19 世纪中叶，与天然制冰业发展壮大同时发生的是冰淇淋工艺取得了又一项进步。早在近两个世纪之前，人们就已经开始使用冰淇淋机（sorbetière），不过那时的冰淇淋机操作起来十分复杂。在 19 世纪，也有几位发明家改进了冰淇淋机，其中一项进步是，改进版的冰淇淋机能够在不开罐的情况下搅拌冰淇淋。改进后的冰淇淋搅拌机外面有一根曲柄，连着里面的搅拌棒。在制作冰淇淋的时候，人们只需要转动曲柄，这款机器就可以把罐内的冰淇淋溶液混合成丝滑的糕状，这种效果可是艾米与亚林梦寐以求的。

1848 年，来自美国费城的女发明家南希·约翰逊（Nancy Johnson）制造了首个"特殊"的冰淇淋机，这款机器可以用于家庭制作，它的外形酷似冰糕机，却安装着外部曲柄和一个内部搅拌器。之前人们对约翰逊所知甚少，甚至有许多报道称她从未申请过专利。但事实却不然——1848 年 9 月，她发明的"人工制冰机"获得了联邦政府第 3254 号专利授权。约翰逊在这份申请书的开头写道："我，南希·约翰逊，来自宾夕法尼亚州的费城，在生产人造冰工艺方面发明了一项全新且实用的人造冰生产设备，以下内容将全面且详细地描述这款机器制冰方法。"约翰逊继续介绍了这款机器的内部构造以及搅拌棒的工作原理。她还声称，其所发明的设备盐消耗量较少，这是因为这款机器的外筒直径只比内部制冰机大了三四英寸。约翰逊的申请书总结道：

> 本人的创新发明以及申请专利的理由是，上文所提及的沿垂直轴转动外部曲柄，以及上文所提及的起到冰冻目的内部搅拌器。
>
> 南希·约翰逊。
> 见证人：约翰·汤普森、塞缪尔·达伊

1853 年，来自新泽西的贵格会教徒埃贝尔·希曼（Eber C. Seaman）发明了曲轴式冰淇淋机。希曼还生产了大批冰淇淋机，帮助商户实现了冰淇淋的高效高产量制作，此后，在希曼冰淇淋发明的帮助下，冰淇淋的价格逐渐降低。后来，希曼甚至还研发了一款家用小型冰淇淋机，使得冰淇淋的制作进一步向公众推广。㉑

托马斯·马斯特斯（Thomas Masters）是供职于英国皇家动物园和皇家理工学院的甜品师，也是一位发明家。马斯特斯设计的冰淇淋机不仅能搅拌冰淇淋，也可以自动实现冷冻。马斯特斯非常擅长面向公众营销，他曾在伦敦的水晶宫博览会，甚至在维多利亚女王面前展示过这款冰淇淋机。他在 1844 年出版了

《冰品食谱：从人工制作纯净固体冰，高级冰及高价值冰淇淋方面谈"奢侈品——冰"初入欧洲之简史》(*The ice book: Being a compdious & Concise History of Everything Connected with ice from its First Introduction into Europe as an Article of Luxury to the Present Time: With an Account of the Artificial Manner of Producing Pure & Solid Ice*，*and A Valuable Collection of the Most Approved Recipes for Making Superior Water Ices and Ice Creams at a Few Minutes' Notice*)一书。书中介绍了如何使用冰淇淋机制冰，当然也包括如何用该机器来生产冰淇淋。马斯特斯的书里留下了许多有关制冰、冰淇淋机、葡萄酒冷藏器以及磨刀机的相关插图。其中有一章介绍了四十多种冰淇淋和冰的食谱，有些用"甘露"(一种美味的佐料，作者的独家秘方)进行调味。马斯特斯表示："自己发明的机器可以在四五分钟内做出冰淇淋，从此以后如果繁华的商场里没有它的身影，那么这家商场必然会逊色许多。"[52]马斯特斯告诉读者他发明的这台机器还可以用来冷却葡萄酒和搅拌黄油，由此，"任何人都可以在厨房配备一台这样的机器制作早餐，只要稍加搅拌，他们就能很便捷地为早餐增添一份香喷喷的黄油。"[53]

马斯特斯很自信地谈道，他发明的这款冰淇淋机会令整个冰品行业风生水起。马斯特斯在书中写道："预计本人发明的这款冰淇淋机将会迅速取代天然冰贸易。"[54]尽管马斯特斯信心十足且拥有高明的营销手段，但他明显缺乏天时地利人和。在当时的英国，人造冰并不盛行，反而是英国的温汉姆湖冰备受英国公众的喜爱。总体而言，人造冰在当时并不能取得人们的信任。此外，也有批评家指出，马斯特斯的冰淇淋机会使用很多腐蚀性材料，这点需要人们保持警惕。尽管也存在非议，但马斯特斯无疑是人类心中最早用人造冰制作冰淇淋的发明家之一。

　　许多年后，新型冰淇淋机取代了"前辈"，甚至也让专业厨房里的冰淇淋机失去了用武之地。1893 年，戴尔莫尼科餐厅的厨师查尔斯·兰霍弗（Charles Ranhofer）写了一本名为《美食家》（The Epicurean）的专业烹饪指南。兰霍弗的书里提到了不同尺寸、类型的冰淇淋机。其中一款是容量为 2 至 3 夸脱的老式冰淇淋机，另一款容量较小，大约只有 1 夸脱＊，此外还有两台装配有外部曲柄和内部冲洗器的冰淇淋机也收录于此书——其中一台一次可产出 30 夸脱冰淇淋，另一台的产量为 12 至 18 夸脱。兰霍弗这两台机器既可以手动提供动力，也可以用蒸汽驱动，这就意味着这几台机器可以同时在一间专业的厨房里并行开工。

　　直到 19 世纪下半叶，大多数新型冰淇淋仍会使用天然的冰盐混合物实现冷冻，最初更大型专业蛋糕机都是通过手摇获取动力的。然而随着设计的逐步改进，人类社会的动力形式在悄然发生变化——从自行车到马车再到蒸汽火车的变化既是如此，冰淇淋机的动力也与其他事物一样发生了一系列变化。翻阅《甜品师杂志》等行业刊物，可以看到之后几年间，冰淇淋机在不断发生着创新与变革。一些广告承诺新型冰淇淋机可以在 30 分钟内冷冻约 40 夸脱的冰淇淋原液，同时，这款机器冷冻 24 夸脱、18 夸脱的冰淇淋原液只需 25 分钟和 20 分钟，可谓非常迅速。在托马斯·米尔斯兄弟公司（Thomas Mills and Brother）1875 年的一则广告中，我们可以看到一台容积约 40 夸脱的冰淇淋机售价仅 90 美元。同时一台锅炉、发动机以及冰淇淋机的"套餐价"仅为 600 美元。生产一款体积较小的家庭冰淇淋机的厂商称，它们的售价不

98

――――――――――――――――――――――――――――――――

　　＊　1 美制夸脱约等于 0.946 升。1 英制夸脱约等于 1.136 5 升。——编者注

过就是天然冰使用者一个季度的耗费。由此，许多冰淇淋店、酒店、甜品店都开始购买使用这款机器。当然，也有很多广告介绍了用于家庭日用的小型冰淇淋机，这些机器一次可制作约 1 到 2 夸脱的冰淇淋。

1920 年代初，一本名为《冰块、果冻和奶油大全》（*All about Ices，Jellies，and Creams*）的英国食谱指出："人们广泛使用的是老式冰淇淋机，因为在制作少量冰淇淋时，老式机器的优点就能凸显出来。"插画师给这篇文章配的插图是一台老式冰淇淋机。作者表示，相比起人造冰，他更喜欢天然冰。市场上的冰淇淋机五花八门，"都声称自己是最好的。如果有人相信商家所说，那是因为他们自称只需用很少的冰，付出最少的劳动，就能收获最好的冰品。"㊽

批 发 经 营

直到 19 世纪中叶，冰淇淋制作仍是非常地方化的产业。甜品师和厨师会把他们制作的少量冰淇淋卖给本地散客，偶尔也会卖给本地的酒店或餐饮承办商。但是和其他产品一样，冰淇淋也在悄然发生着巨变，朝着大规模商业化经营的方向发展。得益于冷冻工艺、冰块供应以及低成本糖大量生产，冰淇淋的产量实现了一次飞跃，逐渐具备了商业化大规模经营的氛围。与此同时，铁路运输的出现，也使得冰淇淋的运输和销售发生了巨大的改变。

来自马里兰州的贵格会教徒雅各布 • 福塞尔（Jacobo Fussell）是美国第一位冰淇淋批发商。福塞尔之前在巴尔的摩经营牛乳产业，不过他是牛奶商而非牧场主。福塞尔从宾夕法尼亚

州约克郡的荷兰裔农民那里收购牛奶、黄油以及奶油。福塞尔雇
用的工人们会把收来的乳品用冰保鲜，装入北方中央铁路的火车
车厢里运往巴尔的摩。在巴尔的摩，分销商会把牛奶等乳制品卖
给当地的城市居民。巴尔的摩的市民们已经厌倦了变质的城市
牛奶，而钟情于来自农村的新鲜牛奶。因而那几年，福塞尔赚得
钵满盆满。然而，到了 1851 年的夏天，福塞尔发现自己生产的奶
油已经供过于求。聪明的他并没有被动等待富余的奶油变质，而
是将其做成冰淇淋出售。事实证明，福塞尔的冰淇淋得到了巴尔
的摩市民的热烈欢迎——其中一个重要原因是，将近一夸脱的，
甜品店售价 60 美分的冰淇淋，福塞尔只卖 25 美分。

　　小赚一笔的福塞尔看到了更大的商机，他迅速在宾夕法尼亚
州七谷市接近奶油生产地的地皮上建设了一家工厂。在 1853 到
1854 年版本的《巴尔的摩城市黄页》(*Baltimore City Directory*)
中，有关福塞尔工厂的信息是"乡村农产品经销商雅各布·福塞
尔（冰淇淋 25 美分/夸脱，交货方式为冰淇淋模具或其他方式，全
天候营业）。"[56] 1854 年，福塞尔把公司迁到了巴尔的摩——比起
接近货源地，靠近市场对冰淇淋产业而言是一个更好的选择。按
照这一思路，在随后几年间，福塞尔又在华盛顿特区、波士顿接连
开出了两家工厂。在 1863 年，福塞尔终于在纽约开出了冰淇淋
工厂，由此他也成为纽约首个大型冰淇淋批发商。当福塞尔抵达
纽约时，当地甜品协会对他表达了热烈的欢迎，但同时也警告他，
如果不同意协会规定的定价，他就会被驱逐出纽约的冰淇淋界。
福塞尔果断拒绝了纽约甜品协会的定价要求。尽管他确实因此
遭到了一些本地势力的打压，最终他还是战胜了一切困难。福塞
尔坚信冰淇淋市场需要公开、透明的定价，而非秘密的幕后交易。
他的逻辑是，如果有人一次性买多于 5 加仑的冰淇淋，那么他就

会给出 1 美元/加仑的优惠价,而如果只是少量单买的话,那么冰
淇淋的价格就是 1 美元 20 美分/加仑。同时,他会以每加仑 1 美
元的价格卖给旅馆、美食集市和教堂。他时常有自己的定价理
念:"我们虽然没有为了吸引顾客去做打折、捐赠及广告活动,但
我们能自主决定教堂和慈善用品,不会为了吸引顾客而事先透露
情况。"⑤

福塞尔不仅精明,还很讲原则,他是一个积极的废奴主义者。
但是有时他激昂的进步主义演讲也会激怒听众,使他置身于危险
境地。虽然风险极大,但是福塞尔还是坚持参与了"地下铁路"行
动,帮助饱受折磨的南方黑人奴隶争取自由。南北战争结束后,
他还为新解放的奴隶赞助了一项住房开发工程,帮助他们解决安
居问题。随着生意不断壮大和繁荣,福塞尔也拥有了自己的合伙
人以及帮手,其中,有 一位名叫詹姆斯·霍顿(James Horton)的
年轻人在 1874 年接棒了福塞尔的庞大产业。这家以霍顿命名为
"J. M. 霍顿冰淇淋公司"也成为美国第一家冰淇淋的出口公司。
1891 年圣诞节,"汉堡美国人"号蒸汽邮船驶离了纽约港,开启了
一场环球航行,这艘蒸汽船的船舱里装载着将近 1 000 块霍顿牌
冰淇淋砖。⑧此后,在横渡大西洋的客运轮船上,冰淇淋登上了甜
品菜单的保留项目。1928 年,波顿公司的子公司将霍顿公司收
购入旗下。

冰淇淋批发业务在英美两国开始的时间大致相同,但各自的
起步情况并不相同。1817 年,卡洛·加蒂(Carlo Gatti)出生在瑞
士的一个富裕家庭,他的母语是意大利语。青年时代,加蒂移民
去了法国巴黎,在巴黎,加蒂靠卖栗子和松饼(gaufre)谋生,那时
的松饼是一种类似华夫饼的糕点,也是今天甜品冰淇淋的前身。
1847 年,他又搬到了伦敦的意大利移民聚居区,在那里卖起了松

饼。此后不久，加蒂就在亨格福德市场的大厅里拥有了一家自己的咖啡馆。这家咖啡馆用落地玻璃窗、大理石桌子以及奢华的红色天鹅绒座椅装点各处，最为吸引人的是这里价格公道的冰淇淋，有大批顾客蜂拥而至。

　　当然，加蒂的目标不仅是经营一家咖啡馆。很快，他就变成了英国首位批量化生产冰淇淋的商人。到了1858年，加蒂声称自己每天能卖出价值1万便士的冰淇淋。生意扩大之后，加蒂还专门成立了一家公司，他的公司从挪威进口原料冰，到1870年代，该公司已经采购并投入了多达60辆的运冰车。在此期间，加蒂与亲人和同胞合作，又新开了很多家咖啡厅、餐厅、音乐厅、巧克力公司以及糕点店。加蒂还经常鼓励和帮助其他瑞士裔和意大利裔移民创业。1878年，时年61岁的加蒂逝世，但相关家族生意在他的身后得以延续，一直到1981年才最终收场。[59]

　　总体上看，美国的大规模冰淇淋批发生意最为成功。南北战争结束后，美国的食品生产日益商业化，美国企业在全球冰淇淋产业中占据了主导地位。许多欧洲的甜品师甚至跨越大西洋来到美国购买冰淇淋机，仿制美式冰淇淋，以此寻求商机。其他国家的客商纷纷称赞美国是"冰淇淋之国"。[60]之前一直仿效欧洲的美国冰淇淋产业开始树立起自己的新标准。根据1875年《甜品师杂志》报道，费城有30家算得上大规模的甜品店在批发冰淇淋。1892年，宾夕法尼亚州立大学成为全球首家开设冰淇淋制作专业的高等院校。在法国和意大利的刊物上，一些美国生产的冰淇淋冷冻设备广获好评。1891年，作家佩莱格里诺·阿图西（Pellegrino Artusi）在首次出版的《烹饪科学与美食艺术》（*La scienza in cucina el'arte di mangiar bene*）里向读者推荐了美国的新型冰淇淋机。该书英文版序言写道："美国的新型冰淇淋机不仅兼具三种功能，甚至还不需要抹刀。如果你用上这款冰淇淋机，那么冰淇淋的制作将会变得无比简单方便。那时候人们会觉得如果不经常享用冰淇淋的话，简直就是既遗憾又让人感到羞愧的事情”。(61)

1907 年，朱塞佩・乔卡（Giuseppe Ciocca）在《现代甜品》（*Il pasticciere e confetiere moderno*）中指出，美国的冰淇淋机不需要打开盖子搅拌原液，所以它制作出来的冰淇淋非常轻盈软糯。著名的意大利美食历史学家阿尔贝托・卡帕提（Alberto Capatti）和马西莫・蒙塔纳里（Massimo Montanari）在《意大利美食：一部文化史》（*Italian Cuisine: A Cultural History*）里分析了意大利冰淇淋机的衰落和美国冰淇淋机的兴起。卡帕提和蒙塔纳里指出，十九二十世纪之交，由于缺乏资本，意大利的专业冰淇淋只停留在个别人的小圈子里，直到 1920 年代，意大利专业冰淇淋机的情况才有所改变。两位作者引用当时意大利著名厨师兼作家阿马迪奥・佩蒂尼（Amadeo Pettini）的表述称：“无论未来技术如
102 何发展，我们意大利人无疑是创造冰淇淋文明的鼻祖。要知道好几个世纪以来，意大利一直是世界上最重要的冰淇淋生产策源地。”(62)

当然，并非所有人都对美国冰淇淋批发业的成就感到满意。甜品店把那些成功的批发商视为敌人，他们抓住每一个可以搞臭批发商产品的机会，不遗余力进行诽谤。1883 年，《甜品师杂志》的编辑对刚进入冰淇淋行业的年轻人提出了一段忠告：

> 作为一个初学者，你的所有目标和努力应该聚焦到洋溢着诚实品质的地方。因此，你的产品应当纯净而不掺假，重量上一夸脱就是一夸脱，而不是做一些空洞夸大的虚假文

章。消费者们想要买的是冰淇淋，而不是什么氛围。我的建议是，不要让信誉不好的公司去代工产品，也不要试图生产那些劣质产品，比如夹心奶油、教堂集市的慈善奶油、寄宿所和救济院的奶油——这些都不是奶油，只是泡沫状、像水一样的"泥浆"，更不要想着去添加那些糟糕到只有魔鬼才会了解其化学成分的"调味品"。

但是传统冰淇淋的日薄西山无法阻挡。批发商、冰淇淋商店、苏打水杂货店和街头小贩都把冰淇淋视作一种大众产品，而不是一种独门美食——那个少数精英甜品师主导一切的时代已然落幕。

第五章
为冰淇淋疯狂

　　19世纪初,当冰淇淋小贩开始出现在城市的街道上时,内心最兴奋的无疑是孩子们。与儿童们相比,成年人的反应则更为暧昧——起初,人们对冰淇淋颇为欢迎,但很快许多人的内心就不再那么悦纳冰淇淋了。人们开始怀疑冰淇淋的质量,担忧小贩的卫生状况,更对不卫生环境中生产的冰淇淋满腹狐疑。与此同时,小贩们在街上叫卖冰淇淋的噪声惹怒了许多人。那些时髦的甜品店和冰淇淋店老板完全瞧不上小贩。社会改革派也无法接受小贩沿街叫卖冰淇淋的行为,这些进步人士认为小贩会榨干穷人本身所剩无几的积蓄,而吃冰淇淋这件事实在没有什么意义。直到19世纪末,美国街头许多叫卖冰淇淋的小贩都是移民,这种移民文化正是其他美国人对冰淇淋小贩存在偏见和文化误解的一个源头。总体而言,冰淇淋小贩的生活并不如意。

　　从19世纪初开始,许多美国城市周边的乡下人都陆续到城里兜售他们制作的冰淇淋。起初,乡下人带到城市的冰淇淋受到了部分消费者的赞扬。1850年,一位化名"观察者"的费城作家出版了《城市的呐喊》(City Cries),这本书里讲述了各种各样小贩的日常景观。作者在谈到冰淇淋时说:"冰淇淋!乡下人卖的冰淇淋品质非常好。那是货真价实的土产新鲜冰淇淋,虽然这些冰淇淋只能在大街、市场和广场上买到，但即便如此，连最刁钻的食客都会对它竖起大拇指。"据作者说，"最卖力的吆喝者"是那些肩扛罐装柠檬和香草冰淇淋的黑人小贩。他承认他没有尝过黑人小贩售卖的冰淇淋，但他表示尽管"非洲的东西无法与帕金森甜品店相提并论，然而这也不意味着它不好吃"。①

在 1851 年的伦敦街头，从苹果到鳗鱼，各种各样的生鲜产品都有小贩出售，但总体上来说，冰淇淋还是罕为人知。当维多利亚时期著名街头生活记录者亨利·梅休（Henry Mayhew）向小贩询问冰淇淋是什么时，小贩满脸惊讶地答道："街上有人在卖冰！还有人卖果冻、假海龟等，在这些摊子后面你会看到真正的小碗冰淇淋，先生……我真不敢相信居然会有便宜到一分钱一杯的香槟酒。"②

虽然连小贩自己都表示怀疑，但冰淇淋还是无可阻挡地涌上了美国街头。当时，许多初次品尝冰淇淋的食客会觉得吃冰淇淋的体验并不美好。梅休在他的著作里谈道，在伦敦史密斯菲尔德市场，有一位街头小贩驾着一辆小马拉着的馅饼外卖车在市场上叫卖，这辆车里装着诱人的馅饼、乳品以及冰淇淋。每当有顾客经过，这位小贩就会高喊："覆盆子奶油！覆盆子冰淇淋，只要一分钱一杯！"梅休如此描写道：

> 这个街头小贩的生意非常好。去年，街头冰，或者说冰淇淋生意惨淡，尤其是在格林威治公园，但今年似乎收益颇丰。史密斯菲尔德市场的小贩会把冰淇淋分装在小杯子里售卖。他只是把杯子浸在脚边的一个容器里，转眼间杯子里就装满了奶油。消费者们感到十分迷惑，他们根本不知道如何品尝冰淇淋，甚至不得不用手蘸着冰淇淋一尝它的味道，

他们对冰淇淋感到十分不适，他们的牙齿在不停地打战。我
听到一位牧民嘴里不停地嘟囔着："我的肚子里好像在
下雪！"③

到了19世纪下半叶，意大利移民的涌入使得街头冰淇淋小贩
的圈子迅速扩大。一贫如洗的意大利平民为摆脱政治动荡和艰苦
物质条件，纷纷移民到美国和英国。来自意大利农村的移民尤其
多，反复的政治动荡和封建压迫使他们不堪苦难，远走他乡。甚至
直到1861年，现代意大利国家建立之后，农民和劳工面临的许多
问题仍未得到有效解决，于是许多意大利平民还是会选择远赴英
美，寻求美好的生活。当意大利移民抵达英美，他们必须找到一
条新出路，并克服各地普遍存在的地域歧视问题。要知道，早年
间美国的部分政客和作家会用"一无是处的杂种""身材矮小、皮
肤黝黑、黑头发、长脑袋的人"和"人渣败类"④等污名化措辞来攻
击他们。19世纪末20世纪初，一首题为《大门无人看守》的诗嘲
讽了来到美国的那些"疯狂而混杂的人群"。这首诗写道："那些
凶暴的人群……语言奇奇怪怪"及"威胁的口音"⑤1891年，来自
新奥尔良的暴徒甚至还枪杀了一群刚刚被判谋杀罪名不成立而释
放的西西里移民。《纽约时报》在报道中把西西里人形容为"偷偷
摸摸、怯懦胆小"的人。⑥1924年的《移民法案》将这股反对移民的
浪潮推向了巅峰。在移民法案的强大限制压力下，南欧和东欧新
移民不断减少，最后波涛汹涌的移民浪潮终于化成了涓涓细流。⑦

1860年代到1920年代，许多移民美国的意大利人来自南部
贫穷农村，他们普遍是没有文化的年轻男孩。由于这些移民并未
做好在美国谋生的充足准备，因而他们不仅受到美国人的排外欺
负，也会被自己的同胞们欺凌虐待。当时大多数意大利裔移民都

会被那些较早来到美国的"包工头"控制。这些前辈移民能说一
口流利的英语,老移民不仅会凭借长年积累的经验占据优势地
位,更会从新移民的身上榨取利益。这些包工头会以中介身份,
帮助新移民找到工作并安排住房。不过,包工头给安排的房间通
常是极端廉价和拥挤的出租房,这些出租屋里一般都会塞进十几
个人同住。同样,包工头给新移民安排的工作也不会好到哪里
去。甚至新移民还要从工资里抽出一部分献给包工头作为答谢。
更有甚者,有的包工头会收缴新移民的所有工资,新移民只能从
包工头那领取微薄的所谓"补贴"。虽然也有较为仁慈的包工头,
但多数包工头都会滥用权力,他们会利用移民的语言障碍,滥收
高昂的"服务费用"。1901 年,纽约市意大利移民管理局的埃吉
斯托·罗西博士(Dr. Egisto Rossi)在一份报告中写道:"包工头
制可以定义为新移民被迫支付钱财,"孝敬"那些已经熟悉当地生
活方式和语言的老移民。"⑧

106

大多数意大利裔移民并没有一技之长,他们要么去当小工,
要么就上街兜售小石膏人像。还有一些人成了不怎么需要音乐
才能的风琴艺人,他们只需要转动风琴上的一个齿轮,风琴就能
自主演奏出美妙的音乐,路人只需稍微付一点钱就能享受一场听
觉盛宴。实际上,当时有越来越多的意大利裔移民从事风琴行
业,甚至可以说多得让路人有些厌烦了。有些富人干脆丢下两块
钱让他们赶紧走,或者连警察也会赶来驱逐他们。于是乎,后来
老板们开始让新移民贩卖冰淇淋,不再演奏风琴。与此同时,当
时冰淇淋的原料变得便宜且容易获得,因而调配冰淇淋原液、运
用简单配制的冰与盐将其冷冻,不像之前那么困难了。这些冰淇
淋成品会被打包装进一个周围填充着冰盐混合物的容器,随后被
装入一辆小推车里,由新移民们推着满城售卖。就普遍情况而

论,老板会提供冰淇淋和手推车,工人们则被期望推着冰淇淋车能够售卖一空,带回满满一车的金钱。

19世纪后半叶,英美两国的意大利移民普遍处境不佳,堪称难兄难弟。当时英国的意大利移民也都是来自农村的男性,他们会从意大利步行到法国,然后乘船横渡英吉利海峡,最后摇身一变,成为英国城市中心的小贩。和美国的情况相同,最初的意大利移民也是做风琴艺人或石膏人像小贩,但到了1880年代,英国的意大利裔移民也开始贩卖食物——很多老板来自意大利的栗子种植区,因此他们会在小贩的手推车上装上小炉子,一到冬天就让小贩上街去卖烤栗子。然而到了夏天,意大利移民区的地窖里就会出现一批制作冰淇淋的人,每天一早他们就会把冰淇淋提前冻好,然后在手推车里装满冰,带去街上贩卖。假如某一天晚上小贩带回的钱少于老板的预期,他们就必须为营业失误负责。有时候,某些老板雇佣的街头恶棍会假装买一盘冰淇淋,一旦小贩打开冰淇淋桶,恶霸们就会迅速丢一块泥土或石子进去,小贩的冰淇淋也就彻底被毁了,老板就是以这样的恶劣手段给予小贩们所谓的惩罚。

特里·科尔皮(Terri Colpi)在他的《意大利因素》(*The Italian Factor*)谈道,英国的意大利裔小贩由老板控制,但这种情况与美国有所不同。在英国,老板是雇主而非中介。英国的老板们负责招募移民,安置移民,并与被雇用者签订两到三年的合同。一般来说,合同规定老板为移民提供食物、衣服并安排住宿,作为回报,移民也应该把所有收入交给老板。但到合同期满,东家需要一次性付给移民一笔数额8到10英镑不等的酬劳。当时有英国媒体报道称,这些意大利劳工的住宿环境十分恶劣。1875年,一家英国报纸介绍了意大利裔劳工们的生活状况:"住宿条件极

其恶劣，已无视了一切卫生法规。有的房间里甚至被塞进了整整
十六张床，每张床上挤着三四个男孩，这些男孩在拥挤的床上回
想着他们祖国阳光灿烂的天空。"⑨

英国的老板们会代为保管劳工们的护照，因此合同期满之
前，工人们没有办法返回意大利。尽管有些老板也会公平地对待
工人，但那毕竟是少数。有些老板从未履行过他们的承诺，根本
没给工人发过他们应得的工资。更为可悲的是，很多移民都是因
为父母无力抚养，在年幼时便被送往英国。他们的父母本希望自
己的孩子能得到老板们父亲般慈爱的照顾。然而事与愿违，一如
科尔皮所述——下决定前要做好最坏的打算，因为这事实上完全
可能演变成一种奴役。⑩

到了 19 世纪末，英国和美国的这种"奴役"制度已基本消失。
出现变化的一个重要原因是那时大多数意大利移民已经履行合
同，并且既学会了英语，也适应了环境。其中还有许多人把他们
的妻子接来英国或美国，另一些在回意大利结婚后，再和配偶一
同返回英国或美国。与此同时，日益成熟的意大利社区也能给新
移民们提供必要的帮助和支持，他们渐渐形成了以祖籍地为纽带
的社会群体。最终，温暖的家庭取代了残酷的老板制剥削。而在
一些虐待事件被曝光后，英美两国联合意大利当局通过了保护儿
童移民和劳工权利的国际法律。

108

后 患 无 穷

19 世纪末，大量的研究成果和新闻报道向公众揭开了一个
不为人知的隐秘世界——许多人们理所当然地认为安全有保障
的食品，其实早已被污染了或是严重造假。公众逐渐认识到，他

们食用的肉类已被污染，乳制品也不干净，像茶、果酱、调料、芥末、咖啡和糖果等常见食品中皆含有铅、铜、汞等有毒有害成分。在当时流传着这样一则调侃："以前年轻女子可以用男友送的糖果来验证爱情的坚贞，而当食品安全知识普及后，女孩子可能会觉得送她糖果的男朋友其实是想谋害她"。⑪

　　在当时，城市牛奶供不应求的趋势日益突出。随着城市人口的增长，奶制品的消费需求日益增加，与此同时，酿酒厂的废料也与日俱增。因此，越来越多的牛被圈养进围栏里，吃着酿酒厂的垃圾，为人类供应牛奶。这种牛奶就是臭名昭著的"泔水奶"。到了1860年代，已经有许多城市开始通过立法手段防范奶牛饲养业的种种乱象。直到1890年代，美国才出现了经过巴氏消毒的城市乳品产业。而在此之前，市民们饮用的牛奶中常常含有猩红热、白喉和牛结核病等传染病的病原，时而也会引发瘟疫人流行。牛奶领域的乱象也殃及了冰淇淋产业。只要冰淇淋里含有"泔水奶"，那么不管冰淇淋是在时尚的高档商店抑或拥挤的廉价出租屋里制作，最终的成品都会被有害物质污染。当然，在后续环节里，冰淇淋也会遭到很多污染。由于制作场所的卫生状况普遍不佳，同时根本没有人检查冰淇淋工厂的清洁状况，更没有人确保厨师的手部和设备是否充分清洗。同样，如果冰淇淋工厂偷工减料，没有在冷藏时用足冰盐混合物，那么这种成品很可能是已经腐败了。在那时，有人讽刺小贩们的不卫生冰淇淋道："馊牛奶，加点糖，就是冰淇淋"。⑫

　　当时的冰淇淋消费也很不卫生，小贩们会用一种叫作"便士舔"（penny-licks）的小口玻璃杯装冰淇淋，那些食客要么把冰淇淋从杯子里舔出来，要么用手指把冰淇淋抠出来。然而当顾客吃完后，小贩只会把用过的便士舔放在水里浸一下，再用一块破布稍微擦一擦，就装上冰淇淋给下一位顾客。

到了 19 世纪末，联邦政府的多个部门齐心协力开始推进食品安全的监管和食品质量标签的改革。这些措施还有利地转变了英美等国一些食品的生产和销售方式。1870 年代，"纯净食品运动"在英美等国普遍兴起，这个契合民众利益的公益团体支持通过立法来规范食品生产，他们积极响应政府反对食品掺假的宣传行动。1906 年，美国国会通过了《纯净食品与药品法案》，这一法条使得人们对细菌以及清洁的重要性有了全新的认识。与此同时，众多媒体也对移民恶劣的生活条件进行了广泛宣传，有良知的人士开始意识到问题的复杂与严重。这些因素都对英美两国的冰淇淋生产与销售产生了巨大的影响。

当英国科学家在冰淇淋内以及清洗便士舔的水中发现了有致病风险的细菌后，伦敦的有关管理部门就不允许在任何"棚屋、住房或客厅里"生产冰淇淋等冰饮。[13] 英国科学家的发现被媒体广为传播，相关消息影响到了冰淇淋制造商的切身利益。英国甜品师和《冰品和苏打水饮品》一书的作者迈克尔（P. Michael）评论道："这一消息导致冰淇淋的销量大幅下降，即使是在销量最好的商店也不例外。"迈克尔比他的同行更加同情这些意大利冰淇淋小贩的遭遇，他写道："也许'冰淇淋丑闻'带来的唯一利处，就是击破了普遍存在于英国各意大利移民聚居区的'老板'陋俗。那些小伙子来自意大利农村，他们一无技能，二不识字，再加上刚刚移民，初来乍到的他们只能任由老板摆布。这些年轻人领着微薄的工资，住在恶劣的环境中，甚至每当天公不作美，收益不好时，那些可怜的工资都会被老板的拳打脚踢取代。"[14]

1908 年，毕业于宾夕法尼亚大学的细菌学家玛丽·恩格尔·彭宁顿（Mary Engle Pennington）博士被委以重任，负责确

110　保全费城牛乳及相关奶制品的卫生安全。彭宁顿向冰淇淋小贩代表展示了反映他们冰淇淋桶里细菌滋生状况的幻灯片，使得小贩们确信他们有必要改善自己摊位的清洁状况。小贩们答应彭宁顿他们会把用于餐饮服务的锅和勺子煮沸消毒，同时也承诺，他们还会与奶农合作，把控奶制品的源头质量。可以说，费城冰淇淋等乳制品享有的良好声誉，一半要归功于彭宁顿的工作。⑮

　　1906 年，全美消费者联盟在纽约发布了一篇题为《出租屋里的食品生产》的专题报道。该文详细描述了冰淇淋、糖果和通心粉是如何在纽约拥挤的公寓里被生产出来的。报道提到，一位男工人在他的公寓里制作通心粉时，一名罹患传染病白喉的孩子就躺在原料旁边。这名工人时而抱抱孩子，然后竟然没有洗手就把通心粉从机器里拿出来晾晒。这些被污染的通心粉随后被送上大街，叫卖给食客。在当时，其他一些食物也是在类似恶劣的卫生条件下制成的。此外，全国消费者联盟不仅关心食品卫生问题，也十分担忧食品业童工的福祉。该联盟的报告表示："任何食品行业的家庭工坊都会对社区的整体健康构成威胁，而且家庭工坊对劳动时间和童工人数都没有限制，劳动报酬也普遍很低，简直就是'人间地狱'。"⑯

　　此后不久，纽约市通过了一项规范食品类家庭工坊的专门法规，这项规定明令禁止在出租屋内制作冰淇淋。除此之外，城市管理方也开始监督冰淇淋推车小贩，为符合条件者颁发营业许可证。按照规定，冰淇淋小贩必须从有质量保证的批发商那里采购冰淇淋，然后进入商店或驾驶着获得许可证的小推车出售产品。在当时，一辆冰淇淋小推车的许可费不会少于 10 美元，不同地区的金额并不相同。当时的纽约有两种冰淇淋零售许可证：一种是"移动许可证"，另一种是"固定许可证"。前者颁发给那些流动性较强的小贩；后者则发给在繁华街区定点营业的小贩。乳制品业历史学家拉尔夫·塞利泽（Ralph Selitzer）在他撰写的《美国乳制品行业》(*The Dairy Industry in American*)一书中提到，当时小贩平均每天只能赚 5 美元左右，因此在他支付了 1.5 美元的推车租金和 2.5 美元的冰淇淋货款后，自己的腰包里只剩下了 1 美元。当然，也有部分批发商允许小贩免费使用他们的冰淇淋小推车，不过前提是小贩只批发他们家所产的冰淇淋。[⑰]

111

制作廉价冰淇淋

很显然，当时人们对意大利小贩普遍存在偏见，他们冰淇淋的质量也不被人们真正关心。商店老板、冰淇淋批发商和其他人对街头摊贩的蔑视往往来源于他们的偏见和对竞争的恐惧，病毒传播不过是一个借口和幌子。1901 年 5 月 26 日《纽约论坛报》的一篇文章描述了贫穷、衣衫褴褛的孩子们挤在一辆冰淇淋小推车周围："从早到晚，孩子们都用冰淇淋填饱肚子……孩子们的钱又是从哪里来？……这是处于底层阶级的父母对孩子的爱——吃冰淇淋吃得饱饱的！他们的爱虽'廉价'，却深情。父母们没有足够的钱给孩子买些穿的，但尚能负担起一个五分钱的冰淇淋。"[⑱]

"街头冰淇淋"(Hokeypokey)是一个形容小贩们卖的劣质冰淇淋的贬义词，然而它也可以用来讽刺冰淇淋小贩本身。这个短语可能源于意大利语的小贩叫卖"来一点吧！"(Ecco un poco)，这个短语被英语母语的顾客听到后，一直在重复也就产生了"Hokeypokey"这一说法。另一种观点认为，它可能来自魔术师和杂耍演员在模仿天主教弥撒时所使用的一个拉丁短语——

"Hocus pocus"，这是对祝祷词"Hoc est corpus meum"（这是我的身体）的亵渎用法。当针对冰淇淋时，"Hocus pocus"也就变成了对这种甜品的亵渎。在当时，人们觉得街头小贩和街头艺人是江湖骗子，指控他们给牛奶兑水，也批评他们挂羊头卖狗肉，欺骗消费者。正因如此，人们也不再相信冰淇淋小贩，小贩也就自然蒙受了富有贬义的绰号——"街头冰淇淋"（Hokeypokey）。

甜品师总是特别鄙视街头的冰淇淋小贩。早在 1878 年 5 月，在一期《甜品师杂志》上，巴黎的甜品师詹姆斯·帕金森指出："在欧洲的大街上，小贩们和在美国的情况如出一辙，他们叫卖着冰淇淋，把廉价的甜品兜售给穷人。我对此感到非常遗憾，因为如果要将冰淇淋价格压低，那么难免要在其中掺杂很多有害健康的成分……只有服务上流社会的商店里买到的冰淇淋才是绝对安全的。"⑲

1900 年代，一本名为《冰：朴素与装饰》（*Ices: Plain and Decorated*）的书对冰淇淋留下了大段分析，本书作者英国甜品师弗雷德里克·维恩（Frederick T. Vine）谈道：

> 毫无疑问，冰淇淋能创造丰厚的利润，甜品师更愿意精益求精地制作高水平的冰淇淋。而长得黑黢黢的意大利人每年都带着花哨的小推车和奇形怪状的冰来到英国赚钱。不可否认，这些廉价的冰淇淋确实迎合了英国大众的口味，如果不是这样的话，也就不会有大量移民涌入英国了。毫无疑问，这种贸易有利可图，否则怎么会有人坚持呢？⑳

这段话是维恩为甜品师而写的，普通民众不是他预期的读者，然而维恩的这段话却以普通民众为主人公。的确，在具有特权的社会上层人士眼中，冰淇淋小贩是不受待见的，这就是为何有人将冰淇淋小贩称为"冰淇淋人"。

随着时间的推移，街头冰淇淋这个称呼不再带有贬义，而是成了流行童谣的一部分，有很多不同版本：

> 便宜冰淇淋，一便士一份。
> 冻住你的肚子，急得跳起来！
> 冰淇淋，甜而冷。
> 一便士，新或旧。

它也成为伴舞用的流行歌曲：

> 冰淇淋人，
> 伸出你的右脚，
> 收回你的右脚
> 伸出你的右脚，
> 到处摇摇你的脚。

113

> 来做这些动作，
> 自己来回转一圈。
> 就做这些动作，
> 伸出你的左脚……

早些时候，英国作家安德鲁·图尔（Andrew Tuer）在 1885 年出版的《老伦敦街的哭泣》（*Old London Street Cries*）一书中，对便士舔和街头冰淇淋进行了区分。奇怪的是，不同于其他作家，图尔并不认为是意大利商贩带来了街头冰淇淋。图尔向大众解释了便士舔和街头冰淇淋这两种新奇事物之间的区别，并举列了它们各自的优点和内涵成分：

> 对于伦敦夏天街头出卖的"便士舔"，大多意大利裔小贩无须叫卖，赌徒和车夫的孩子们会像苍蝇一般围住他的小推车。由于出卖便士舔的小贩不提供勺子，所以顾客们只能用手抠嘴舔这两种方式去品尝柔软的半冷冻冰淇淋。来自白教堂或新街口地区的伦敦市民也开始在街头兜售五颜六色的"那不勒斯冰"。这些伦敦本地的小贩总会奇怪地叫着"Okey Pokey"，但大家都不明白这个词究竟从何而来。和意大利裔小贩售卖的便士舔相比，街头冰淇淋硬度更高，也相对更受消费者欢迎。每一层街头冰淇淋都有不同的口味，未包装的售价为半便士，用纸包装的则要一便士。小贩会将待售的街头冰淇淋保存在一个周围放有碎冰的圆形金属冷藏罐里。与其他同样要用到玻璃杯的甜品相比，Hokeypokey 有一个优势——顾客可以打包带走，从而可以更加悠闲地享用冰淇淋。除此之外，街头冰淇淋还拥有多种多样的口味，它又甜又冷，刚从冰罐里拿出来的时候，硬得像块砖头。据说，把芜菁甘蓝捣成泥就可以代替奶油用作街头冰淇淋原料，这的确节省了不少成本。㉑

迈克尔表示"那些廉价的那不勒斯冰淇淋是从大块冰淇淋砖上切下来的，它们的大小一般为 2 英寸见方、半英寸厚，装在铺有白色衬纸的器皿里。"㉒这些大冰淇淋砖一般为 18 英寸×12 英寸大小，厚 2.5～3 英寸。三种不同口味的冰淇淋会被同时装入一个放置着纵向锡隔板的模具里，等冰淇淋注入后，制作者就会移除隔板，这样一来就能在一个横切的薄片中同时出现三种口味的冰淇淋。迈克尔还告诉读者，像这样的薄片冰淇淋一份只要一两便士。而孩子们还可以购买半份。据说，当时很多孩子都很好奇为什么切下来的冰淇淋薄片的颜色"能那么多样"。㉓冰淇淋生产者会把包装好的小块街头冰淇淋批发给小贩，而完整的街头冰淇淋大块则会售卖给冰淇淋店。与此同时，大块的街头冰淇淋也会出售给那些大家庭的管家，这些管家必须赶紧把大块的冰砖送回去，以免在路上就融化了。

虽然芜菁甘蓝替代奶油的做法看着很不靠谱，但似乎早期的便士舔或 hokeypokey 真的可能由一些我们猜不到的原材料做成。自从小贩们开始在批发商那里采购冰淇淋，批发商们主动公开的冰淇淋配方也就频繁见于报纸等出版物。翻阅美国《厨师食谱集》（*Dispenser's Formulary*），四种不同的配方便会映入眼帘。其中有三种配方都提出要使用玉米淀粉或明胶，甚至有个别食谱要求既添加玉米淀粉，又添加明胶。除了玉米淀粉或明胶，当时街头冰淇淋还会加入牛奶、糖和天然香精。也有一种配方指导厨师在制作过程中加入鸡蛋。相对最完整的第四种配方如下：

街 头 冰 淇 淋

在清洁的盆里放入 1 磅细砂糖，同时打入 12 枚鸡蛋，搅拌均匀。随后加入 2 夸脱鲜奶油或牛奶，以及 1 汤匙的盐、香草精。把混合物放在火上加热，不断搅拌至浓稠但不凝固的状态。之后再过滤混合物并倒入陶锅，等待其冷却时，把 1 盎司明胶融于牛奶或水。一切就绪，即可把冰淇淋原液倒入冰淇淋机中。需要注意的是，在冷冻全过程中必须格外谨

115 慎，耐心等待混合物完全冻结。冻结完成后，取出搅拌器，把冰
淇淋填入砖型模具，把模具深深地埋入冰盐混合物里。等原液
完全冻结成冰淇淋，即可像平常一样翻模。街头冰淇淋的保
存方法有很多，既可以将大冰砖保存在冰洞或冰罐里，也可
以将它浸在温水中切成较小的方块，用蜡纸包起来，装入盒
子中出售。㉔

美国《冰淇淋贸易杂志》(*American Ice Cream Trade Journal*)
也为小贩们提供了一份可以借鉴的专业配方：

五 美 分 冰 砖

3 加仑牛奶

1.5 加仑奶油

1 加仑炼乳

8 磅糖

12 盎司明胶

至少 4 盎司香草香精㉕

可以看到，这些食谱用料都是上乘的。虽然便宜，但那时的
冰淇淋商们绝不会以人们的健康为代价去牟利。尽管他们所使
用的材料不是最顶尖的，但是如果确实严格遵照食谱，那么冰淇
淋产品完全称得上物美价廉。为了使牛奶比例高于奶油的混合
物显得更加浓稠，冰淇淋制作者通常会在原液里添加明胶或玉米
淀粉。迈克尔认为，最好的明胶"不含有砷等有害物质"，但他的
这一观点并不正确。㉖即便明胶显然不利于健康，但它还是如同
玉米淀粉以及炼乳那样，成为商业甚至自制冰淇淋的常见配料。

甜品店和批发商学会了如何满足不同市场对廉价冰淇淋的各异需求。迈克尔还向冰淇淋制造商提出了一条实用建议："应该根据目标消费者的消费能力去定制不同的冰淇淋，对于不同的消费者，你可以使用奶油、牛奶或者果子露去制作不同档次的冰淇淋。"⑰

　　1907 年，来自艾奥瓦州的瓦尔·米勒（Val Miller）出版了《我与冰淇淋的 36 年》（*Thirty-six Years an Ice Cream Maker*）。这本书在提供冰淇淋食谱之余，米勒还凭借他丰富的经验就管理、服务和定价等问题对同行提供了指导。在备货方面，米勒建议零售商们批发"价格中等或更为便宜的冰淇淋，这些价位的冰淇淋比相对较好的冰淇淋会用到更多的明胶"。米勒给读者开列一份 1 夸脱版本的冰淇淋食谱，他认为这些冰淇淋可以切成八块厚薄相当的"Hokeypokey"。为了切割出更均匀的冰砖，米勒建议零售商们制作一台切分器，"这种机器会在两块调整好宽度的木条间钉上（锡或镀锌质地的）刀片"。米勒指出他设计的冰淇淋切分器可以"提高效率"，同时他也谈到他的冰淇淋配方可以切出 320 片冰淇淋，这样算下来，如果每片定价 5 美分的话，那么总共就能给小贩带来 8 美元到 9.6 美元的可观收入，而且这一数字只是一般零售商的获利，如果批发量较大，零售商会因为批发优惠而获得更大的利润。最后，米勒也提醒批发和零售商们"不应让冰淇淋售价低于 5 美分，同时更不要去回收商家卖剩下的冰砖，那将面临亏本的风险"。⑱

　　美国和英国的一些冰淇淋商贩甚至还合资开店，一方出钱，另一方出力。有些"老板"还会帮助冰淇淋商贩们开设店铺，其中一部分店家在冰淇淋生意火爆之后，又跟进开设了咖啡店和餐厅。1920 年代初，迈克尔在一篇文章中表示："老一辈意大利裔

116

移民开设的冰淇淋店都经营得不错，因此街头的冰淇淋小贩也就变少了，整个美国的冰淇淋市场一片繁荣。也有许多人相信，在生意更为兴隆的冰淇淋店的冲击下，街头的冰淇淋小贩会彻底销声匿迹。"⑳

　　并非所有的冰砖都由中等价位甚至更便宜的冰淇淋制成。虽然甜品师对街头小贩嗤之以鼻，但他们还是会用和小贩同样的货源去招待自己的顾客。有的甜品师也利用普通冰淇淋制作装饰性的甜点冰砖招待顾客。当时最受欢迎的是"国旗"主题冰淇淋砖，这种冰砖用不同的风味、颜色来模仿不同国家的国旗，一片三色冰淇淋拼在一条威化饼干"国旗杆"上，就变成了一面可以食用的国旗。1878 年，《甜品师杂志》的一篇文章建议，用巧克力、草莓和亮橙色的冰淇淋来表现德意志帝国国旗的黑、红、金三色。如果要制作意大利国旗的话，那么可以用开心果冰淇淋表现绿色，红色水果或玫瑰冰淇淋呈现红色，橙子冰则可以表现其中的黄色。这里有一个很有趣的问题，现实中意大利国旗的颜色应该是红绿白三色，然而冰淇淋制作者却用黄色替代了白色。

冰淇淋三明治

　　在当时的美国，街头贩卖冰淇淋的手推车都会用纸把商品盖住，如此一来，既便于储存，方便携带，又能够做到清洁卫生。这类储存方法非常实用，也收获了众多拥趸。后来，店家们也开始用饼干或曲奇代替覆盖冰淇淋上的那层纸，于是乎，一种新颖而又便于长久保存的"冰淇淋三明治"诞生了。我们今天也很难得知，究竟是批发商最先想到冰淇淋三明治这一创意，并把它卖给小贩,还是一位具有创业精神的冰淇淋小贩先于批发商想到,自行动手制造出了冰淇淋三明治? 但也有许多记载表明,来自纽约的冰淇淋小贩们可能是最初想到这一创意的"功臣"。1901 年 3 月,《美国厨房杂志》转载了《纽约邮报》(*New York Mail and Express*)的一篇文章,就以"一种新型三明治"为标题。这篇文章的开头写道,"纽约市中心的某餐馆宣称他家有 30 种不同的三明治,其中包括火腿、鲑鱼以及奶酪,甚至还有最新推出的冰淇淋三明治。如果当时有餐馆想要利用这一杰出创意牟利的话,他们完全可以申请冰淇淋三明治的专利,并以此赚取数千美元的丰厚利润。然而,令所有人感到诧异的是,冰淇淋三明治很可能是从鲍威利的一辆不起眼的手推车里走向世界的,当时它的售价仅为一便士。"这篇文章的作者接着谈道,冰淇淋三明治不那么冰,对于喜欢它的馋嘴儿童来说,简直就是绝佳选择,作者解释称:"冰淇淋三明治的威化饼干层可以使冰淇淋在入口时不那么冰凉,大大改善了食用体验。"文章还描述了冰淇淋三明治的制作过程:

> 将尺寸合适的牛奶薄饼摊入锡制模具,从冰箱中取出冰淇淋,挤入模具中,再压上一块威化饼干。完成后,将冰淇淋三明治从模具中取出,制作过程不过短短几秒。当时,鲍威利的冰淇淋推车小贩独家经营所有的冰淇淋三明治生意,他们的推车边总是围着一圈又一圈的顾客,让其他商贩羡慕不已。㉚

118

事实上,早在《美国厨房杂志》报道之前,冰淇淋三明治早已面世。1902 年的《纽约论坛报》就记载了冰淇淋三明治的制作方法及市场价格。文章指出,冰淇淋三明治的历史其实可以上溯到

1899 年：

> 把薄而长的威化饼放在一个专门制作冰淇淋三明治的
> 小锡模里，涂上松软的冰淇淋，然后把另一块威化饼盖在上
> 面。冰淇淋三明治总价一美分，这是美国纽约男孩们斗争的
> 结果。冰淇淋三明治三年前刚上市时售价两三美分。这种
> 冰淇淋三明治用到的冰淇淋更多，但是囊中羞涩的男孩们显
> 然对它望而却步……男孩们想要一美分一只的冰淇淋三明
> 治……去年，冰淇淋三明治售价真的降到了一美分。㉛

冰淇淋三明治在许多地方广受欢迎。有报道称，从社会名流
的银行家到社会底层的鞋匠，不分阶级，不分财富，不讲男女都排
着长队购买冰淇淋二明治。有一篇报道提到：华尔街的"证券经
纪人也会自己去买冰淇淋三明治，和送餐小哥、办公室职员等工
薪阶层一起挤在人行道旁享用。这构成了街头一种独特的新时
尚。"㉜但是在当时，似乎许多人都不了解冰淇淋三明治的具体制
作方法，譬如有的人认为冰淇淋三明治是做好之后再塞进模具里
的，也有的人说冰淇淋三明治就是在威化饼上涂点冰淇淋，然后
再盖上另一个威化饼，所以这里提到的威化饼完全可以替换成牛
奶饼干、薄威化饼、水晶片或者冰片。还有的报道则认为冰淇淋
三明治是由"两块全麦薄饼夹着冰淇淋做成的"。㉝

全麦威化饼的开创者是西尔维斯特·格雷厄姆（Sylvester
Graham），他本人非常排斥用肉类、糖、白面粉、辛辣食物，以及咖
啡、茶和酒精去制作威化饼。虽然格雷厄姆生前没有批判冰淇淋
三明治，但很难说在 1851 年他去世后，全麦威化饼被用于制作冰
淇淋三明治的是否遂其意愿。㉞

　　紧跟时尚潮流的甜品师也开始制作起冰淇淋三明治,而饼干商也紧追时代潮流,做起冰淇淋相关的华夫饼生意来。查尔斯·赫尔曼·森(Charles Herman Senn)是一名就职于伦敦国家烹饪学校的咨询顾问,他出版于 1900 年的《冰以及如何制作冰》(*Ices, and How to Make Them*)一书就收录了"冰淇淋三明治"食谱:

冰淇淋三明治(DENISES GLACÉS)

　　冰淇淋三明治的制作方法既方便又精致,也可以用各种各样的冰淇淋制作。其中,由皮克·弗里安公司制作的威化饼最适合制作冰淇淋三明治。该公司的薄饼虽然看起来既普通又轻薄,却不会影响冰淇淋的真正口感。待冰淇淋充分冷冻至可铺开时,在一块威化饼上摊上一层冰淇淋,再用另一块威化饼盖在上面,这样看起来就好像一个三明治。把做好的冰淇淋三明治装入冰桶或冰洞,同时每放一层就隔上一张纸,如此便能保鲜直至食用之时。

　　皮克弗里安公司恰好在《冰以及如何制作冰》这本书的封底给这款冰淇淋三明治登了广告,提醒读者"特别关注""本书第 69 页,里面讲到了如何用两片冰威化饼制作冰淇淋三明治"。[35]

　　几年后,《厨师配方》也记载了冰淇淋三明治的食谱:"选用两块巧克力、香草或草莓味的纳贝斯克威化饼,具体口味可根据顾客习惯调整,再在其中加入冰淇淋即可。"装盛冰淇淋三明治的小盒子里还会配上专用的叉子。作者指出,应该用冰淇淋三明治的专用餐具进食,如此才能"保持清洁美观"。[36]

出版物中的冰淇淋

120　　　一如迈克尔所言，冰淇淋三明治的出现意味着冰淇淋行业已经呈现出"欣欣向荣"的历史景观。于是，有关冰淇淋的出版物越来越层出不穷。许多书籍和杂志都向甜品师、批发商、冰淇淋店经营者以及越来越多的冷饮店经营者提供了实用的商业建议。在数不胜数的冰淇淋图书杂志中，《甜品师杂志》无疑是最重要的一只"领头羊"。《甜品师杂志》由著名甜品师爱德华·海因茨（Edward Heinz）和詹姆斯·帕金森共同创办于 1874 年。报道称《甜品师杂志》创刊时，费城已经拥有 400 多位甜品师，堪称美国甜品制造的一大重镇。《甜品师杂志》的订阅用户遍布全美各地，头　年的发行量达到了 5 000 份之多。当这本杂志出版到第三年时，它的订阅用户已经扩展至英国、澳大利亚、法国、德国、西班牙、意大利，甚至南美洲。

　　《甜品师杂志》既收录了非常有价值的信息，又以讹传讹了许多错误信息，简直就是一个矛盾体。其第一卷第一期第一个栏目的标题是"发刊词"，但并没有谈论这本杂志的出版目的或编辑理念，而是改写了吉恩斯 1861 年出版的《现代甜品师》的序言，甚至连吉恩斯对亚林很过时的评论都照抄了进来。《甜品师杂志》并没有说明发刊词内容的来源，读者在阅览时不免深感困惑——为何美国甜品行业最新发行的杂志会摘取 13 年前一位英国甜品师为其著作所写的序言，以此来介绍冰淇淋？随后的几期杂志中并无提及。

　　帕金森的母亲曾坦率地表示，她有关冰淇淋的食谱都来自乔治·里德。然而出人意料的是，多年以后帕金森竟然将他父母在冰淇淋中发挥的作用夸大到令人难以置信的地步——有一次，他竟然称他的父亲乔治·帕金森是世界上第一个制作冰淇淋的人。另一篇约请专栏作家写稿的文章则称，没有詹姆斯·帕金森就没有开心果冰淇淋。詹姆斯·帕金森甚至扬言，欧洲人根本不会制作冰淇淋，他们只做烤的、煮的或冷冻的蛋奶冻。虽然这些"甜点很不错"，但它们根本不是冰淇淋。㊲

　　尽管《甜品师杂志》的部分论断存在着一些失误，然而该杂志在当时的前瞻性和重要性不容小觑。这本杂志的专栏和广告向大众展示了 19 世纪至 20 世纪甜品业的诸多历史性变化。这本杂志甚至约请专业甜品师开设专栏撰文，为那些刚刚起步的新手指点迷津。专家们介绍了煮糖时的细微差别，也教授了如何雕刻冰架并在上面摆放冰淇淋或牡蛎，有的专家还说明了将冰塑造成水果和蔬菜形状的技巧，也介绍了食糖生产的历史，回答有关经营的问题，报道行业新闻，分享食谱。《甜品师杂志》还刊登了从糖果炉到陈列柜等各种生产用具的广告，也登出了从爆米花球到蜜枣、香蕉、菠萝等进口水果的商品简介。在当时的酒店、酒吧和冰淇淋店里，随处可见有关冰淇淋机的广告，这一切都预示着该行业已变得越来越商业化，而且竞争激烈。

　　《甜品师杂志》等其他出版物也记录了冷饮机的发展与转变，在当时的冷饮机里，从功能性饮料到药品再到冰淇淋，各种各样的饮品都能满足消费者的不同需求。19 世纪初冷饮机问世之际，它的菜单上并没有"冰淇淋"这一选项。当时的冷饮机与以治病为目的的水疗以及药剂密不可分，那时的人们会在冷饮机购买苏打水用于治病。这种传统可以追溯到古罗马人泡澡、欧洲人喝矿泉水的传统，当时的人们普遍相信在矿泉水里洗澡或饮用矿泉水有益健康。人们都觉得饮用苏打水能够保护自己的肝脏。到

121

了 18 世纪，化学家们发明了人造苏打水，冷饮机也就由此而流行开来。1870 年《美国药典》(*Pharmacopoeia of the United States*) 第五版修订时将苏打水列入药品。[38] 1898 年版《金氏药房指南》(*King's American Dispensatory*) 将苏打水定性为"提神，降温的饮料"，可用于治疗发烧、炎症、慢性胃炎，也可以缓解孕吐等孕反症状。[39]

122   在美国，首批出售苏打水机构与欧洲水疗中心的泵房在风格上如出一辙。1807 年，美国第一家"苏打水公司"在纽黑文开业。[40] 到了 19 世纪初，位于纽约华尔街的汤丁咖啡馆成为这座城市的商人聚会地，汤丁咖啡馆的一大特色是拥有一台制饮机，里面可以制作各种各样的水，这些水来自地窖里的专业设备，用一根藏在桃木柱子里的锡制管道运到了镀金的瓮里，新鲜的苏打水就这样被送到了酒吧。[41] 1809 年版《朗沃斯美国年鉴》(*Longworth's American Almanac*) 刊载的一则广告就将一家位于纽约的设有苏打水的商店，塑造成了无比温暖人心的形象：

> 那些早晨去冷饮机附近锻炼身体的人们，很多就是想乘着喝水的间隙在公园里活动活动，同时在朗沃斯先生的苏打水店里，泵房的桌子上摆放着免费阅览的报纸、小说还有其他各种图书。在这个充满新奇又积极健康的场所，娱乐和社交完美结合于一体。这种场所不仅有利于市民的健康，还可以成为绅士淑女全天候的休息室，这些休息室不仅优雅而且非常时尚。[42]

尽管设备十分笨重，但药商们还是在 19 世纪初安装上了人造苏打水设备。药商很快就垄断了全美国的药用苏打水业务。

埃利亚斯·杜兰（Elias Durand）是一位来自法国的移民，1825年，他在费城开出了一家药店。杜兰也是有史以来第一位在药店增设冷饮机以烘托气氛的商人。杜兰的药店被当时的人们尊奉成"贵格城最美丽的药店"，里面装点着法国玻璃器皿、陶瓷罐、桃木抽屉以及大理石柜台等奢华装潢，除此之外，该店的最大特色就是拥有一台"制造并售卖苏打水的设备"。㊸

几乎所有的早期饮料水都被称为"苏打水"，因为其中用到了苏打中的碳酸氢盐。但是当时的化学家和药剂师已经意识到这种苏打水的化学定名并不恰当，建议店家更换名称，可以使用的名称包括碳酸水（carbonade）、臭气露（mephitic julep）、臭气（mephitic gas）、矿泉水（seltzer）、水疗（spa）、含气碱（gaseous alkaline）、含氧水（oxygenated waters）、大理石水（marble water）、白垩酒（spirit of chalk）、碳氧化物气（gaz oxide de carbone）及含气酸（gaseous acid）。㊹ 然而在这些名称中，"seltzer"是唯一一个流传下来，经久不衰的术语。

123

19世纪中叶，大多数药剂师都会在装修简单的专门柜台内售卖药用苏打水。然而时过境迁，后来冷饮机变得越来越精致，装饰也越来越奇特。1858年，来自马萨诸塞州的古斯塔夫斯·道斯（Gustavus D. Dows）用白色大理石雕刻了一台酷似小房子的冷饮机。此后不久，许多冷饮机都成为模拟建筑的奇景，有的上面雕刻着仙女、狮身人面像、小天使、时钟、穹顶、希腊圆柱等维多利亚时代常见的装饰元素。也正因为用到了千奇百怪的装饰，一台冷饮机的成本在几百美元到几千美元不等，远远超出了它本身的价值。㊺ 1876年费城博览会期间，美国各地的冷饮机已经趋近饱和。展会上，来自马萨诸塞州的詹姆斯·塔夫茨（James W. Tufts）和宾夕法尼亚州的查尔斯·利平考特

（Charles Lippincott）合资 5 万美元，取得了苏打水供应的独家特许权。[46] 除了在园区内设置十几台冷饮机外，塔夫茨和利平考特还花费数千美元在会展场地外建立了一家苏打水吧。《费城博览会图鉴》（*The Illustrated History of the Centennial Exhibition*）的作者詹姆斯·达布尼·麦凯布（James Dabney McCabe）描述道："这座建筑的外部整洁雅致，内部装饰得非常漂亮，装饰着精美的壁画。中央矗立着一座绚丽的喷泉，由斑斓的大理石制成，配有银饰。高达约 40 英尺，建造成本在 2.5 万美元到 3 万美元。它是世界上最大的喷泉，也是迄今为止最漂亮的喷泉。"[47]

在当时，苏打水里会添加各种各样的调味料，不同口味的饮料会通过冷饮机上的多个龙头分别注入消费者的杯子里。调味苏打水这一很早出现的想法直到 1830 年代才开始普及。1781 年，英国人托马斯·亨利（Thomas Henry）建议在喝"臭气露"时加入一杯柠檬水，这样可获得额外的药用价值。[48] 1809 年美国版《化学对话》（*Conversations on Chemistry*）一书则建议在苏打水中加入糖和酒。作者指出："苏打水很清爽，对大多数人，尤其是那些感到炎热和疲劳的人来说是十分有益的饮料。与此同时，苏打水还完全可以替代饮料中的烈酒成分。在苏打水里加上酒和糖也非常棒。"[49]

1830 年代，许多冷饮店经营者开始在苏打水中添加水果糖浆。1833 年出版的《美国处方》（*Dispensatory of the United States of America*）记载了一则名为桑葚糖浆的配方，同时也提到可以用草莓、覆盆子和菠萝制作类似的糖浆。作者写道，糖浆"是用来给饮料调味的，常被用作苏打水的添加剂"。[50] 1868 年《酒、葡萄酒和甜酒的制造》（*The Manufacture of Liquors*，*Wines*，*and Cordials*）和《起泡饮料和糖浆的制造》（*Manufacture of*

Effervescing Beverages and Syrups）相继出版，风味饮料的队伍不断壮大，当时流行的调制饮料口味有沙士、柠檬、橙子、香草、桃子、葡萄、杏仁、芳香精（生姜、丁香、檫木、柠檬、佛手柑）、玫瑰酒、黑莓、桑葚、橙花（橙和鸢尾根）等等。[51]

冷饮机的供应取决于其所处位置和客户群。商务区药店的冷饮机吸引着男性的眼球，迎合他们的需求。这些药店提供的药用苏打水等饮料，不仅能促进消化、安抚神经、防止腹泻，更可以使他们在"前一天晚上玩得太嗨"后快速恢复"战斗力"。这些饮料中可能含有溴代咖啡因，这种物质可以缓释头痛，同时里面的芳香氨水可治疗宿醉，而薄荷水则可抑制恶心；今天被称为可乐的苏打水，当时的人们认为可用于治疗头痛和疲劳。《斯帕图拉苏打水指南》（*the Spatula Soda Water Guide*）的作者怀特（E .F. White）告诫读者，服务顾客时要格外小心谨慎："调配苏打水的新手必须要在配药前征求药剂师的意见"，"配药员不能随意推荐，只需告诉顾客他们可以提供什么配药，最终决定权必须交给顾客自己。"[52]

为了方便女士在更优雅的氛围中啜饮苏打水，19 世纪中叶，一些药剂师还为女士设计了远离男士的独立包间。位于购物区附近的百货商店或药店里的冷饮服务，提供的饮料含药量较低，但风味更佳，迎合了女性顾客的口味。为了招徕顾客，店家们不仅绞尽脑汁制作各种口味的冰饮，还会结合女士们的兴趣给饮料起各种奇特的名字。譬如一款用橙子糖浆、葡萄汁、冰、柠檬汁、牙买加姜和苏打制成的饮料就叫"女王挚爱"。[53] 而由覆盆子、香草和白葡萄酒酒混合而成的苏打饮料则有名"仙酒"。还有一款名为"西伯利亚之饮"的苏打饮料是用橙子、菠萝和苦精做成的。在这些为女性服务的苏打饮料机里，苏打水龙头泄出的往往是混

125

合风味饮料，所以即便顾客拿不定主意也没有关系。如果顾客选不定具体的口味，那么就给她上一杯"随机"苏打水——通常由菠萝、草莓、香草和波特酒口味混合而成。[54]

苏打饮料的另一种添加物并非冰淇淋，而是奶油。大约在 1860 年代，冷饮机开始出售一种由苏打水、水果糖浆、刨冰和奶油制成的混合饮料。尽管这款饮料不含任何冰淇淋成分，但人们习惯将它称为"冰淇淋苏打"。直到 1874 年，名副其实的冰淇淋苏打才最终出现，有制作者在饮料里添加了正宗的冰淇淋。虽然有关冰淇淋苏打的起源叙事不尽相同，但其中的大多数都涉及同一个群体——冷饮机前的操作人员。有传说谈道，某个冷饮机操作人员在制作苏打饮品时，发现奶油都用光了，所以他灵机一动，加入了冰淇淋来完成制作。有关这个传说流传最广的版本认为，这位歪打正着的冰淇淋操作员就是来自费城的罗伯特·格林（Robert M. Green）。1874 年，在富兰克林研究所五十周年纪念展览活动上，格林意外发现他的冷饮机奶油存货不足，赶紧出去买来一些冰淇淋，打算待冰淇淋融化后代替奶油。然而他的顾客们都迫不及待地想要享用苏打水，所以格林根本来不及等待冰淇淋融化，就把它们加入苏打水中。哇！一款全新的产品就这样诞生了！不过也有人对此表示怀疑，他们觉得如果格林缺的是奶油，那么为什么他不直接去采购奶油呢？

安妮·库珀·芬德伯格（Anne Cooper Funderburg）在她的《最佳圣代》（*Sundae Best*）里，给出了一个更具说服力的解释：早在展会举办之前，格林特别期待能在这个重大机会中表现突出，然而他的冷饮机并不如他人那样大型、豪华。恰在此时，格林在甜品店里边吃冰淇淋，边喝苏打水，突然间，一个大胆的想法跳进了他的脑海里——为什么不将二者合二为一呢！经过反复试验，格林最终决定用香草冰淇淋去搭配柠檬、香草、菠萝、草莓、覆盆子、生姜、橙子、咖啡、巧克力以及椰子等不同口味的苏打水。为了推广新产品,格林印发了很多传单,上面写有"新品上市,格林的冰淇淋苏打!",传单上还附着一份涵盖所有口味的菜单。同时在展览上,只要年轻顾客答应向朋友推广冰淇淋苏打,格林就会免费请他们尝一尝这款全新的饮品。㊿

　　虽然大多数尝过冰淇淋苏打的人都觉得这款饮料很不错,然而它并没能很快在更大范围内普及开来。1877 年出版的《甜品师杂志》记录了一款冰淇淋苏打的食谱,用料包括冷冻奶油、调味糖浆和苏打水,但里面并未提到冰淇淋。在 1877 年和 1878 年的《汽水》(Carbonated Drinks)杂志里,我们也没能找到冰淇淋苏打的配方。当时甚至有一些冷饮店主拒绝出售这款新饮料——如果要卖的话,他们就必须购买或制作冰淇淋,这超出了他们的认知范围。即便他们采购了冰淇淋,也需要花很多的盐和冰储存,这完全是节外生枝。同时,冷饮店主们也担心制作这些汽水会耗费过多时间,让长时间等候的顾客失去耐心,从而亏本。当然,一些冷饮业的杂志也开始鼓励冷饮店主们售卖冰淇淋苏打,这些媒体还印制了许多冰淇淋配方、苏打水制作说明。《斯帕图拉苏打水指南》的作者怀特指出,如果制作方法不对,那么顾客喝到的第一口苏打水和平常所喝到的苏打水别无二致,然而,顾客喝到最后,又会吸到沉在底部齁甜的糖浆。怀特给想制作完美冰淇淋苏打的人提出了实用建议:

　　　　取 1 盎司糖浆或半盎司水果糖浆倒入玻璃杯中。然后,快速倒入四分之一杯苏打水,再缓缓注入余下苏打水并充分搅拌,完成后,杯子内应为半满。随后,在半满的玻璃杯里加入冰淇淋（若要加入水果，水果应和冰淇淋同时加入），再尽可能用糖浆和苏打水装满整个杯子。注意：若非必要，切勿将冰淇淋冲化。[56]

127　　最终，冷饮店老板们也妥协了，他们开始卖起了冰淇淋苏打。1891 年，玛丽·盖伊·汉弗莱（Mary Gay Humphreys）在《哈泼斯周刊》（*Harper's Weekly*）里写道："在阳光明媚、令人振奋的日子里，若想喝一杯冰淇淋苏打，你必须提前预约才有机会。苏打饮料店里，时尚的美女在柜台前熙熙攘攘，成为镇上一道亮丽的风景。淑女们俯下身，端起自己的杯子，用长柄勺轻轻舀着冰淇淋，仿佛在用长柄勺'钓鱼'一样。"[57]

圣 代 种 种

在那时，圣代也是从冷饮机里制作出来的。有关圣代起源的传闻很多，但大多没有什么根据。大多数故事都提到，蓝色法律（美国独立前纽黑文殖民地写在蓝纸上的一系列极端严厉的法律）明确规定周日严禁食用冰淇淋苏打。上有政策，下有对策，一位机智的冷饮店老板将糖浆而不是苏打水浇在冰淇淋上，巧妙地躲过了制裁。还有这样一个故事：以卫理公会教徒为主的伊利诺伊州埃文斯顿镇（也称"天堂镇"）也是立法禁止"星期天食用冰淇淋苏打"，于是，一位冷饮店的员工就被赶鸭子上架，创造出了圣代。此外，也有一类圣代起源于威斯康星州两河市的传说，认为是乔治·哈洛尔（George Hallauer）在艾德·伯纳的冷饮机前吃冰淇淋时，意外注意到了巧克力糖浆。于是他一时心血来潮，请店家把巧克力糖浆倒在他的冰淇淋上。[58]

不过我认为,圣代最有可能来自纽约州伊萨卡市。相关传说提到,在某个星期天,约翰·斯科特(John M. Scott)神父在一教堂主持完礼拜后进了当地一家出售冷饮的药店。斯科特神父点了一盘香草冰淇淋,冷饮机操作员切斯特·普拉特(Chester Platt)给神父的冰淇淋上点缀了一颗糖腌樱桃,也浇上了一些樱桃糖浆。普拉特觉得这一搭配简直是天造地设,所以把它写入了食谱里。后来,普拉特又发明了"草莓圣代""菠萝圣代"和"巧克力圣代"。上述故事可以找到确切来源——1892年4月6日的《伊萨卡日报》(*Ithaca Daily Journal*)就刊登了一则"樱桃圣代"广告。这则广告上写道:"特色冰淇淋,只需10美分,只在普拉特与柯尔特的著名冷饮店里能够买到,24小时恭候光临!"⑤⑨

无论是谁发明了圣代,早年间它都是一种简易甜点,人们习惯把"圣代"(sundae)拼写成"Sunday"。《斯帕图拉苏打水指南》认为:"圣代不外乎是在一部分冰淇淋上倒上少量糖浆或水果碎而已。"⑥⓪由于备受女学生欢迎,圣代在一些大学城里也有"大学冰"或"大学苏打"的昵称。当然也有些人觉得把糖浆浇在冰淇淋上酷似"浇头"(throwovers),因此也这么称呼它。此后不久,简约风格的圣代消声匿迹,各式各样的花色圣代相继登场。糖浆、水果、搅打奶油、棉花糖、坚果、樱桃等佐料都成为圣代的好伴侣。早年间,最受食客追捧的是一种"飞雪圣代"(Chop Suey Sundae),这款冰淇淋上面撒着由枣子和无花果果酱拌杂而成的混合佐料。⑥①

有了冰淇淋苏打、圣代和其他零食,冷饮机开始更广泛地走向全美各地。1906年的《纽约先驱论坛报》指出当时冷饮店比酒吧更能获得人们的青睐。根据这篇报道,纽约平均每590人拥有一家酒吧,但每535人就拥有一家冷饮店。⑥②纽约之外的情况也

128

十分可观，芝加哥、伯灵顿和昆西铁路公司把一节车厢改装成了冰淇淋店，不分昼夜地向乘客供应苏打水和圣代。[63]禁酒运动和后来的禁酒令进一步推动了冰淇淋苏打的发展。不久以后，除了清晨偶尔饮用泡腾片苏打水之外，人们早已遗忘了碳酸饮料的最初模样。

第六章
妇女们的贡献

  1850 年,《戈迪的女士读物》(*Godey's Lady's Book*)将冰淇淋定位为优雅淑女的一件"必需奢侈品",并称"派对等社交娱乐活动中都少不了冰淇淋的身影"。这本书的作者试图说服阅读本书的人去购买"一件实用新发明——冰淇淋冷冻机和搅拌器"。这本书向读者推销时说,相比之前麻烦又费劲、产出无法保证的老式冰淇淋机,更易操作且效率更高的马瑟冰淇淋冷冻机及搅拌器绝对是更好的选择。《戈迪的女士读物》还谈道:"如果淑女们想要一展自己的烹饪才艺,那么制作冰淇淋一定是不二选择——甜品台上的所有美食里,冰淇淋是最经得起人们评价的'明星'。因此,冰淇淋应尽可能做得丝滑、轻盈而又精致。"①

  当时,家庭自制冰淇淋并非像《戈迪女士的读物》所称的那般普及。事实上,冰淇淋成为绅士淑女们的不可或缺之物还是几十年后的事情。18 世纪中叶,美国东部城市的一些富裕家庭会吩咐仆人为高大上的聚会采买各色各样的冰淇淋。对于相对普通的家庭,如果他们有原料和工具的话,也可以自己在家自制冰淇淋。然而,有幸能尝到冰淇淋的人毕竟是极少数,生活在农村或边疆的妇女们连冰箱都没有见过,更不用说冰淇淋机了。② 在相对落后的地区,甜品店根本开不起来,日用百货商店里也根本见

不到冰淇淋柜的身影。因而对于她们而言,冰淇淋非但不是必需

130   品,完全可以说是一件稀世珍宝。即便有闲钱,对于缺乏相关制

作技能的主妇而言,自制冰淇淋也是属于炎热夏天、幸福周末的
能够偶尔一尝的奢侈体验。来自缅因州的珍妮·埃弗森(Jennie
Everson)将冰淇淋称为"周末冰淇淋",她评论道:"如果要让冰变
得既好吃又受欢迎,价值倍增,那么最好的办法就是把它做成冰
淇淋。早年间,冰淇淋的常见配方是重奶油、糖、几枚新鲜鸡蛋以
及少许香草精。当时的农民虽然普遍豢养了几头奶牛,但他们所
获的牛奶和奶油大多不出售,而是留着自己享用。适逢独立日前
后的草莓季,农民还会在冰淇淋里加入一些新鲜的草莓碎,做成
爽口的水果冰淇淋。"③

此后,家庭主妇们开始渐渐地从烹饪书籍和生活杂志上了解
到冰淇淋以及制作冰淇淋的工具。这些出版物上刊登了各种各
样的冰淇淋食谱,包括美味的奶油白兰地水果布丁、用玉米淀粉
增稠的浓醇冰淇淋……相关食谱的作者们给家庭主妇附上了实
用建议,随着知识的日积月累,人们逐渐不再倾向于到特定的店
里品尝冰淇淋了。

取之于女性,用之于女性

在19世纪,出现了许多由女性编辑,服务于女性的家庭食
谱与生活杂志。这些书的作者大多是作家、讲师、教师,并非专
业厨师,且其中部分人并没有足够的家政和厨艺经验,但她们
却有着优越的教学技能。同时,虽然这些食谱和家政读物的作
者大多是职业女性,但她们显然从不吝啬对家庭主妇的赞誉。
这些女作家也认为,妇女可以在她们的指导下改善家庭氛围,

从而对整个国家的道德健康注入鲜活的能量。费城烹饪学校主管、20 多本美食食谱的作者萨拉·泰森·罗勒（Sarah Tyson Rorer）是这场女性美食出版运动的领袖之一。罗勒也兼任《妇女家庭杂志》（*Ladies' Home Journal*）的国内艺术编辑、《优秀管家》（*Good Housekeeping*）杂志撰稿人等多个重要职务。罗勒的职业生涯始于在费城新世纪俱乐部参加烹饪课程。多年后，她回忆道："当我第一次在那接受烹饪课训练时，我就意识到将来完全可能出现组织有序的家政学校。事实上，我认为一百年前的家政学也会影响今天人们的健康与家庭。"④

当时的人们称这些女性先驱称为"家政学家"，她们最终开创了后来被称为"家政学"的领域。⑤这些女作家从自身的角度展开写作，激励了千千万万女同胞的心灵。在那个年代，几乎所有美国人都特别渴望心灵抚慰。南北战争结束后，快速工业化带来了经济的机遇与危险的挑战。然而对于生活在交战前线的家庭而言，她们除了要应对前所未有的经济挑战，也忍受着难以言说的孤独与苦闷。美利坚人民普遍认为她们生存的世界充满了无限的挑战，也提供了无限的可能。即便是相对的富人，有时他们也会发现自己的确处境艰难。更出人意料的是，妇女们也开始因为生活压力被迫工作、养家糊口。在那时，部分撰写食谱的女作家也遇到过转型期的类似困难，她们不得不承担起本来由仆人负担的相关家务。有鉴于此，她们在提供食谱之外，也会指导读者精炼猪油、制作床垫，各种活计几乎无所不包。这些女作家的经历很好地说明了为何他们要在书名中经常用到节俭、经济、实用这类形容词。

很多时候，这些女性作家们往往还负责编辑另一栏目——"社区食谱"。所谓社区食谱是起源于美国南北战争期间，旨在为

131

伤兵和军属筹集抚恤金的相关图书。南北战争结束后，社区食谱得以继续出版，只不过其服务对象转向了当地教会、学校和其他有价值的公共事业。事实上，社区食谱至今仍在出版，其中收录的食谱大多来源于家庭主妇们的投稿。总体上来看，当时的社区食谱普遍反映了这样一个事实——许多时候原料很是稀缺，家庭主妇的烹饪时间也较有限，可供妇女们消遣的爱好少之又少。即便如此，许多社区食谱还是收录了多份冰淇淋食谱。

冰 淇 淋 用 具

132　　　1850 年，美食作家凯瑟琳·比彻（Catharine Beecher）指出冰淇淋机是"非常重要"的，但她并不像戈迪那样建议读者购买冰淇淋机。比彻讲解了用天然冷冻法取代冰淇淋机的重要性。同时，比彻也为那些没有冰淇淋机却想制作冰淇淋的人们提供了家庭冰淇淋机的组装指南：

> 如果你想要打造一台冰淇淋机，请把以下指南发给锡匠。
> 首先，准备一只底部直径 8 英寸，高 18 英寸的锡制圆筒盒，在造型的时候，要将盒子的顶部留的相对大一些，这样可以方便冷冻奶油更顺畅地挤出来。然后锻造一只带 3 英寸边沿的盖子，这个盖子必须要和圆筒紧密贴合。随后，为这个盖子安上一副直径为 1 英寸的圆形把手，这样就能在制作过程中，双手紧握把手，充分搅拌奶油。打造这么一台机器，大约需要耗费 50 到 70 美分。⑥

在比彻写作这段话的时候，美国人家里的厨房用具大多是自行打造的。即便不是自己在家里亲手制作，也是从本地的铁匠手中买来的。然而情况正在悄悄发生变化，19 世纪后半叶，机器制造的烹饪工具涌入美国市场，迅速取代了家庭打造的那些老式厨具。人们不再去本地锡匠那里打造烹饪用具，而是通过商店或邮购清单采买大规模批量生产的厨具。工厂产出的标准厨具不仅使得厨房用具的品类大为丰富，妇女们的烹饪方式也多了些科学底色，少了些直觉猜测。家政学家们欣然接受了采用标准尺寸的新工具，认为它们可以大大节省家庭主妇的时间和精力，并能使得烹饪的精度大大提升。比较新工具推广前后的食谱，有一个变化显而易见，形容用量的一勺、足够多，或者"足够覆盖三便士硬币的量的网桂粉"，⑦变成了一茶匙或半量杯。食谱上开始添印度量衡表。尽管作者会在正文中补充一些食材说明，但她们已经习惯将她们用到的食材以度量衡表的方式列在正文之前。改变需要时间。

133

1882 年，《帕罗亚小姐的新烹饪书：营销和烹饪指南》(*Miss Parloa's New Cookbook: A Guide to Marketing and Cooking*)用将近 20 页的篇幅以及数幅插图对"厨房应配备的器具"进行了详细描述，其中包括打蛋器、装饰蛋糕的甜品棒、苹果削皮器、柠檬榨汁机、滤锅、搅打奶油的搅拌器以及容积为一夸脱的量杯。帕罗亚小姐是一位著名的教师和作家，她写道："一个厨房需配备两套量具，一套用于测量干燥的物质，另一套测量液体。"⑧萨拉·泰森·罗勒在她《费城烹饪书》(*Philadelphia Cook Book*)里设想了一个"设备齐全的厨房"，这个厨房里配备了 200 多件烹饪工具，其中包括容积为一夸脱的量杯和刻度瓶。她的清单也列出了几种冰淇淋模具。⑨

厨房设备的历史性变革不是在一朝一夕间发生的。在 1880

年，距离比彻出版她的指南已过去了整整 30 年，但那时冰淇淋机仍未完全普及。与此同时，主妇们似乎更倾向于使用老式冰淇淋机。1878 年，马里昂·方丹·卡贝尔·泰瑞（Marion Fontaine Cabell Tyree）在《弗吉尼亚传统家政指南》（*Housekeeping in Old Virginia*）里谈道："在与新型冰淇淋机做过比较后，一些资深管家还是认为传统的冰淇淋机更胜一筹……要知道仆人们很容易一不小心就把新型冰淇淋机给弄坏了。"（相对于传统的冰淇淋机，新型冰淇淋机是指内置曲柄的"专利"冷冻机。）1884 年，当时最具影响力的一位女作家玛丽·林肯（Mary Lincoln）在《林肯夫人的波士顿食谱》（*Mrs. Lincoln's Boston Cook Book*）里描述了用"新奇冰箱或自制冰箱"制作冰淇淋的方法。林肯不仅强调了在制作冰淇淋的过程中要遵循家政学的纲领——勤俭节约、保持营养、优化口感。与此同时，林肯还向读者介绍了如何改进冰淇淋机："厨房里应当配备一台冰淇淋机，这样能够省时省力地做出卫生又可口的甜品。在炎炎夏日里，冷冻水果、冷冻奶蛋能给你带来绝佳的风味体验。你只需把一个直径 4 英寸的带盖冰罐放进装有冰盐混合物的木制小桶里即可。这就是冰淇淋机的替代版。"⑩

134

　　林肯是波士顿烹饪学校的首任校长，是《林肯夫人的波士顿烹饪食谱》《绝世食谱》（*The Peerless Cook Book*）以及《冰冻美食》（*Frozen Dainties*）的作者。她曾与朋友联合创办了《英格兰厨房杂志》（*New England Kitchen Magazine*）这个闻名遐迩的饮食媒体。最初，由于丈夫身体状况欠佳，林肯夫人开始走向职场，开启了使她成为最著名、最成功女性之一的家政学生涯。⑪ 1894 年，林肯在《英格兰厨房杂志》中介绍了冰淇淋机的演变历史，也向读者推荐了最新型号的冷冻机："时至今日，许多乡村家庭都没有安

装冰柜,也不方便订购冰淇淋,所以那些家庭的管家们常常会把
一罐蛋奶冻装进含有冰盐混合物的木桶里,也会以同样的方式准
备其他冷冻甜点。我想提醒读者朋友,现代冷冻机的冷冻效率更
高,更省时省力,所以能节省下很大一笔开支。"⑫

当时,其他一些作家也鼓励人们购买冷冻机。譬如帕罗亚就
谈道:"如果你想要做一些奇特精致的菜肴,那么你一定要准备一
台冰淇淋冷冻机。"她建议人们要购买容量为一加仑左右的冷冻
机,这种"奢侈品"能够帮助人们在家中制作少量的冰淇淋。如此
一来,"一旦有朋友到家中做客,就没有必要再去外面买冰淇淋
了"。⑬《巴贝特阿姨的烹饪书》(Aunt Babette's Cook Book)是一
部出版于 1889 年的美食指南,在本书的"冰淇淋等"一节中,作者
指出:"首先,你必须准备一台上好的三合一冷冻机,并在里面加
入大量的冰盐混合物(需要岩盐,普通盐效果不好)。"⑭当女发明
家南希·约翰逊制造的那台冰淇淋机悄然走过半个多世纪后,
1898 年,罗勒表示:"劣质冷冻机根本做不出优质冰淇淋,好的冷
冻机会装配有一个侧曲柄和一杆双旋转搅拌器,使用起来非常
方便。"⑮

制作冰淇淋

即使是最先进的冰淇淋机也要用到冰块。刚买到的冰块往
往比较大块,所以需要切开或磨碎再使用,很多作家在描述制作
冰淇淋的准备过程时都是这样说的:"准备一桶冰,捣碎。"其他一
些美食家也提供了相对细致的版本。1877 年,有作者为给俄亥
俄州的马里斯维尔一所牧师住宅筹集建设资金,出版了《俄亥俄
州人食谱》(Buckeye Cookery)。《俄亥俄州人食谱》对制作冰淇

135

淋的准备步骤做了如下说明："把冰块放入粗麻咖啡袋中，用斧头或木槌用力敲打，使之变成比山核桃仁还要细碎的冰渣。"⑯（作者还介绍了如何搭建一座"廉价"的冰室。）⑰ 巴贝特女士也建议读者把冰块敲成山核桃大小。她指出："要把冰弄到这么碎，其实也不难。用旧地毯或大毛巾之类的将冰包裹起来，用锤子或木棍用力敲即可。这样操作既不浪费冰块，也不会弄脏地面。"⑱ 当然，如果是专业的甜品店、旅馆或餐馆老板也可以采购一些大型的破冰器、削片机和刨冰机来协助准备碎冰。随着家庭冰淇淋制作需求的高涨，生产商也研制并生产了家用碎冰机。冰淇淋制作过程中，制作者需要时不时打开容器，转动外曲柄对冰淇淋原液进行搅拌，这是一项极其乏味的艰苦工作。化名马里恩·哈兰德（Marion Harland）的玛丽·维吉尼亚·霍斯·特休（Mary Virginia Hawes Terhune）就详尽地记述了这一过程。1830 年，特休出生在弗吉尼亚州，她的父母相信教育能改变女儿的一生，后来这确实应验了。成年后的特休不仅写了很多部广受欢迎的小说，去了许多地方旅行，也幸福地和一位牧师成婚，生养了六个孩子。1871 年，她出版了《家庭常识：实用的家庭主妇手册》（*Common Sense in the Household: A Manual of Practical Housewifery*），她在书里表示，她的创作目的是向她人分享自己年轻时就很想获得的家政学知识。由此可见，早年间的特休并没有受过什么烹饪和家庭管理方面的系统教育。哈兰德幽默而富有特色的写作风格吸引了很多的读者，她的书十分畅销，在 50 年内多次加印，并被翻译成了数种外文。

虽然她在下厨时常有人打杂，但哈兰德还是特别同情那些需要自己完成所有工作的家庭主妇。在有关冰淇淋的章节里，哈兰德讲述了制作冰淇淋的艰难过程，她写道："如果你问我有关冰淇淋最早的记忆是什么,我可以告诉你,那是在破旧的冰淇淋机里塞满冰块发出刺耳的摩擦声。那种声音确实让人听着很是折磨,若不是'这样'能做出美味、让人产生美好希望与遐想的冰淇淋,那么估计没有谁能忍受得了,迫不及待地想要逃出这'疯人院'了。想象一下,在这样的制冰噪声里,待上一小时、两小时、三小时,甚至四小时,而且在冰块将要融化时,冰淇淋机还会发出难听的'嘎嘎声',除了这些噪声就没别的声音了。"此后,哈兰德又记述了一些她在冻结冰淇淋时遇到的困难,并分享了她的基础食谱。哈兰德还解释了如何把冰弄成"鸽子蛋"大小,如何妥当地用一层盐一层冰堆起冰盐混合物以及怎样妥善地把冰淇淋装满整个冷冻容器。她还分享了所谓的"自冻冰淇淋":

> 用一个长木勺或扁平的棍子(我特意做了一个),就像搅打面糊一样搅打冰淇淋混合物五分钟,其间绝不能丝毫松懈。之后盖上罐盖,把冰和盐重新覆盖在上面,并用力拍打罐子顶部,最后用毯子把它们包裹起来,静置一小时。仔细把罐体外部擦拭干净,打开罐子的那一刻,你会发现底部和侧壁上已经出现了一层厚厚的蛋奶冻。这时用长柄勺或用长切刀把所有蛋奶冻刮出,再次用力搅拌至丝滑、半凝固的糊状即可。冰淇淋的口感丝滑程度就取决于这一步的操作水平。

哈兰德的另一项秘诀是,在完成以上过程后,她会再次盖上盖子,把冰淇淋埋进冰里,继续冷冻两个小时。对此,她解释道:"额外冷冻两个小时后就可以使冰淇淋变得坚实又细腻,尝起来又有天鹅绒般丝滑的口感。"哈兰德表示在这数小时漫长的制作过程中，厨师实际操作时间不过短短 15 分钟。哈兰德也建议管家们在头一天晚上就制作好冰淇淋奶油，存进地窖里，这样第二天一早"可以看好时间溜进地窖"，就能在 1 点的正餐上为你毫不知情的主人一家奉上一道"世上最美味的甜点"。有心的哈兰德时常会给她的丈夫制造一些"惊喜"，她的书里提道："我的约翰会穿过整个地窖，吹着口哨，在一些杂乱的篮子与盒子里翻找冰淇淋，他根本想不到将要享用的冰淇淋正在倒置的木桶里慢慢冷冻着呢。此时，我就会半倚着地窖门口，看着他略略发笑。"⑲ 哈兰德的"自冻冰淇淋"广受欢迎，至少被两本书引用过，其中一本就是《俄亥俄州人食谱》，署名原作者为哈兰德。

在当时的一些家庭里，冰淇淋是男女分工合作而制，男人负责碎冰及搅拌等体力活，女人则提供点睛的秘方。家人会在炎炎夏日里共同制作一杯冰淇淋，以此增进感情。科尼利厄斯·韦甘特（Cornelius Weygandt）在他的《费城民俗》（*Philadelphia Folks*）里回忆了 1870 年代他与家人在新罕布什尔州的避暑山庄制作冰淇淋的童年记忆：

> 我首先从冰屋里凿下一大块冰砖，多年来的经验告诉我，这些冰足够冷冻冰淇淋使其变得坚硬……我从冰屋后部的洞穴里取出了一把六棱形的冰镐，然后又把黄油柜里的盐桶和制冰机搬了出来，我还叫仆人帮我搅拌冰淇淋混合物……随着"搅拌"过程的进行，更多的盐和冰被加了进来，搅拌所要花的力气也越来越少，但仍需不断搅拌，直到冰淇淋完全冻结成型才能停止。

韦甘特眼中最重要的一步便是把搅拌器从冰淇淋机中取出

来，因为这已经到了品尝冰淇淋的激动人心的时刻。韦甘特回忆道：

> 打小我就记得这样满满的"仪式感"。每个家庭成员都拿着一把勺子，从搅拌器上刮下来一点点冰淇淋，一旦舌尖触到冰淇淋，赞叹之声就会在耳边猛地响起了——"好吃"，"可以再甜一点"的议论不绝于耳。正餐最后，冰淇淋的再次出现吊起了人们的胃口。冷冻罐顶部的软木塞会被塞回原处，冰盐混合物也会被重新注入木桶里，一切就绪，冰淇淋就重新被放进地窖，等待下一场盛宴开启。[20]

韦甘特写道，在费城时，他的家人一般会去甜品店购买冰淇淋。但到了像周日这样没有冰淇淋可买的日子，他们就会自己制作冰淇淋。韦甘特最喜欢咖啡味、巧克力味冰淇淋，以及果仁冰淇淋，他说："我喜欢各种各样的冰淇淋，草莓味和桃子味，香草味和巧克力味……我喜欢覆盆子味冰淇淋的重要原因是它拥有玫瑰色和独特的口味。我钟情于黑胡桃味冰淇淋的丰富坚果风味，也喜欢香蕉冰淇淋的丝滑口感。而菠萝味冰淇淋吸引我的一大理由是，在没有当季水果时，甜美的罐头菠萝就会被添加到冰淇淋里。的确，那时候很难随时随地买到新鲜的草莓、香草豆或雪利酒味冰淇淋。"[21]

食　谱

19 世纪初，大多数家庭主妇的食谱中只有几种冰淇淋。然而，到了 19 世纪末，五花八门的冰淇淋食谱频繁问世，在家庭主妇的烹饪指南里可以见到几十种冰淇淋烹饪配方。一些女性作家也出版了很多有关冰淇淋和其他"冷冻甜点"的食谱，涵盖了丰俭由人的冰淇淋，口味也十分多元，包括草莓、冻布丁、桃子、开心果等口味。除了普通冰淇淋，女性作家的作品也提到了其他非常精致的冷冻甜点，包括慕斯、冻糕、冰沙、邦巴冰果、冰潘趣酒和冷冻布丁。这些食谱往往会提供食物着色的具体配比，以及像甜品店一样时尚的摆盘指导。

　　1828 年，伊丽莎·莱斯利（Eliza Leslie）首次出版了名为《七十五种糕点、蛋糕和甜食食谱》（*Seventy-five Receipts for Pastry，Cakes，and Sweetmeats*）的美食指南，其中就收录了两份冰淇淋食谱。此后，莱斯利又创作了美国 19 世纪最受欢迎的《烹饪指南》（*Directions for Cookery*）。在莱斯利 16 岁时，父亲去世，她也放弃了她的文学之路，转而帮助母亲经营旅馆，以此养家糊口。㉒在此期间，莱斯利学会了如何"偷工减料"地制作品质不变的冰淇淋。从烹饪学校毕业后，莱斯利写作了《七十五种糕点、蛋糕和甜食食谱》，其中出现的首个冰淇淋食谱用到了"一夸脱浓奶油"、若干糖和一杯柠檬汁以及草莓和覆盆子。莱斯利设计的第二个配方是用一汤匙面粉和两个鸡蛋去勾芡奶油和牛奶。她表示虽然相较第一个配方"不够丰富"，但是"在奶油不充足的时候"，第二个配方性价比更高。㉓

　　1847 年，当莱斯利最终成为一名专业作家时，她为"那些有能力并热爱美食的家庭"撰写了《女性专用食谱》（*The Lady's Receipt-Book*）。在《女性专用食谱》里，莱斯利提供了六种堪称"奢侈"的冰糕以及三款冰淇淋配方。莱斯利认为应该要用"成熟的上等李子""最好的巧克力"和"醇厚的奶油"去制作冰淇淋。在20 世纪杰出美食家詹姆斯·比尔德（James Beard）的眼中，莱斯利是他最为追捧的厨师之一。比尔德表示："早在人们普遍开始制作冰淇淋前，莱斯利就已经制作出了很棒的冰淇淋食谱。"[24] 以下为莱斯利豪华、美味的冰淇淋中的一例：

桃子味冰淇淋

选用完全成熟的软桃子，削皮，去核。切开桃核，取出桃仁，焯水使之外皮变松，随后将其捣碎。把混合物倒入一个深平底锅里，倒入少量浓牛奶，煮至牛奶香气四溢，随后盖上锅盖。[25] 加热完成后把锅里的混合物滤出，并将煮过的牛奶冷却。在平底盘子里把桃子切成很小的块，并加入足量糖粉，使之变甜。以银勺将其捣成顺滑的果酱。完成后，要测量一下果酱的体积，每一夸脱果酱需要加入奶油及全脂浓缩牛奶各一品脱。将混合物搅拌均匀，之后放入冰箱冷冻至半结冻，把煮过桃核混合物的牛奶倒入其中，这将大大增强桃子冰淇淋的风味。待其彻底冷冻后，把奶油倒出来，装入玻璃碗里即可享用。如果你想做出多种形状的冰淇淋，那么就把混合物倒入对应的模具中，进行二次冷冻。[26]

许多作家都提到由于奶油极度稀缺，所以冰淇淋的制作成本很高。有位作者指出，"虽然奶油制品和冰淇淋所用奶油的成本相当，但冰淇淋的售价却远远低于其他的奶油制品。"[27] 虽然诸如玉米淀粉、明胶、面粉或竹芋粉这样的廉价原料可以替代奶油和鸡蛋。但食谱作者们指出，只有在"奶油不充足……"或者"如果没有奶油……"的情况下，才可以用这些节约成本的材料替代原配方。[28] 也有作者提道："人造奶油（mock cream）可以用半汤匙面粉和一品脱新鲜牛奶混合制作，煮上五分钟，就可以去除面粉的

粗粝感。"㉙一位崇尚节俭的食谱作者认为,若想给用玉米淀粉增稠的冰淇淋提升品质,加入一品脱浓奶油即可。"㉚

也有作者不认同这种操作,但他们也为那些迫不得已的厨子们提供了若干建议,比如林肯就在《波士顿烹饪食谱》里写道:"与其用牛奶制作劣质的冰淇淋,倒不如做些果子露,或者做些水果冰。"㉛但她在另一本书中又提供了用牛奶制作蛋奶冻的配方,前后有些矛盾。同样,罗勒在她出版于 1898 年的《优质烹饪》(*Good Cooking*)一书里写道:"制作冰淇淋时不可以使用明胶、竹芋粉等其他增稠物质,必须使用优质的纯奶油、成熟的水果,冬天可以用顶级的罐头水果替代,如此配料,加上高级砂糖,就能制作出堪称完美的冰淇淋。"㉜然而,她显然没有意识到,多数人并没有能力采买那么高端的原材料。在《冰淇淋、冰糕、冷冻布丁,以及各类社交茶点》(*Ice Creams，Water Ices，Frozen Puddings，Together with Refreshments for All Social Affairs*)中,罗勒写道:"《费城冰淇淋》提供的某份冰淇淋虽然看着很美味,但它的成本实在是太高昂了。要知道,在费城的大多地方都很难买到优质奶油。所以我提供了一些替代参考——完全可以用兑过牛奶的奶油降低成本。但请务必注意,用牛奶制作的冰淇淋无疑是投机取巧。截至目前我们发现的最好的方式就是用炼乳,要不浪费炼乳罐里的底,可以用足够多的牛奶或水来冲洗下来。"㉝罗勒还表示,如果用炼乳来制作"普通的水果奶油",那么平均成本可以降至每夸脱 15 美分。此外,她建议"那些买不到奶油和炼乳的厨师,可以在每升牛奶中加入两勺橄榄油,这样也可以做出合格的冰淇淋。"㉞然而,她自己并未提供任何用到橄榄油牛奶混合物的冰淇淋食谱。

1877 年,来自密歇根州巴特克里克的路易丝·斯金纳(Louise Skinner)在《俄亥俄州人食谱》中列出了极简版的冰淇淋食谱。依照该食谱能制出一种轻薄香甜的牛奶冻，类似于今天的软冰淇淋。

无 蛋 冰 淇 淋

准备 2 夸脱牛奶，1 磅糖，三大勺玉米淀粉。用少量冰牛奶浸湿淀粉，把牛奶倒进锡桶里，将桶放入装有沸水的锅中，煮沸后加入糖和淀粉进行搅拌。最后，进行过滤冷却，调味和冷冻。[35]

批发商们会根据不同消费市场的需求制作不同等级的冰淇淋，部分美食作家也提供了不同质量和成本的冰淇淋配方。在为白山冷冻机公司撰写的《冰冻美食》中，林肯提供了冰淇淋的五种"基础"版配方。她的"那不勒斯冰淇淋"只需要四个鸡蛋、奶油、糖和少量调味品。"费城冰淇淋"用到了奶油、糖和少许调味品。林肯提供的其他几款冰淇淋也十分简约。"加明胶的冰淇淋"用到了牛奶、奶油、明胶、八个鸡蛋，以及少许糖和盐。同时，她建议用柠檬、葡萄酒等调味品中和掉明胶的刺激性味道。"原味冰淇淋"则是用牛奶、奶油、糖、盐和调味品混合而成，但这份食谱只用到了两个鸡蛋，它的增稠是由面粉实现的。而最后一款"蛋奶冻"里不含奶油，而是由牛奶、六到八个蛋黄、糖、盐和一种调味品制成。林肯谈道，人们可以根据自己的口味选择任意食谱进行制作。[36]

1885 年，英国美食作家艾格尼丝·马歇尔（Agnes Marshall）推出了《冰之书》（*The Book of Ices*）。本书提供了多款冰淇淋的基础配方。显然，读者完全可以从每一种食谱的标题上判断出对应的大致花费。拿一款冰淇淋举例，"奢华版本"的要用奶油、糖和八枚鸡蛋黄。"常规版本"用的是牛奶、糖和八个鸡蛋黄（这个

142 版本可以选用牛奶加奶油的方式予以改进）。此外还有用牛奶、糖、两个鸡蛋以及明胶制成的"实惠版本"，不过马歇尔不建议人们掩盖明胶的味道，一个可能的原因是她推荐使用的是她自制的"最佳明胶"。除此之外，还有牛奶、糖和玉米粉或竹芋粉制作的"廉价版本"以及奶油和糖配制而成的"原味奶油冰"。随后便是使用特定调味品的食谱㊲。

马歇尔是多本烹饪书籍的作者，她在伦敦经营一所著名的烹饪学校，也开办过许多烹饪讲座，还拥有一家出售自制厨房用品的商店，完全说得上是一位杰出女性。直到今天，仍有许多人对她精明的商业才华赞叹不已，称她为精明的企业家。马歇尔提供的食谱选用了她自制的明胶、泡打粉以及香精，与此同时，按照她食谱制作冰淇淋的厨师们还须采购她家生产的冰淇淋机、冰淇淋模具以及冰箱。

马歇尔极富创新精神。她曾经写过一篇题为"用液氮冷冻冰淇淋之可能性"的文章，但她是否确实如此试验过，尚且要打个问号。马歇尔也是早期甜筒冰淇淋的开拓者之一，她把装盛冰淇淋的外壳称为"玉米筒"。马歇尔编写的冰淇淋食谱多达一百余种，其中一种用柠檬皮和月桂叶制成的肉桂冰淇淋，因为其中的香料、柑橘都融合了月桂叶淡淡的树脂味，呈现出了多元立体的美好味觉感受：

肉 桂 冰 淇 淋

在 1 品脱牛奶或奶油中加入一指长的肉桂，一片肉桂叶和半个柠檬皮，然后将其煮沸。调好味后，拌入 8 个生蛋黄，4 盎司蓖麻糖。再次开火加热，煮至浓稠。滴入少许天然杏黄色素，并搅拌均匀。用滤布过滤，接下来就可以像制作其

他冰淇淋一样操作了。㊲

芬尼·梅里特·法默(Fannie Merritt Farmer)是那个时代最著名的女厨师和作家。她 1857 年出生于波士顿,也许是小儿麻痹症作祟,她年轻时身体不是很好,所以未能完成高中学业,但她进入了波士顿烹饪学校学习。1891 年,法默当选波士顿烹饪学校校长,此后,她甚至还开办了属于自己的烹饪学校,并撰写了几部颇有影响力的厨艺图书。此外,法默还是《家庭主妇之友》(*Women's Home Companion*)的专栏作家,并在哈佛大学医学院开设专题课程。法默被后世尊奉为"标准烹饪之母",她致力于科学化烹饪的历史性贡献有目共睹。其代表作《波士顿烹饪学校教科书》(*Boston cookschool Cook Book*)甫一出版便非常旺销。这本书几经修订,迄今仍被不断翻印再版。㊳

143

书中"冰、冰淇淋和其他冷冻甜点"一章收录了三十多则食谱。法默清晰、干练地在教程里按照使用顺序排列了所有用到的配料,她还详细介绍了冰淇淋冷冻、定型和脱模技术细节。总体而言,法默提供的食谱大多与当时流行的食谱制作出来的口味相似,她的食谱中包含了从香草冰淇淋到布丁冰淇淋的各种品类。她还利用罐头水果研制了好几种新颖的冰品,同时也介绍了当时非常流行的冷冻潘趣酒配方。下面这份食谱会令人想到伦道夫太太早前的经典"牡蛎奶油":

牡 蛎 肉 酱

20 只牡蛎。

半杯冷水。

将牡蛎洗得干干净净,之后装入冷水锅中,盖紧锅盖炖煮，等到牡蛎壳打开，滤出其中的液体，冷却后捣成泥状。⑩

和甜品师一样，家庭厨师也会煞费苦心地制作食用色素，让冰淇淋看着万分诱人。罗勒向读者介绍了从菠菜中提取绿色食用色素的办法："如果手头没有菠菜，可以使用三叶草或草坪草。"⑪虽然伊丽莎白·艾莉科特·莱亚（Elizabeth Ellicott Lea）出版于 1869 年的《家庭烹饪》（*Domestic Cookery*）旨在"走进普通人生活"，但书中还是包含了冰淇淋和食用色素的专业食谱。莱亚指出商陆果可以用来给冰块染色，她也用胭脂虫等成分配制了一款色素，莱亚写道："若想得到梦寐以求的颜色，可以多用用这种亮粉色的调色剂。"⑫《俄亥俄州人食谱》中还解释了如何用商陆果制作食用色素，称它可以"赋予冰淇淋非常美丽的颜色"。⑬

有什么名堂？

1800 年代末诞生了很多种类的冰冻甜点，林肯和法默给它们起了各种各样的名字，其他作者的食谱也给它们提供了对应的名称。不过有趣的是，在不同作者撰写的不同书籍里，甚至在不同的表格中，各种甜品的命名和描述不尽相同。

以费城冰淇淋为例。传统意义上，这种冰淇淋用奶油、糖和调味料制成，并未添加任何牛奶和鸡蛋。对此，埃莉诺·帕金森（Eleanor Parkinson）表现得非常坚决，她表示："制作冰淇淋就应该不掺杂任何牛奶，那会损害冰淇淋的细腻丝滑程度，所以必须坚持纯奶油制作。"帕金森将用鸡蛋制作的冰淇淋称为"蛋奶沙司冰"。然而法默并不赞同这一观点，她指出费城冰淇淋是"在稀奶油中加糖、调味、冷冻制成的"，而"原味冰淇淋"的制作方式是"以蛋奶沙司为底,加入稀奶油并调味"。尽管林肯发表于《新英格兰厨房》(New England Kitchen)杂志的术语表并没有提到费城冰淇淋,但将冰淇淋定义为"主要或完全由纯奶油制成"的甜品,并表示费城冰淇淋"名字与用于调味的某种物质相关"。来自《林肯夫人的波士顿食谱》中的第一个冰淇淋配方,标题为"一号冰淇淋(费城冰淇淋)",配方要求同时用到牛奶和奶油。[44]比之更早的,由比彻提供的费城冰淇淋配方用到牛奶或"有奶油的时候用奶油"、竹芋粉、8个蛋清、糖,以及调味料。[45]而罗勒在《费城食谱》里强调:"要制作优质费城冰淇淋,必须使用上等材料,避免使用明胶、竹芋粉或任何其他的增稠物。只需优质纯奶油、成熟的水果(冬季时用最好的水果罐头)。再加上一点砂糖,就能做出让人感到惊艳的冰淇淋。"[46]《科森小姐美国实用烹饪和家庭管理指南》(Miss Corson's Practical American Cookery and Household Management)的作者朱丽叶·科森(Juliet Corson)表示,"费城冰淇淋是在纯奶油中加糖、加调料后冷冻制成的。"[47]如此定义并无意让人觉得那么清淡寡味。她建议在几款冰淇淋原液里加入过量的糖。如此一来,虽然混合物在冷冻前会有些甜,但冷冻后的冰淇淋甜味也能恰到好处。

145

科森对其他冰淇淋的起名也相对随意,比如一份配料为浓奶油、糖、12个蛋黄和一颗香草豆的冰淇淋就被她叫作"法式冰淇淋"。同样《巴贝特阿姨的烹饪书》也相对含糊地将这种冰淇淋称为"纽约冰淇淋"。罗勒除了制作费城冰淇淋外,还用奶油和6至14个蛋黄制作了一款"法式冰淇淋"。罗勒的法式冰淇淋和英式冰淇淋的区别有二,其一是法式冰淇淋需要烹煮,其二是英式冰淇淋无须鸡蛋。[48]此外,罗勒用奶油、糖和6个蛋黄做成的熟蛋奶糊,混合6份充分打发的蛋清做成了"那不勒斯冰砖"。那时那不勒斯冰砖通常是指三种口味拼起来的组合冰淇淋砖。最初，经典的那不勒斯冰砖由草莓、开心果和香草味冰淇淋组合而成，代表着意大利国旗的颜色。但后来出现了香草、巧克力与草莓三种口味的流行组合。有一位作家将新版的"那不勒斯"（Neapolitan）冰砖误称为"大都会"（metropolitan）冰淇淋。也有人将这种冰淇淋称为"花斑冰淇淋"。但罗勒还是坚持把这种冰淇淋叫作"那不勒斯冰砖"。⑭

在当时，果子露的名称也是千变万化。果子露并非起源于中东的饮料，而是一种可能在 19 世纪后期发源自美国的一种冰品。1878 年出版的《老弗吉尼亚的管家》（*Housekeeping in Old Virginia*）包含了六种冰淇淋食谱，这些食谱也被收录进《来自弗吉尼亚及其姊妹州的 250 位淑女》（*Two Fifty Ladies in Virginia and her Sister States*）。这六种食谱里的三种要求使用奶油，一种使用牛奶，而剩下的两种（柠檬果子露和橙子果子露）则是用果汁、糖、水和蛋清做成的。⑮ 在林肯和法默的定义里，果子露都是加了明胶或蛋清的冰糕。同样在其他一些食谱里，果子露、水果冰和冰糕这三种名称都可以对应到同一个事物。当使用"果汁冰糕"（sorbet）这个词时，就是指水果冰或者冰糕。

146

早些时候，艾米以及其他人都将制作的这些冷冻甜点称为"饼干"，因为其中添加了许多碎饼干、碎曲奇和碎马卡龙。然而当历史来到了 1800 年代末，这些所谓的饼干冰淇淋里，竟然完全没有饼干成分。林肯用"饼干冰淇淋"（biscuit glacé）一词来形容冰淇淋和果子露或慕斯的组合，饼干冰淇淋被装在纸杯蛋糕会用到的小纸杯里。林肯告诉读者，有时她会在出品前给饼干冰淇淋涂上一层蛋黄酥皮，并将其烤至金黄。⑯ 罗勒设计的"饼干果子露冰淇淋"（Biscuit Tortoni）用到了雪利酒和马拉西诺甜酒调味。

虽然这款冰淇淋并没有添加饼干,但它是在饼干冰淇淋所用的小盒子里冷冻的,故此得名。[52] 20世纪初出版的一本英国甜点师手册谈道,饼干冰淇淋这种说法"仍存在很多争议,但相信经过科学讨论,这个问题一定会得出一个具有公信力的答案。一个普遍适用的标准食谱也终将会面世"。不过饼干冰淇淋的变化确实是日新月异的。早年,有作者认为这种冰淇淋就是用饼干或马卡龙制作,但时移世变,"由于'饼干'冰淇淋口感丝滑绵密,是人们的心头所爱,所以有的餐馆也出现了用它命名的冰冻蛋奶酥"。[53]

　　自制冷冻布丁也十分流行。林肯把它们定义为"任何用葡萄酒、白兰地、牙买加朗姆酒或黑樱桃酒调味的浓郁冰淇淋,同时加入各色各样的水果、坚果,并配上冰冷而浓郁的酱料"。林肯认为,水果应该选用一磅什锦法国蜜饯,或葡萄干、醋栗以及香橼混合,或无花果和枣子,一半水果、一半坚果;一半饼干搭配一半马卡龙,或蛋糕屑来替代。林肯还介绍了两份酱料配方,一份用于调味搅打奶油,另一份则适用于点缀蛋奶冻。[54] 其他厨师也在制作冻布丁的时候选用了不同水果或坚果,还有一些厨师习惯在冷冻之前就给冰淇淋加入搅打奶油。肯塔基州长麦克里(J. B. McCreary)的夫人参考《俄亥俄州人食谱》为冷冻布丁准备了一磅葡萄干和一品脱草莓蜜饯。《老弗吉尼亚的管家》的匿名撰稿人提供了一份用杏仁、香橼和"白兰地桃子"制成的"Plumbière"食谱。《蓝草食谱》(The Blue Grass Cook Book)中收录了三份内斯尔罗德什锦果味冰淇淋食谱,其中两份食谱用到了栗子。另一份食谱中使用了各种水果和果皮。《巴贝特阿姨的烹饪书》里记载了名为"内斯尔罗德布丁"的精致冰淇淋,这款冰淇淋里添加了用葡萄酒煮熟的栗子,以及"四分之一磅上等碎巧克力"。冷冻后,在布丁上方依次分层铺上杏子果酱、无花果蜜饯和蜜饯水果。

147

巴贝特阿姨写道："上菜时，把布丁倒扣在一个大浅盘上，浇上用搅打奶油和黑樱桃酒调味的冷酱料，这样尝起来会非常甜美可口。"⑤

以下是简化版的布丁冰淇淋食谱，摘录自《农夫的波士顿烹饪学校食谱》（*Farmer's Boston Cooking-School Cook Book*）：

冷冻布丁 1 号

2 杯半牛奶。

1 杯糖。

1/8 茶匙盐。

2 个鸡蛋。

1 杯重奶油。

半杯朗姆酒。

1 杯樱桃、菠萝、梨和杏子混合而成的复合蜜饯。

把切成块的水果在白兰地中浸泡数小时，如此操作可以预防水果在制作过程中结冰。用牛奶、糖、盐和鸡蛋制作牛奶沙司，过滤并冷却，再加入奶油和朗姆酒，然后冷冻。在将冰淇淋原液注入砖型模具的过程中，交替加入原液和水果，一切准备就绪，置入冰盐混合物，静放两小时，使之冻结。⑤

19 世纪末，家常的食谱中也出现了冰冻潘趣酒的身影。美国人当时所用的冰冻潘趣酒食谱与英国甜品师亚林和吉恩斯两人提供的高度类似。这些食谱基本上都是先做一份柠檬冰，之后在做好的柠檬冰里加入打发好的蛋清和风味酒，最后冷冻即可。在当时，冰冻潘趣酒用到的风味酒不仅仅是最常见的朗姆酒，也包括白兰地、香槟和黑樱桃酒等其他风味酒饮。事实上，在制作冰冻潘趣酒时经常会用到所有这些风味酒饮。比方说，法默就用朗姆酒、茶、柠檬汁以及橙汁调配了一款冰冻罗马潘趣酒。然而罗勒制作的罗马潘趣酒显得更加独特——她只是将最基本的柠檬冰糕舀入装着潘趣酒的杯子里，随后在冰糕中心抠了个小洞，往里面注入"上等的牙买加产朗姆酒"，如此便大功告成。

148

需要指出的是，冰冻潘趣酒并非坚硬的"冰"，它有着丰富的泡沫，出现这一现象的原因是酒精的存在不会使冰块完全冻结。起初，宴会的宾客们会用潘趣酒提神，不过后来这款酒的地位就被冰淇淋取代了。早年间，曾有一本正餐礼仪指南把冰冻罗马潘趣酒列为"开胃菜……吃完烤肉后，呷一口冰饮，便会瞬间有胃口享用其他美食。"㊼

配 餐 建 议

甜品师和餐饮服务商们把冰淇淋做成了人见人爱的样子，当时的豪华宴会上，冰淇淋往往以成束的芦笋，高耸的柱子，各种水果、植物和动物的形象出现在餐桌上。当时的厨子们完全有能力为客人们提供多样的冰淇淋选择，从小巧玲珑的迷你冰淇淋到超级硕大的巨无霸冰淇淋均在供应之列。1887 年，明尼阿波利斯主妇们可以用 5 美元买到巨大的驯鹿形冰淇淋，也可以用 6 美元买到更大的酷似大象的冰淇淋。这些冰淇淋一般要 12 名食客一同享用，才有可能吃得完。㊽

1876 年，玛丽·亨德森（Mary F. Henderson）在《晚宴正餐烹饪手册》（*Practical Cooking and Dinner Giving*）中解释道，人人都可以亲手制作简单的普通冰淇淋，但是丰富多彩的大型冰淇淋就是拥有模具的专业人士的特权。

在当时大城市家庭的豪华晚宴上，端上桌的冰淇淋往往形式多样，极为可爱。举例来说，刻画母鸡的主题冰淇淋就描绘了一群小鸡围着母鸡的场景，也有刻画一只母鸡窝在纺纱玻璃"巢"里，侧身望着刚刚下的蛋。水果主题的冰淇淋在色彩上显得五彩缤纷。当时的食客们还能欣赏到完美的芦笋冰淇淋，这种芦笋是由开心果奶油制成的，酱汁则选用了搅打奶油。当然，这些别出心裁的精致冰淇淋都是出自甜品师之手。当主顾有宴请宾客的需要时，他们往往会在室外制作菜肴和甜点。但在一般情况下，为这种室外宴会准备冰品也不是什么难事，尤其是从一早上开始就准备冰淇淋，或提早至宴会前一天备餐，都很方便。⑤⑨

149　　也有普通人精心模仿专业人士的设计智慧，找到了制作特殊形态冰淇淋的诀窍。瓜形、球形或砖形这样形状相对简易的冰淇淋可以用钢质模具压制而成，并以合理的价位出售，当时就连料理一日三餐的普通家庭主妇也有机会买到或使用非常漂亮的冰淇淋模具。⑥⑩林肯指出，即便不用相对复杂的钢质模具，家庭冰淇淋机也可以起到类似的作用。对此，林肯向读者建议："如果我们没有那些精致的模具，我们完全可以通过若干巧思来做出一个完美的冰淇淋。搅拌完成后，如果能把冰淇淋原液在冷冻罐里冻结到特定的形状，那么也就有相当于模具的效果了。我们也可以在冰淇淋原液里挤入颜色和味道对比鲜明的多种奶油，或者添加一些果脯，再用足量的搅打奶油把它覆盖住。虽然这些冰淇淋看上去平淡无奇，但其中蕴含着丰富的想象力，想来家人们会对如此精美的冰淇淋大吃一惊。"⑥①

当时有些冰淇淋模具里装备有一个名叫"间隔管"的特殊物

件。⑫甜品师可以在模具里注满冰淇淋,待其冷冻后取出间隔管。然后用不同口味的冰与冰淇淋、调味或调过色的搅打奶油,以及水果填满中间的留白。帕罗亚也曾利用冰淇淋机做出了类似的效果。为了制作"惊喜草莓冰淇淋",她首先制作了草莓冰淇淋,然后把搅拌棒从冰淇淋机里取出,并用糖渍草莓填充了剩余空间。她又在这些草莓上涂上了一层冰淇淋,随后冷冻一小时。一切就绪,她把整支冰淇淋取出,并用大量的草莓进行二次装饰。⑬马萨诸塞州斯托克布里奇的 J. C. P.夫人写了一份与《俄亥俄州人食谱》高度类似的水果冰淇淋食谱。J. C. P 夫人在制作过程中用到模具,而非冰淇淋机。她在模具里以香草冰淇淋打底,中间填上新鲜浆果或切片水果,最后再盖上一层冰淇淋,冷冻半小时后定型。在 J. C. P 夫人的观念里:"水果必须是冷藏,而非冷冻的。"⑭

当代著名甜点师与厨师对许多家庭掌勺者的食谱以及服务理念都产生过深远的影响。1867 年,为了庆祝美国从沙俄手中成功收购阿拉斯加领土,大名鼎鼎的德尔莫尼科餐厅推出了一道今天被称为"烈焰阿拉斯加"的甜点,当时这款甜点又被叫作"从阿拉斯加到佛罗里达"。发明这款甜点的厨师查尔斯·兰霍夫(Charles Ranhofer)披露了他的制作方法:在手指饼干里填入杏子果酱,然后用香蕉和香草味冰淇淋在饼干上面做出金字塔形状。行将上菜之时,厨师要把准备好的"金字塔"从冰箱里取出,在表面上挤上一层厚厚的蛋白霜,放进烤箱里烤至表面变成淡淡的金黄色。⑮林肯将这种甜品称为"伪装冰淇淋"(Ice-Cream en Deguiser),家庭厨师手上若有她撰写的《冰冻美食》,就可以照葫芦画瓢,做出这款经典甜品。不过,林肯在制作"伪装冰淇淋"时使用的是蛋糕而非饼干。她也没有使用杏子果酱,也没有具体说

150

明给冰淇淋添加了什么味道的果酱。但一如兰霍夫的食谱，林肯也是在蛋糕上涂抹冰淇淋，并覆盖蛋白霜，最后"放入烤箱中快速烘烤一遍"。林肯"非常推荐读者尝试这样新奇有趣的做法"。[66]

家庭主厨们也将甜品师用水果皮盛装冰淇淋的创意借鉴了过来。有的将柠檬味冰淇淋舀进了半只柠檬皮，有的则在半只橙子皮里装上了橙子风味冰淇淋，还有的把香蕉冰淇淋装进了香蕉皮。巴贝特女士建议把草莓冰淇淋放在"蛋白霜制成的蛋壳"里或夹在棉花糖里。巴贝特表示这样做出来的草莓冰淇淋外形漂亮，"当然是宴请宾客的选择"。[67]林肯则用蛋白霜仿造了一个蛋壳，并在里面装入了冰淇淋，她建议用一条精致的缎带把切成两半的"蛋"绑在一起。[68]罗勒则把一块方形蛋糕切成两半，把中间挖空后装入冰淇淋。等把另一半蛋糕合上后，罗勒在蛋糕四周倒上了冰镇白兰地。[69]她还建议用泡打粉罐头代替传统的冰淇淋模具。[70]至于亨德森，她用一块硬纸板把模具分成两半，一边装满香草冰淇淋，另一边装满巧克力味冰淇淋。如同一个世纪以前的艾米一样，亨德森把新鲜的菠萝冠安在了菠萝冰淇淋的顶部。[71]

假如冰淇淋本身没有被塑造成千奇百怪的形状，它们很可能会被装入冰裂纹瓷器或冰淇淋桶里端上餐桌。这些装冰淇淋的瓷器有着顶级家用瓷器的精美花纹。冰淇淋桶外形酷似酒桶，但盖子是内凹的，里面装满了可以帮助冷藏冰淇淋的冰块。食客享用这里面的冰淇淋时，厨师会把冰淇淋从桶里舀出，装入冰淇淋盘或带有手柄的小杯子里。厨师会尽可能把冰淇淋堆得很高，这样看起来分外诱人。

151 在19世纪末的宴会上，两道正菜之间往往会配一道冰品。譬如，马歇尔就在他的食谱里规定，冰淇淋应该在宾客们享用完鱼肉或烤肉前端上餐桌。罗勒则建议在不同时段为冰淇淋搭配不同的菜品。例如,在晚宴正餐时,可以在柠檬水的杯里配上苹果冰,将之作为鸭肉、鹅肉或猪肉的配菜。羊肉需要搭配薄荷果子露一起食用,姜味冰糕"很适合搭配烤牛排或炖牛肉"。[72] 大多数冰品和甜点一样甜,但罗勒的黄瓜味冰糕却仅加了一勺糖,这款没有那么甜的冰糕因为糖加得不够而略显坚硬。以至于这款黄瓜味冰糕部分冻结后就好像冰沙一样,不过恰是这样一款冰沙能在炎炎夏夜为食客带去难以言说的欢愉。

黄 瓜 味 冰 糕

2 根大黄瓜。

2 只酸苹果。

1 升水。

1 茶匙糖。

半茶匙盐。

1 汤匙明胶。

1 盐匙黑胡椒粉。

1 只柠檬的汁水。

黄瓜去皮,切成两半,去除种子。将明胶溶于半杯热水后待用。将黄瓜和苹果果肉捣烂并充分混合,同时加入其他配料。一切就绪,像冷冻普通冰糕一样冷冻即可。

冷冻完毕,用小玻璃杯盛装冰淇淋,搭配煮鳕鱼或比目鱼。

按食谱量制作的冰淇淋理论上可以装满 8 只高脚杯。[73]

在美国和英国的餐桌上都可以见到极富特色的冰制餐具,包括冰制碗、花瓶、潘趣碗、高脚杯和茶杯等等。为了打造这些冰制餐具，人们把水倒入类似于制作金属餐具的模具中，然后在模具上盖上冰盐混合物使其冷冻。冷冻完成后，餐具就可以从模具中取出，里面可以装上果子露、水果或各色冰镇饮料上桌。当餐具开始融化滴水时，仆人们就会撤走融掉的餐具，换上全新的。在马歇尔的食谱里，大部分冰沙都是装在冰杯里的。有时候，马歇尔还会给冰杯上色。他甚至把这做成了产业，他的书后面都印着冰杯模具的广告。[74]

152

在马克·吐温眼里，19世纪末是一个"镀金时代"。[75]一些人非常富有，衣着优雅，他们的餐桌上银器、水晶、瓷器和冰块都在闪耀着富裕的光芒。同样也是在这个时代，在比比皆是的礼仪书籍的规训下，饮食越来越标志着一个人的社会地位。然而就在几十年前的1828年，英国旅行家巴兹尔·霍尔夫人看到的场景却远不相同。霍尔夫人夸张地记述道，在华盛顿的一次晚宴上，她居然目睹了一位年轻女士"用一把巨大的钢刀吃着融化的冰淇淋！"[76]，然而在1875年后，美国人根本不会在宴会上用餐刀食用冰淇淋了。那时，每一种食物都有了固定的搭配餐具。而享用冰淇淋时，更需要用到多种餐具。其中最具代表性的是呈三棱形、中间略微凹陷的叉子。玛丽·伊丽莎白·威尔逊·舍伍德（Mary Elizabeth Wilson Sherwood）在《礼仪与社会习惯》（*Manners and Social Usages*）一书中把这种叉子称为是"叉子和勺子的奇怪小组合，名叫'冰勺'"。[77]既然有盛冰淇淋的勺子，那也少不了专用的吃冰淇淋勺子，这些冰淇淋勺两端是方形的，看着非常像微缩版的铁铲。当时也有专门用于切分冰淇淋刀具。由于其外形酷似鱼刀，所以有时也可以一刀两用。在当时的宴会上，鱼一般会作为前菜端上餐桌，而冰淇淋则是收尾。因此在两者之间，后厨有足够时间清洗餐具以循环使用。[78]银色的冰淇淋小斧也显得非常优雅,这件工具可以用来切片分发冰淇淋。冰淇淋小斧与传统的斧头非常相似,只不过它是迷你版,大约长 12 英寸,宽 2 英寸半。这把小斧如今已经是珍贵的古董,譬如蒂芙尼打造的纯银小斧,如今的收藏市场估价高达 1 000 美元。

  在当时,冰淇淋勺更倾向于是一种专业工具,而非家用餐具。到了 1897 年,非裔匹兹堡居民阿尔弗雷德·克拉尔(Alfred L. Cralle)申请到了有关冰淇淋勺的专利,克拉尔把他的冰淇淋勺称为"冰淇淋成形和分发用具"。克拉尔发明的这款冰淇淋勺是圆锥形的,但他也表示这款勺子可以弯曲成任意形状,它的最大优点是可以单手使用,非常便捷。克拉尔也谈道,他的勺子"坚固、耐用,操作效率高,制造成本相对低廉"。⑦

153

冰 淇 淋 盛 会

  不论成品还是自制冰淇淋,无论餐桌上的冰淇淋用到的奶油或稀薄或浓醇,不管是在家常晚餐还是盛大宴会上,无关冰淇淋是从精致的模具抑或粗糙的陶碗里取出来。只要有它的身影,一顿晚餐总会平添几分喜庆。整个 19 世纪,不管是在孩子的生日聚会,还是盛大的美国独立日纪念活动上,冰淇淋都是最完美的甜点之一。譬如 1849 年,在俄勒冈小道发生了一件最早有关冰淇淋同时又极不寻常的事情。医学博士查尔斯·罗斯·帕克(Charles Ross Parke)在前往加利福尼亚淘金的路上,和团队成员一起庆祝美国独立日,那时他们即将穿越落基山脉的大陆分水岭,因而帕克一行决定就地取材,用附近的雪堆来冷冻冰淇淋。虽然他们没有随身携带任何冰淇淋机,但他们携带了两头奶牛,所以获取牛奶对他们而言并非难事。帕克在他的日记中写道:

我决定在这个神圣的日子里,在这个地方做一件别人从未做过的事——那就是在落基山脉的南山口制作冰淇淋。

我准备了一只容积为 2 夸脱的小锡桶,在里面加入了薄荷糖浆进行调味——别无其他。随后我把这个锡桶装进一只大木桶里或扬基啤酒桶里。

大自然馈赠给我们一大堆雪和冰雹,这是我们这个"临时冰淇淋工厂"所必需的材料。随后在两只桶间加入一层又一层的盐,用一根干净的棍子不停地搅拌。我很快就地生产出了最美味的冰淇淋。我们的整个队伍都为此欢欣鼓舞,队员们纷纷拥到我的帐篷前鸣枪祝贺,所幸没有人因此受伤。⑧⓪

154　此后不久,制作冰淇淋就成为独立日庆祝的一项特色活动。而其他的市民活动、集市、展览还有各种节日庆典上也都出现了冰淇淋的身影。1887 年,在波士顿古老而神圣的"炮兵连盛宴"上,菜单上写满了各式各样的冰淇淋。⑧① 冰淇淋也成了喜悦与庆祝的象征。据韦甘特表示:"在独立日、感恩节、圣诞节、元旦、华盛顿生日和先烈祭扫日等重要节日中,冰淇淋已经变得不可或缺。"⑧②

到了 1880 年代,教堂和社区组织越来越喜欢在夏季冰淇淋品鉴会上进行筹款募捐。在这种夏季冰淇淋品鉴会上,主妇们会联合调配冰淇淋原液,男人们也会参与其中,负责参与搅拌,趁别人不注意偷偷尝一口搅拌器上的奶油解馋。⑧③ 野餐时,人们也会带上冰淇淋。有些人会把冰淇淋放入一只有把手的冰盒,这个冰盒是专门为野餐准备的。但是更多人还是选择把做好的冰淇淋储存在冷冻箱里,用更多的冰盐混合物包起来,并用一块旧地毯裹住,以此保持较低的温度。一如今日情形,如果孩子的生日派对上没有出现冰淇淋和蛋糕,那么这个生日会可以说是不完整的。到了 20 世纪初,戈迪早年的定论终于成真,没有冰淇淋的聚会让人难以想象。

第七章
现代冰淇淋

　　20 世纪初,杯状冰淇淋和甜筒都是美国人最喜欢的甜点。现代意义上的甜筒发端于 19 世纪,但直到 1904 年圣路易斯世界博览会后,甜筒才成为美国流行的街头食品。在这次世博会上,许多美国人首次尝到了甜筒,甚至也有人把甜筒从博览会现场带回了家里。此后渐渐地,甜筒冰淇淋成为美国饮食风俗的一个象征。

　　1904 年的圣路易斯世博会是为庆祝 1803 年路易斯安娜购地一百周年而举办的。这次博览会堪称 20 世纪美国最大、最为壮观、也最为豪华的博览会之一。在此之前,1890 年代中期开始的经济大萧条一直困扰着圣路易斯,而这次空前成功的世博会令圣路易斯重新恢复了生机活力。此次博览会的会址由占地面积 5 平方公里的展览厅、花园、潟湖湖和 2.4 千米长的栈道组成,建筑总耗资达到了惊人的 5 000 万美元,超过了路易斯安那购地案。①本次圣路易斯世博会的一件镇馆展品就是当初购买路易斯安那时设立的额度高达 1 500 万美元的财政草案原稿。其他诸如梵蒂冈教廷收藏的艺术品以及杰弗逊起草的《独立宣言》原件等珍贵文物都在博览会上展出。然而其他并没有那么"高大上"的展品也出现在博览会上。譬如有的展览方用梅子堆出了"小熊"，用玉米堆成了"宫殿"，用杏仁堆出了"大象"。②同时，每个参展州的馆舍风格都千姿百态，譬如缅因州的展馆是小木屋，加利福尼亚州的展馆流露着浓郁的传教士风格，而得克萨斯州的展区则是一座五角星形的特殊建筑。在那场博览会上，萨拉·泰森·罗勒是主餐厅的大厨，她为本次博览会写的《世界博览会纪念食谱》(*World's Fair Souvenir Cook Book*)也在餐厅里公开发售。甜筒冰淇淋这样的新奇事物也在展会上销售，也流传着有关其起源的故事。

156

　　蛋筒（而非甜筒冰淇淋）的起源不仅可以追溯到好几个世纪以前，甚至可以远推到古希腊时代。古希腊人会用两个热金属板制作一种扁平的，被称为"obelios"的蛋饼。早前法国人把蛋饼称为"oublies"，可能出自希腊语或拉丁语词汇"oblata"，意思是"奉献"或"献给主"。13世纪，法国成立了一个圣饼制造商协会。由于这些糕点师会为天主教弥撒制作圣饼，所以大多数人都会认为他们品行端正，没有嫖娼等不良行为。据说这些糕点师处事非常谨慎小心，以至于他们的情人总相信他们可以躲过原配的眼睛与他们偷情约会。每当有节庆，圣饼制造商的成员们会在大街上、集市上、教堂前出售他们制作的圣饼。其中有一些小贩会把圣饼卷成像筒一样的形状，并把它们五个一打叠起来出售。③

　　这种圣饼通常是用牛奶和面粉做成的圆饼，有的还额外加入了鸡蛋、奶油、黄油、糖和各种调味料。将准备好的面糊倒入两块滚烫的金属板间烤熟——制作圣饼的厨子们会紧握手柄，挤压铁板把薄饼烤熟，然后取出薄饼放凉。但也有一些圣饼制作者会简化流程，用烤箱来烤制圣饼。但不管用什么方法，在圣饼变凉之前，它都有很强的韧性，所以完全可以趁它们还软的时候把它们卷成圆柱形、杯形或锥形。一旦冷却，这种圣饼会变得酥脆，形状也会随之固定下来。

　　1734 年，法国美食家弗朗索瓦·马瑟阿罗的《果酱、利口酒和水果的新指南》(*Nouvelle instruction pour les confitures，les liqueurs，et les fruits*)在记载圣饼的配方的文段末尾指出，烤制完成的薄饼可以放在专门定制的木质模具中，卷成圆锥形，然后放回风干炉里静置，等待其变干变脆。④ 1866 年，查尔斯·埃尔梅·弗兰卡特利(Charles Elmé Francatelli)把一种名为"西班牙薄饼"的巧克力薄饼的配方收入了《皇家甜品师：英国和外国》(*The Royal Confectioner: English and Foreign*)这本食谱。弗兰卡特利写道："加热完成的巧克力圣饼可以借助任意方便的木质工具，卷成圆柱形……"⑤

　　由于从家庭主厨到糕点师，再到街头小贩的各色人群都可以制作圣饼，所以这款甜点既可以出现在宴会的餐桌上，也可以被当作街头小吃。自从法式薄饼进入英国后，英国王室就特地聘请了一位薄饼制作师来烹饪这种美味。在中世纪的伦敦，人们普遍认为正餐后应该尝一些薄饼，并饮用一口"希波克拉斯酒"(一款欧洲中世纪的甜药酒)。英国人还在薄饼里放入奶酪片，这就形成了早期的烤奶酪三明治。由于制作薄饼的金属板带有蜂巢图案，所以 13 世纪的法国人给这种薄饼起了个特别的名字——"蜂窝饼"(gaufre)。到了 16 世纪，街头贩卖这种薄饼的小贩们经常会高喊："这是我的荣幸，女士们！"(Voilà le plaisir，mesdames！)因此，薄饼就拥有了另一个别称——"plaisir"。⑥意大利人把这种薄饼称为"cialde"或者"pizzelle"，荷兰人称之为"waffels"，瑞典人称之为"krumkaga"，而德国人则称之为"eiserkuchen"。英国人和美国人称它们"wafers""waffles""cornets""cornucopias"，当然还有"cone"。

19 世纪,厨师和甜品师不仅把薄饼卷成圆锥形,还在里面添加了各种调味品和配料。他们在面糊里添加咖啡、巧克力、肉桂、丁香、橙花水、柠檬皮、香草、白兰地、白葡萄酒,甚至还加入醋栗、杏仁粉和开心果等相对较少用到的调味料,同时,厨师们也用橙子、柠檬或香草味糖为薄饼卷增添风味。有些厨师还把薄饼的圆锥开口处浸入糖霜、蛋白霜或焦糖中,同时卷入切碎的"彩色"坚果,以此丰富甜筒的审美价值。另一些厨师则在甜筒里灌满果酱、水果或搅打奶油和浆果,还把填充完毕的甜筒放入精致的分层盘中展示。那么,从什么时候开始冰淇淋被厨师装进了用圣饼制作的甜筒呢? 英国食品历史学家罗宾·威尔(Robin Weir)表示,早在 1807 年,就有插画证明在巴黎时尚咖啡馆——弗拉斯卡蒂内就已经有冰淇淋甜筒出现了。这幅插图描绘的是一位女子坐在弗拉斯卡蒂咖啡馆的桌前品尝着甜筒冰淇淋。⑦

可以说,甜筒和冰淇淋是一对"绝佳伴侣",无论是平摊的还是卷成圆形的薄饼都非常适合搭配冰淇淋出售,所以越来越多的小贩开始组合兜售冰淇淋。在 19 世纪中叶,英国第一位冰淇淋批发商卡洛·加蒂(Carlo Gatti)就已经在巴黎开始售卖薄饼了。美食作家弗兰卡泰利(Francatelli)写道,薄饼"轻薄酥脆,和冰淇淋简直就是绝配"。⑧ 而亚林持不同观点,他认为薄饼只是冰奶油的配角之一。英国食品历史学家伊万·戴伊告诉我们,早在1846,《弗兰卡泰利的现代烹饪》(Francatelli's Modern Cook)这本书就提到了可以把冰淇淋装入甜筒内。⑨ 弗兰卡泰利用装满冰淇淋的甜筒做成了一些精美的冰淇淋雕塑——"切斯特菲尔德冰镇布丁"就是其中的典型代表。弗兰卡泰利把菠萝味冰淇淋填充进了"金字塔"形的模具,并用混合了樱桃和草莓等红色水果汁的冰糕填充了金字塔的缝隙。随后弗兰卡泰利制作了直径 5 厘米的

158

小圆饼，并把它卷成了锥形。冰淇淋金字塔端上餐桌时，弗兰卡泰利介绍道："把冰淇淋脱模后放入盘中，用一根绿色当归条制成的'羽毛'进行装点，就好像木刻画一样。然后在底座加入一些点缀着草莓的甜筒冰淇淋，这件艺术品便大功告成，可以上桌了。"⑩弗兰卡泰利也介绍了"肯特公爵夫人冰镇布丁"的做法，这款甜品的基底由樱桃冰糕和榛子奶油冰组合而成。待冷冻脱模后，在周围摆上一圈装有榛子味冰淇淋的甜筒即可。⑪

艾格尼丝·马歇尔在她出版于 1894 年的《花式冰淇淋》（*Fancy Ices*）里也提到了许多甜筒冰淇淋创意，与其他厨师不同的是，马歇尔让甜筒变成了主角。让我们来看看马歇尔介绍的，一款用烤箱制作的薄饼。马歇尔版的薄饼直径达到 5 英寸，和如今的甜筒相差不多，比弗兰卡泰利的甜筒要大上许多。马歇尔把摊好的薄饼卷成锥形，并在开口及接缝处涂上糖霜并抹上些许开心果碎。马歇尔制作的"玛格丽特甜筒"就是用上述流程做出的甜筒去装填生姜味和苹果味的冰淇淋。⑫马歇尔的另一款冰淇淋——"克里斯蒂娜甜筒"也是用同款甜筒装满了香草味冰淇淋，同时还点缀了打发过的奶油以及"切成骰子大小的美味青梅、杏子、干姜、樱桃等果干，足够盖满三便士硬币的量的肉桂粉和生姜粉，以及一汤匙马氏黑樱桃糖浆"。⑬然后把填满的甜筒排成金字塔状，安放在铺有垫子的大浅盘上。

很明显，上面谈到的甜筒都是在室内餐桌上品尝的，它们显然不能适应阳光明媚的夏日户外。然而，一些思想活跃的厨师们也在尝试制作更接地气的方便户外食用的甜品冰淇淋。1901 年，安东尼奥·瓦尔沃纳（Antonio Valvona）发明了一种烘焙甜筒的设备。瓦尔沃纳在美国申请专利时，标注他的身份是"居住在英国兰开斯特郡曼彻斯特大安科茨街 96 号的意大利国王臣民",发明了一项"烘烤装冰淇淋用的饼干杯的设备"。瓦尔沃纳在申请书里提到,该专利的适用范围是"在大街上或其他场合售卖装满冰淇淋的甜筒"。1902 年,他成功获得专利。⑭ 1903年,"居住在曼哈顿的美国公民"——伊塔洛·马尔乔尼(Italo Marchiony)申请获批了一项冰淇淋外包装的模具专利,该模具可以一次性生产 10 个冰淇淋杯。⑮ 他的孙子威廉·马尔乔尼(William Marchiony)回忆,最初爷爷是推着小车在华尔街附近兜售柠檬冰淇淋的。当时爷爷想到如果能把柠檬冰淇淋装进纸筒里,那么就省去了清洗玻璃杯的麻烦。后来,爷爷开始尝试着制作甜筒填装冰淇淋,结果这样的冰淇淋备受食客追捧。因而爷爷看到了商机,研发了一种可以自动生产甜筒的机器。爷爷为这件发明申请了专利,以此方便后续批量化生产。⑯ 尽管瓦尔沃纳和马尔乔尼手工制作的甜筒都是平底的,而且两件专利都使用了"杯子"而非"甜筒"这一名词,但显而易见的是,两人的发明改变了人们对冰淇淋甜筒的成见。

　　考虑到这些因素,1904 年的圣路易斯世博会就显得格外重要了。当时有传言说,在这次世博会上,一位冰淇淋小贩的洗碗速度完全满足不了顾客们的购买需求。而恰在此时,叙利亚裔移民欧内斯特·哈姆维(Ernest Hamwi)刚好在旁边售卖"扎拉比亚"华夫饼。哈姆维注意到隔壁冰淇淋摊位的窘况,于是把华夫饼卷成圆锥形,递给隔壁的小贩,让他试着把冰淇淋装在里面。于是世博会上就出现了一幕奇景——许多人一边漫步一边舔着手里的甜筒冰淇淋。后来,哈姆维创建了冰淇淋界赫赫有名的密苏里甜筒公司。这个引人入胜的故事可能真实发生过。但有关世博会上冰淇淋甜筒的故事也有不一样的版本,这个故事同样与叙利亚裔移民有关,一位名叫阿比·杜马(Abe Doumar)叙利亚

160

裔美国人在圣路易斯世博会上推广了最早的甜筒冰淇淋。杜马白天在世博会上兜售纪念品，晚上就在会场里叫卖"扎拉比亚"华夫饼。不知是什么机缘，杜马突然灵感涌现，他像卷蛋筒三明治一般，把来自叙利亚的面饼卷成了装冰淇淋的甜筒。与前一种传闻类似的是，杜马把他的想法分享给了其他小贩，这一想法就在世博会上传播开来。世博会结束后不久，杜马和其他同行们在科尼岛和弗吉尼亚州的诺福克开出了甜筒冰淇淋摊位。[17]

虽然哈姆维和杜马都没有发明蛋筒，但他们很有可能已经在不自知的情况下做出了甜筒冰淇淋。因此我们完全可以将这两位叙利亚裔美国人视为甜筒冰淇淋的开创者。两位小贩不太可能读到弗兰卡特利或马歇尔的成果，也基本上没机会参加那种高端的冰淇淋晚宴，因而不太可能看到那种用甜筒装成的"金字塔"。然而一种可能是，当时在纽约和曼彻斯特的街道上已经能看到售卖冰淇淋甜筒的小贩，因而圣路易斯世博会上出售甜品冰淇淋的人可能是有备而来的。但即便是这样，绝大多数参观圣路易斯世博会的宾客一定对冰淇淋闻所未闻。因此，对于许多人而言，在如此雄伟壮观的场合里，第一次吃到冰淇淋甜筒无疑是令人终生难忘的独特体验。

冰淇淋业务发展

冰淇淋甜筒的发明令美国的冰淇淋生意为之一振——"自从冰淇淋甜筒发明后，人们对冰淇淋的需求明显增加了，"在 1919 年冰淇淋业年会上，来自费城鹤牌冰淇淋公司的舒梅克（L. J. Schumaker）发表了谈话，"如果你能给孩子灌输一个想法，那么想必这个观念会影响他的一生……你不是在对年迈老人说这些，你是在对拥有大好未来的年轻人说这些。想想吧，如果从一开始我们就教孩子每周至少吃一次冰淇淋，更好的情况是两次或三次，待他长大成人后，那么他的家庭也一定会每周享用冰淇淋。"[18] 后来的历史证明舒梅克的说法不无道理。1900 年，美国的人均冰淇淋年消费量仅为 1 夸脱。然而 15 年后这个数字已经高达 1 加仑。[19] 冰淇淋甜筒和冰淇淋三明治让冰淇淋成为所有年龄段和所有收入人群都能享受其乐趣的大众美食。与此同时，由于当时禁酒运动在美国各地开展得轰轰烈烈，也有许多人尝试用冰淇淋替代酒精饮品。早在 1909 年，《冰淇淋贸易杂志》（*Ice Cream Trade Journal*）编辑托马斯·卡特勒（Thomas D. Cutler）就曾写道："反酒吧的热潮越来越盛，全美的冰淇淋业务正在走进极为辉煌的一年，这一变化在纽约表现得尤为突出，1908 年全年，纽约关停了 800 家酒吧，而冰淇淋店却如雨后春笋般不断涌现出来。"[20]

　　禁酒运动使得冰淇淋比以往任何时候都更受人们欢迎，与之形成鲜明对照的是，许多美国酒吧都停止酒饮业务，改为售卖冰淇淋。甚至连包括安海斯-布希（Anheuser-Busch）在内的许多酿酒商都成为冰淇淋制造商。1920 年夏，布鲁克林的一家啤酒厂也开始在科尼岛上兜售冰淇淋，该厂希望冰淇淋能弥补啤酒销售量下滑带来的亏损。在当年的全美冰淇淋制造商大会上，与会者用《老黑奴》（*Old Black Joe*）的曲调改编了一首描写冰淇淋的歌曲：

> 父亲是个酒鬼的日子一去不复返。
> 每周家庭争吵的日子一去不复返，
> 所有的那些麻烦

自从禁酒令颁布后就远离了这片土地，

爸爸回家了

他带回了一块冰淇淋，而不是一瓶啤酒。

合唱：

他来了，他来了，我们可以看到他走近了——

他带了一块冰淇淋回家，

而不是一瓶啤酒。[21]

　　20 世纪早期的冰淇淋行业仍会使用大量的传统冰盐混合物。除了引入蒸汽和电力外，制造商们 50 多年来仍长期使用小型冷冻机生产冰淇淋，甚至还用马车运输产品，全流程没有太大的改进。虽然制作工艺相对过时，但冰淇淋厂商们还是用这样相对简陋的设备生产出了一系列种类丰富的冰淇淋产品。如果你进入一家当时的冰淇淋工厂，你能看到这样的繁忙景象：有的工人在制作冰淇淋，有的则在压模和包装，另一些则扑在更奢华的"法式"冰淇淋的生产线上。此外，也有一些工人在给家庭宴会和富豪们的私人派对准备装饰性的冰淇淋。这些冰淇淋准备就绪，会被装进内衬瓷面的铁罐，最后装进盛满冰盐混合物的木桶里，冷冻完成后，这些木桶会被马车运往零售店、百货店、冰淇淋店和家庭厨房。当时的冰淇淋厂商提醒顾客，冰淇淋送到后应立即装入新的冰盐混合物冷冻保存。[22]

　　1921 年，华盛顿州西雅图的一场大型会议急需大量冰淇淋，一家俄亥俄州的企业承揽下了这项肥差，这批冰淇淋在运输过程中创造了一段全新的历史，整整 5 加仑的冰淇淋由火车耗费 6 天 7 夜运抵西雅图。这趟列车在每一个途经的站点都需要给冰淇淋填充新的冰块，以维持低温。当时，一份科学报告显示，经过一周的运输后,列车里的冰淇淋完好无损,这项实验取得了巨大的成功。然而在当时,也没有谁敢想象,这种铁路运输的方式在后来会成为普遍做法。在当时,业界人士认为铁路运输的冰淇淋只能是富豪级冰淇淋爱好者的"私享"便利。不过也有先见之明,《冰淇淋评论》(*Ice Cream Review*)杂志就预测道:"几年以后,来自美国东部的游客可能会前往阳光明媚的加利福尼亚过冬。这意味着他们喜欢的冰淇淋也会随着他们的流动从东部运往西部,装点游人的冬季餐桌。"㉓

虽然离全国性的铁路分销还有很长一段距离,但这种变化正在悄然发生。然而,多年来的点滴积累也使得冰淇淋开始出现现代化的萌芽。冰淇淋制造和冷冻设备的重大改进很快将重塑美国冰淇淋的生产、运输和销售方式。冰盐混合物不再是冰淇淋制作的必需品,机械制冷将打开一番全新的天地。得益于此,人们可以在一年四季随心所欲地享用冰淇淋。

1902 年,宾夕法尼亚州一家冰淇淋公司的接班人伯尔·沃克(Burr Walker)尝试用氨压缩机冷却盐水,以此冻结冰淇淋原液。沃克发明的循环盐水冷冻机加快了冰淇淋的生产过程,并大大提高了冰淇淋产量。沃克发明的这台机器可以在 6 分钟至 8 分钟内冷冻多达 40 夸脱的冰淇淋。准备好的冰淇淋原液被放进罐子里,放入装满盐水的冷冻室里冻结。当时许多专业刊物都将沃克发明的循环盐水冷冻机称为"制造业的一大进步,因为它大大缩短了冷冻时间"。㉔继沃克之后,其他许多有关冰淇淋制造的发明陆续问世。1905 年,来自纽约的百货商店冰淇淋和冷饮柜经理埃莫里·汤普森(Emery Thompson)发明了一种利用重力的立式冰淇淋冷冻机。汤普森发明的冷冻机可以实现不间断生产,只要机器底部有冰淇淋正在冻结,那么新的冰淇淋原液就可以从冰淇淋顶部注入，这个过程就可以接续不断地反复进行。到了1910年，汤普森发明的冷冻机及其改进版的每小时产能已经达到了60～150加仑，非常惊人。[25] 1905年，高速搅拌器（也被称为"均质器"）被引入了冰淇淋生产。这种用于搅打奶油混合物的机器可以使得奶油变得更加光滑细腻，并且从始至终达到超限。[26] "超限"是冰淇淋行业的一个术语，指的是在冷冻过程中把很多空气搅拌入奶油中，使得奶油发泡，体积迅速膨胀。过度高速的搅拌会导致奶油太稀，若没有足够的空气进入，奶油又会太稠太厚。因而在均质器投入使用之前，冰淇淋在冷冻过程中常会出现因原液搅拌不均而引发的结块情况。

　　为了容纳新式冷冻机及相关设备，一些冰淇淋制造商开始改造旧工厂或扩建新工厂。厂商们建起了全新的冷冻室，全新出炉的冰淇淋会储存在那里，这样在出厂前冰淇淋产品就可以得到快速冷冻。与此同时，冰淇淋厂商们也扩大了马厩的面积，如此便能容得下更多的货运马车。1912年，小麦冰淇淋公司在纽约州布法罗市兴建了一座砖砌的三层楼高的大型工厂。该工厂将重型设备安置在地下室。负责冰淇淋加工与运输的车间安排在一楼。而办公室和实验室则位于工厂顶层。这家工厂的存储箱可以同时容纳14 000加仑牛奶。这些原奶将被陆续送进3台容积为160加仑的搅拌器。随后3台明胶加热器，16台冷冻机和9座冷冻室将逐一加工送进来的原料。这里的冷冻室十分庞大，每间都能容纳约8 000加仑的冰淇淋产品。工厂还设有一座专门制作块状冰淇淋和模压冰淇淋的车间。另有一个车间专门用于清洗和消毒罐头。工厂旁边建着一间马车房以及马厩，豢养了100匹马。《冰淇淋贸易杂志》将这家工厂称为全美最优秀、最完善的冰淇淋工厂。这是这个国家"最好、最完美的冰淇淋工厂"。[27]到这个阶段，虽然机械制冷仍未全面投入冰淇淋行业，但机器制造冰淇淋正在成为主流。

从大众食谱到独家配方

直到 20 世纪，绝大多数冰淇淋要么是"费城式"的，要么是"蛋奶冻式"的。"费城式"冰淇淋是用奶油、糖、调味品做成的，而"蛋奶冻式"冰淇淋则用到了奶油、牛奶、蛋黄、糖以及调味品。无论专业人士还是家庭厨师，他们制作冰淇淋的配方都很相似。虽然也有些人会添加诸如明胶、玉米淀粉和面粉等添加剂，但正如玛丽·林肯、罗勒等人所指出的，添加剂过多的冰淇淋注定品质低劣。然而在 21 世纪初，包括多数生产商在内的冰淇淋制造者均在使用添加剂，而且厂商们的添加剂用量也越来越大。当时有商人指出，因为冰淇淋工厂的商业化储存和分销对保存冰淇淋有较高要求，因而必须添加相关配料以稳定混合物。1910 年，《美国农业百科全书》（*Cyclopedia of American Agriculture*）的作者诺曼（H. E. Van Norman）对此谈道："如果你买到的冰淇淋不贵也不便宜，那么这里面大概率添加了帮助奶油定型的明胶。这种添加剂可以使得冰淇淋在运输过程中保持'挺括'，或曰维持定型数日"。[28] 1913 年的一期《甜品师和面包师公报》（*the Confectioners' and Bakers' Gazette*）提到，在冰淇淋中加入明胶很有必要，因为它可以防止"冰淇淋的含水部分结晶"，还可以减缓食用时冰淇淋的融化速度，同时利于消化。[29]

虽然 20 世纪初的人们对冰淇淋的配料与安全性深感忧虑，但当时尚未出台具有强制力的标准。1906 年，《纯净食品和药品法案》（*Pure Food and Drug Act*）获得通过后，来自美国农业部的哈维·威利（Harvey Wiley）博士要求跨州贸易的冰淇淋需做到乳脂含量不低于 14%。不过可惜的是，这一规定并没有得到生产商的普遍认可。他们发现如果不调整传统配料与食谱的话，他们的产品很难满足联邦及州政府层面确立的乳脂含量要求。当时，《纽约时报》的一则报道分析了联邦标准与富人所食冰淇淋之间存在的差异。《冰淇淋贸易杂志》直接站出来反对乳脂含量国标。当时美国的部分州直接照抄了联邦标准，也有一部分州自行规定了冰淇淋的乳脂含量要求。这些州一级的规定，有的比国标更严，有的则放得较开。1916 年，联邦最高法院确定了国家标准的合法地位，于是许多生产商纷纷开始尝试满足新国标要求。[30]到了 1924 年，美国国会成立专业委员会，建议出台一套新标准——冰淇淋的乳脂含量不低于 12%，乳固体含量不少于 20%，而用于稳定原浆的稳定剂添加量不得大于 0.5%。同时，美国国会成立的专门委员会也规定每加仑冰淇淋的重量不得低于 4.75 磅。经过大量的意见争议和辩论，1906 年《纯净食谱和药品法案》终遭废除。联邦层面的新标准尚未走完立法程序，监管权仍归属各州。[31]

无论是向联邦或州政府负责，还是为了促进商业利益的实现。贸易文献开始刊发一些符合标准的配方，其中多数产品满足了乳脂与固体物含量的要求。威斯康星大学的贝尔（A. C. Baer）教授就在《冰淇淋评论》杂志上开设专栏，回应生产商的咨询并提出配方上的建议，帮助生产商们达到联邦和州一级的冰淇淋产品标准。当时也有一些厂商将冰淇淋样品寄给贝尔教授，委托他进行专业分析，并在《冰淇淋评论》等专业杂志上发布分析结果。

业内专家明确表示，如果坚持用新鲜奶油制作冰淇淋，那么满足联邦层面的乳脂和固体物标准绝非易事。为什么会出现这种情况呢？首先，生产奶油所用的奶源并不固定，每日出产的奶油在乳脂含量方面并不统一；其次，在冷藏卡车与火车运输尚未实现的日子里，要把农村出产的牛奶运至城市的冰淇淋工厂是非常困难的。1924 年出版的《冰淇淋与碳酸饮料》（*Ice Cream，Carbonated Beverages*）一书就谈道，运入冰淇淋工厂的牛奶或奶油往往已经发酸，有的还沾上了干草或粪便，散发着异味，甚至"已被致病细菌感染"。[32] 同年，来自圣路易斯的沃纳-杰克逊（Warner-Jenkinson）公司推出了服务于冰淇淋和冷饮行业的"红印牌"系列产品，"红印牌"的主打产品是稳定剂、奶油催熟剂、萃取物、风味糖浆以及食用色素等。沃纳-杰克逊公司告知冰淇淋生产商，为防止牛奶变质影响到奶油及后续的冰淇淋生产，像他们这样的大型冰淇淋生产商应立即停用新鲜奶油，转而使用黄油、水和固体奶制成的混合物。这种混合物经过均质器或乳化器等设备的处理，可以摇身一变成为高品质奶油。沃纳-杰克逊公司的员工曾表示，有了这种混合物，制造商们"可以不使用普通的天然奶油，他们可以用黄油随时制备所需的，达到特定质量标准的甜奶油"。当时也有研究人员写道："由这种混合物制作出来的冰淇淋比非均匀稀奶油制成的冰淇淋口感更丝滑、质地更细腻、更浓稠。"[33] 沃纳-杰克逊公司提供的参考食谱里收录了 10 张配方表格，指导厂商利用固体奶、黄油、脱脂奶、炼乳或奶油的不同组合，生产出特定乳脂含量的冰淇淋。按照表 1 制作出来的 100 磅奶油乳脂含量约为 8%：

166

表 1　配料表 1

糖	添加剂	黄油	奶粉	水
14%	1%	10%	12.5%	62.5%

如果要达到 14% 的乳脂含量,则需要调整配方,具体要求见表 2：

表 2　配料表 2

糖	添加剂	黄油	奶粉	水
13%	1%	17.5%	10.5%	58%

沃纳-杰克逊公司还向生产商介绍了用混合物奶油制作风味冰淇淋的办法。以巧克力冰淇淋为例,指南谈道:"任何普通香草混合物都可以做成巧克力冰淇淋,只要往 45～50 磅的混合物(表一到十)中添加 1.25～2 磅的'红印牌'可可粉。"杏仁饼冰淇淋或棉花糖冰淇淋的做法也如出一辙:"只需在 45～50 磅的香草混合物里添加 1～2 磅的干碎杏仁饼或碎棉花糖即可……如果能加入 1 加仑的'红印牌'棉花糖,那么口感会更加突出。"然而,除了提醒生产商需要在跨越州界的冰淇淋贸易中遵守联邦规定(冰淇淋含有 14% 的乳脂,含有水果或坚果的冰淇淋乳脂含量不低于 12%)外,指南并没有额外给出专业层面的乳脂含量指标。撰稿人表示,乳脂含量的标准可以因人而异。他们写道:"我们建议生产高品质的冰淇淋,因为这能够给所有生产商创造最丰厚的利润。"[34]

英国甜品师迈克尔表示,英国正在追随美国的步伐。迈克尔研究和模仿了美国的工艺。他在 1920 年代出版的《冰与苏打饮料》(*Ices and Soda Fountain Drinks*)写道:"英国的冰淇淋贸易就像 20 年前的美国一样,刚刚起步。"迈克尔认为,英国人必须迅速行动起来,因为如果他们想要拥有和美国人一样的大型冰淇淋工厂,至少还要再等上好几年的时间。迈克尔也谈到乳脂含量为 25% 的奶油是制作冰淇淋的绝佳材料,而用黄油、奶粉、水混合而

成的原液制作出的冰淇淋"往往质量不差"且成本"低得多"。他
表示,制作冰淇淋时应"多用黄油和奶粉,少用价格昂贵的鲜奶油
和牛奶"——他称这是"美国冰淇淋贸易繁荣的秘诀"。[35]

　　随着冰淇淋产业的扩张,制造商们使用牛奶、奶油、糖和鸡蛋
以外的原料的频率越来越高。奶油的乳脂含量较低时,加入米
粉、玉米淀粉、西米(一种从西米棕榈中提取的增稠剂)、竹芋或黄
花胶(一种从植物中提取的增稠剂,用于糖果、蛋糕装饰的糖霜以
及冰淇淋中)等添加剂会令奶油口感更丰富。而炼乳和脱脂炼乳
的加入可以帮助奶油实现更好的口感与丝滑度。如果奶油有点
酸的话,也可以加些小苏打中和。[36]加入蛋清可以让冰淇淋变得
更加均匀,但如此操作会使得成本变高,且做出来的成品相对较
硬。如果不幸,你做出来的奶油或冰淇淋实在是酸到你根本不能
食用,你可以把这些废品出售给黄油制造商。黄油制造商会在里
面加入一些盐,从而再生出劣质黄油。[37]

　　不久后,冰淇淋行业也开始使用砂糖的替代品。改变发生在
第一次世界大战期间,那时砂糖因极度稀缺而价格飙涨。研究乳
品的史学家拉尔夫·塞利泽发现,从 1916 年至 1917 年这短短一
年间,国际市场上的砂糖价格就暴涨了 83%。幸运的是,"一战"
期间美国食品管理局将冰淇淋列为"生活必需品",因而相关生产
在战事趋紧的阶段仍得以顺利展开。不过美国农业部对处于原
料短缺困境中的冰淇淋生产商提出了自救建议,可以用玉米糖浆
和玉米糖代替 50% 的蔗糖,这样制作出来的冰淇淋品质也很好。
同时,美国农业部也建议消费者更多了解并尝试蔗糖替代品。[38]
1917 年的一期《冰淇淋评论》就建议冰淇淋生产商以较慢的速度
逐步将产品中的糖含量减少 10%,这样能使顾客对糖的减少不
会产生过大反应。[39]同样,由于糖的稀缺,"一战"期间美国政府还

禁止了果子露和雪糕的生产，并严格限制用到小麦的甜筒冰淇淋消费。战争期间的周一和周三是"无麦日"。所幸"上有政策，下有对策"，美国的冰淇淋生产商们想到了用玉米制作甜筒冰淇淋，不过这项创新发明并未得到全面推广。相比之下，英国的冰淇淋产业就没有那么幸运了，第一次世界大战期间，英国明令禁止生产冰淇淋。

"一战"结束后，战争期间冰淇淋生产出现的使用替代品习惯在英国和美国的产业中得到了延续。当时的冰淇淋杂志随处可见"Americose"（用玉米糖浆制成的蔗糖替代品）和"Aulocrystal"（经济糖）等蔗糖替代品的广告。[40] 同样，在这些杂志里还能看到干蛋清、可溶性蛋黄、树胶、人造黄油、蛋黄粉以及黄油香精的身影。多数甜品的制作都离不开这些独特的添加剂。[41] 比如，制作水果冰时可以加入一种叫作"Textor"的稳定剂，使产品的稳定期长达数周，同时也避免了冰晶、水油分离和变稀的现象。[42] 1919 年，甘伯特冰淇淋的一则改良剂广告表示，它并非"明胶或添加剂"，但这款产品也没有说明它究竟是什么。[43] 差不多同一时期，人工香料开始在冰淇淋生产中流行起来，其中较为突出的代表是枫糖浆代替的枫糖。"Van-vo-Lan"取代了香草。"Caramala"糖块代替了焦糖。如果以广告出现频率来评判的话，"Cremilla"比香草的销路还要好。

20 世纪初，一种名叫冰淇淋粉的神奇发明开始涌现。据称只要在冰淇淋粉中加入煮沸的牛奶，就可以调配出美味的冰淇淋原液。当时的一则广告写道："冰淇淋粉，水果冰、雪糕、各种冰淇淋的绝妙原料！丝滑的就好像纯奶油一样！"广告宣称"使用冰淇淋粉，让粗粒和冰碴销声匿迹"。[44] 美林公司拥有专利的冰淇淋混合物，据说能制造出"优质冰和蛋奶糊"，而他们家的蛋奶沙司粉能够产出品质一流的冰淇淋。[45]用意大利冰淇淋粉做成的"豪华"冰淇淋甚至可以不额外添加鸡蛋或砂糖,冻结完成后,冰淇淋顶部的"Italia"字样就好像结了层美丽的霜一样。[46]早至1905年,"Junket Cream Tablets"牌凝乳酶片剂就已上市,该公司表示以这款凝乳酶片剂制成的冷饮店用冰淇淋"口感丰富、细腻、如天鹅绒般柔软,不仅看着精致,食用起来也很是美味"。最为关键的是,用这款凝乳酶片剂做成的冰淇淋成本只有其他冰淇淋的一半。[47]

与冰淇淋厂商一样,家庭厨师们时常接到类似产品的推销。"Junket"片的制造商向消费者们承诺,在家制冰淇淋中添加凝乳酶片剂的做法便利又实惠。[48]果冻(Jell-O)公司所产的家用冰淇淋粉据说能做出与1便1盘的冰淇淋品质相当的自制冰淇淋,冰淇淋粉每包售价13美分,2包则享优惠价25美分,可以制作1.5夸脱冰淇淋。要知道,在那个年代,冰淇淋店或冷饮店里一夸脱冰淇淋的售价高达45美分!人们可以选择香草、巧克力、草莓、柠檬、枫糖味或原味,涵盖了传统冰淇淋口味的方方面面。最为吸引家庭厨师的是,Jell-O冰淇淋粉不仅经济实惠,更可以节省时间精力。1922年,一则广告形象地说道:"不需要糖,不需要鸡蛋,不需要调味料,不需要烹饪,也没有其他任何麻烦,你只要添加牛奶,就能做出最美味的冰淇淋。"[49]

1933年,执掌亚拉巴马理工学院奶制品研究部的亚瑟·伯克(Arthur D. Burke)在《实用冰淇淋制作和配料表》(*Practical Ice Cream Making and Practical Mix Tables*)里指出,商业冰淇淋的质量并不稳定。伯克谈道,出现这一问题的关键在于"冰淇淋制造商总是按照自己的想象来断定什么是理想的产品"。对此,伯克也提出了一种解决方案,他建议"果子露和冰淇淋的生产应

该像配比冰淇淋原液那样实现标准化。实现批量化生产至少要
100磅起步。唯其如此，生产出来的产品才能做到标准化"。[50]

在伯克的书里，我们也能看到有8%、10%、12%、14%以及
16%这五个档次的乳脂混合物配方。令人惊讶的是，伯克给每一
种百分比需求都列出了十种不同的解决方案。总体而言，这些配
方都由黄油、牛奶、脱脂乳粉、甜炼乳和蛋奶混合物等成分组成。
除此以外，《实用冰淇淋制作和配料表》还讨论了新鲜鸡蛋和干鸡
蛋、新鲜奶油和冷冻奶油、新鲜水果和冷冻罐头水果各自的优点
和缺点。不仅如此，它还谈及了巴氏杀菌、均质化、保鲜储存、抑
菌生产及品质测试等详细要求。书中有一章讨论了甜味剂的用
量测算方法，这些来源于甘蔗、甜菜、玉米、麦芽、葡萄糖或果糖的
甜味剂，被统称为"转化"糖。在伯克眼中，风味是冰淇淋极为重
要的一项指标，因而他也建议制造商们定期举行品鉴会，邀请味
觉更为敏感的"社区杰出女性"参加，借此精准比较不同香草提取
物、水果糖浆等调味料在冰淇淋制作中的特色呈现。[51]

在原料配方之外，冰淇淋行业刊物也向制造商们介绍了许多
其他卓有成效的成本控制方法。这些方法不仅帮助制造商们实
现了成本压缩，也为他们预估收益提供了参考。由于冰淇淋制造
业是项大生意，因而无论是专业刊物的作者还是编辑都希望冰淇
淋产业能在他们的帮助下成为一个利润丰厚的产业。

冰淇淋，应季而生

虽然品质不胜乐观，但冰淇淋的产量却在20世纪初急剧飙
升。据统计，1899年，美国冰淇淋年产量约为500万加仑。而到
了1909年，这一数字就上升到了2900万加仑。[52]短短几年间出

现巨大变化的原因包括新生产方式的出现,甜筒冰淇淋等新型产品的推广,此外,也有一些产品助推着冰淇淋产业的腾飞。截至1914 年,美国一年的冰淇淋产量已经突破了 7 000 万加仑,达到了极为惊人的 7 200 万加仑。[53] 然而另一方面,冰淇淋生意的蓬勃只发生在个别地区,大多数地区的冰淇淋产业还是时令性的。不过,在 20 世纪初,美国冰淇淋产业对"时令"的定义也发生了改变。要知道,在艾米等甜品师生活的 18 世纪,只有不理智的人才会在冬天制作冰淇淋。如果真有雇主要求他们这么做,当时的厨师们必须面对没有新鲜草莓或桃子的窘境,只能用巧克力或肉桂进行调味。而对 20 世纪早期的冰淇淋制造商而言,"季节"只意味着一个问题——那就是顾客在冬天时想要却吃不到冰淇淋。在当时,冰淇淋制造商们需要在短短几个月内回笼一年所需的资金,对于那些在小城镇里做生意的制造商来说尤其如此。比如一位行业领袖就谈道:"我们一年只有 5 个月能实现充分盈利,有 3 个多月只能勉强收支平衡,剩下 4 个月左右的时间将面临颗粒无收的难处。"[54]

　　每当销售旺季来临,美国许多冰淇淋公司都会举办盛大的游行活动。游行期间,改造成冰淇淋盒样子的货运马车会在乐队的伴奏下行进表演,现场还会有员工向女士们赠送小扇子纪念品,还会给人群发放试吃冰淇淋。1913 年 4 月 3 日,在田纳西州纳什维尔的街道上,成千上万的市民鱼贯而入,赶来参加联合冰淇淋公司的年度大游行。游行队伍里不仅有装饰精美的马车,20名乐手组成的乐队以及满载着公司高层的大型旅游汽车,最为吸引观众的是,现场会向人群派送一万块冰淇淋砖。[55] 对当时的冰淇淋生产商而言,即便在旺季时销售良好,年末出现亏损也并非不可能。对生产商而言,凉爽潮湿的夏季犹如五雷轰顶。而寒冷

171

的冬天更像是"人间炼狱"。有鉴于此，许多冰淇淋生产商会在寒冷的冬季为盈利而兼营其他产品。其中就包括"俄式奶油蛋糕"，这是一款涂抹了生奶油，点缀着樱桃的包装蛋糕。[56]冷饮店老板还推出了热巧克力、热麦芽奶、茶、咖啡和热柠檬水等饮品来吸引顾客。很快，冷饮店又额外推出海鲜杂烩、肉汤、三明治等产品，以改善冬季的生意。

《冰淇淋评论》定期向读者提供有关提高冬季销量的建议，譬如加大广告投放力度、推出新口味糖浆、利用地方活动宣传推广等等。《冰淇淋评论》还建议生产商在淡季销售中多多推广新颖的产品，其中就包括"夹馅圣代"——一种由水果、葡萄酒和白兰地制成的冰淇淋。在当时，制造商还会为零售商们送上免费的橱窗宣传用新品，里面就有三合一口味的"圣诞"冰淇淋砖。与此同时，一些因富有创新精神而大获成功的冰淇淋制造商也在《冰淇淋评论》分享了他们的冬季营销智慧。其中一篇文章透露了一个有趣的案例，蒙大拿州某公司充分利用活动拓宽冰淇淋销路，甚至连消防部门的年度舞会都成为他们的广告战场。1920 年冬天，斯波坎市一家依托奶牛场的冰淇淋制造商，通过生产造型别致的冰淇淋，错峰赢得了商机。这家冰淇淋制造商把产品做成母鸡、小鸡、"山姆大叔"、国父乔治·华盛顿及其夫人的样子。同批推出的冰淇淋也被做成手持玩具树的圣诞老人，许愿树上安装着一根小蜡烛，享用冰淇淋的时候，蜡烛会被点燃，营造出独特的氛围。相关文章强调了制作这类冰淇淋需要高超的技术："一只白色的老母鸡蜷伏在柔软的棉花糖窝里，周边围着一群栩栩如生的褐色小鸡。当时有人评论称这看起来就像是一件永恒的艺术品，而非一夸脱冰淇淋周围点着几坨相似但体积较小的冰淇淋。"[57]《甜品师与面包师公报》还建议冰淇淋生产商们举办专题派对，邀请各大剧院或舞团来给冰淇淋助兴。此外，这篇文章还建议"用一些小礼品来获得小孩的关注，这样他们第二天一早就会来光顾商店"。[58]不过总体上而言，当时的冬季冰淇淋贸易还是寸步难行。

　　然而到了 1921 年冬天，原本的冰淇淋淡季变得繁荣兴旺。拉塞尔·斯托弗（Russell Stover）公司在《冰淇淋评论》上刊登了一则广告："爱斯基摩派是什么？"这则广告介绍了生产商们推出的裹着巧克力的雪糕产品，更为重要的是，这则广告宣示了爱斯基摩派会为冬季产业打开全新的市场。[59]出乎所有人意料的是，爱斯基摩派真的说到做到。短短一个月后的 1922 年 1 月，《冰淇淋评论》杂志上刊出了一则冰淇淋设备公司发布的制作"最新冰淇淋甜点——爱斯基摩派"所需设备的广告。很快，关于锡纸包装、巧克力淋面、巧克力加热器、蘸酱台、冰淇淋派成型机、切分机以及运输容器的广告接二连三地都刊登了出来。接下来的几个月里，相关广告越来越多，行业竞争也越来越白热化。巧克力冰淇淋占据了行业杂志的各个角落。[60]比较著名的爱斯基摩派是一款商品名为"Sundae-ette"特色冰淇淋，当时有人说吃这款冰淇淋就好像是"借着冰淇淋享用糖果"。"Sundae-ette"的基本配制是用两块威化饼夹一层冰淇淋，外面抹上厚厚的巧克力涂层。[61]另一款经典的爱斯基摩派叫作"Tri-A-Cone"，这款冰淇淋是把工厂生产的甜筒蘸上巧克力酱后冷冻，再装入玻璃纸袋售卖。[62]

　　1922 年 4 月，《冰淇淋评论》杂志推出了一本厚达 48 页的增刊，里面的内容大多与巧克力涂层冰淇淋产品及其生产设备有关。它称爱斯基摩派虽引发了一种轰动效应，但其实它并没有什么新鲜之处。早在 1907 年，瓦尔·米勒在《我与冰淇淋的 36 年》里提出了一种巧克力冰淇淋食谱。当然《冰淇淋评论》的编辑们

173

并不意在批评爱斯基摩派，他们只是好奇为什么先前没有人想到把这类产品推向市场。此外，编辑们也注意到，在 1921 年至 1922 年的冬季，美国许多冰淇淋制造商们实现了盈利。杂志专家们认为爱斯基摩派的成功很大程度上要归功于广告效应。同时，这也带动了可可豆、巧克力涂层、加工锡纸、加工设备以及冰淇淋产业的发展。（当然，也有利于贸易杂志产业。）在英国，迈克尔写道："美国人为爱斯基摩派发狂，他们竟然消灭了数百万只爱斯基摩派。"[63] 到 1927 年，生产爱斯基摩派的公司在纽约证券交易所上市之际，它的市场估值已经高达 2 500 万美元。[64]

爱斯基摩派的发明者是艾奥瓦州的克里斯蒂安·纳尔逊（Christian K. Nelson）。纳尔逊是奶牛场主的儿子，他一边在高中教书，一边经营着一家冰淇淋店。据史料记载，在 1919 年的一个春日，一位小男孩跑进纳尔逊的店里，不过他只带了 5 美分，因而在冰淇淋三明治和巧克力雪糕之间徘徊犹豫。这个男孩的进退两难引起了纳尔逊的兴趣，给了他不小的启发。纳尔逊花了几个月的时间，终于通过实验找到了巧克力脆皮雪糕的制作方法，他把一根冻得硬邦邦的冰淇淋棒浸入 80 度至 90 度的巧克力液中，随后放进冰冻器。纳尔逊将这款新品命名为"诱惑雪糕"，这款产品开始在当地销售。就在此时，纳尔逊邂逅了奥马哈冰淇淋主管拉塞尔·斯托弗，两人一拍即合，打算扩大"诱惑雪糕"的生意。在 1921 年 7 月 13 日签署的合伙协议里，纳尔逊和斯托弗商定由纳尔逊申请专利，而斯托弗将支付专利维护费的一半，由此产生的利润将由两人均摊。两人还同意"根据营销经验及专业技能"来安排两人的具体职务。斯托弗"出任企业经理，而纳尔逊则担任发明创新的咨询顾问"。随后，两人也将主打产品命名为"爱斯基摩派"，并以 1.5 盎司一支的规格、10 美分的售价在得梅因销售。

他们取得了非常大的成功。合伙人决定以 500 到 1 000 美元的价格将生产权卖给当地的冰淇淋公司,此外还向售出的每一块冰淇淋收取特许权使用费。公司记录显示,直至 1922 年的春天,他们已经拥有 2 700 家加盟商,每天会售卖出 100 万个爱斯基摩派。⑥

　　1922 年,纳尔逊获得了专利,但其涉及内容太过宽泛,以至于其他冰淇淋制造商经常质疑纳尔逊的专利权。而且他的公司为捍卫这项专利也赔了钱。斯托弗卖掉了公司的股份,全身心投入到风生水起的糖果事业中。纳尔逊把爱斯基摩派公司卖给了包裹爱斯基摩派的铝箔的制造商——美国箔纸公司,该公司后来成为雷诺兹金属公司。但纳尔逊还是继续与这家公司合作,开发了许多新产品。直到后来,爱斯基摩派这项专利被宣布无效。

　　尽管在法律上遭受了挫折,但爱斯基摩派还是成功地令冰淇淋成为全年可以享用的美味食品。它也激发了其他冰淇淋制造商的创造力。1902 年,大多数公司还在用马车送货时,俄亥俄州扬斯敦市的哈里·伯特已经开始用动力货车运送冰淇淋了。1920 年,伯特发明了一种裹着巧克力的雪糕,并在里面放了一根棒棒糖,这样吃起来就不那么麻烦了。他称其为“好心情雪糕盘”。后来就演变成了“好心情雪糕棒”。为了销售好心情雪糕棒,他把自己的一辆卡车漆成白色,并在车上装上家庭雪橇上的铃铛,还让一名身穿洁白制服的司机驾驶。⑥⑥ 好心情雪糕公司获得了巨大的成功,公司员工也随处可见。无论是手推车、卡车还是三轮车,该公司的员工总是格外干净和健康,这是冰淇淋销售最好的代言。1930 年代和 1940 年代,好心情雪糕员工在几十部电影中客串出镜,其中包括由受欢迎的演员杰克·卡森主演的《奇人艳遇》(*The Good Humor Man*)。⑥⑦

　　紧接着,冰棒(Popsicle)也成为一大传奇。冰棒创造者弗兰

175

克·埃珀森（Frank Epperson）说，在 1905 年，也就是他 11 岁的时候，他就制作了第一个冰棒。他把一种调味饮料粉和水混合在一起，把它放在后门廊上，杯里还插着根木棍。那天晚上，温度骤降，液体结冰。第二天早上，埃珀森吃到了第一支冰棒。成年后，他还会偶尔制作冰棒，并称其为"埃珀冰"（Epsicle），显然就是以他的名字取的。他的孩子们称埃珀冰为"老爸的冰棒"（Pop's Sicle），也就是后来的 Popsicle。1923 年，埃珀森成立了一家公司，开始在游乐园和海滩上销售冰棒。他们公司也因"棒上饮品"和"全天候吸食冷饮"而一炮而红。[68] 据说那年夏日，仅康尼岛的一个摊位就卖出了 8 000 支冰棒。1924 年，该公司全年售出 650 万支冰棒。[69]

派、冰棒、冰砖、甜筒和其他新奇的东西正在取代模塑和彩绘冰淇淋的地位。1913 年，在一篇题为《过去与现在》（*Then and Now*）的文章中，《甜品师与面包师公报》作者描述了 20 世纪甜品师高超的技艺。报道称："冰淇淋被做成苹果、梨、李子、樱桃、葡萄等水果的形状，它们的颜色、形状和设计都非常完美，是那么的栩栩如生，难辨真假。"接着又说道："这种工艺并未完全失传，在一些著名的酒店里，仍然一些厨师知道如何制作出这种艺术作品。"文章表明，如果有人向早期的甜品师展示冰淇淋砖，并暗示这和他的艺术有着密切联系，甜品师就会厌恶地走开。[70] 尽管该杂志的前景黯淡，尽管冰淇淋不像之前一样富有艺术性，但人们仍在用模具制作冰淇淋。

20 世纪冰淇淋盛世

176　　　　一个跨时代的变化终于来到了。时至 1920 年代，各地的冷饮柜比以往任何时候都受欢迎，千奇百怪的冰淇淋也蓬勃而出。随着人们对冰淇淋的需求增加，相应的生产技术也随之改进。其中最重要的变化是，机械制冷终于从理想照进了现实。

虽然 19 世纪制冷技术已有较大发展，但"一战"结束后，制冷机才在商业上，然后是家庭生活领域产生实质性的影响。1920年，人们开始建造使用氨制冷系统的冰淇淋工厂。这款最新的冰淇淋冷冻机无须用到冰盐混合物或冷凝盐水，它只要借助氨气的膨胀减压即可迅速完成制冷。当时的广告将这种机器称为"冰淇淋制造商的摇钱树"。[71]接下来的几年时间里，随着工业的持续发展，氨气逐渐被其他更安全的制冷剂取代。1923 年，在第 23 届年度冰淇淋大会上，尼泽橱柜公司（后来发展为开尔文公司）推出了专门用于冰淇淋店、冷饮柜和其他冰品零售店的新型自动电制冷柜。北极冰淇淋公司副总裁格伦·考恩（Glen P. Cowan）表示，他们公司已在 300 家门店测试了这些新型制冷柜。令人惊奇的是，这些制冷柜节约了很多成本。因为这种冰柜不需要冰或盐，运送卡车只需携带少量的冰，即可在运输途中使冰淇淋一直处于冷冻状态。在此以前，运送 1 加仑冰淇淋需要用到 43 磅的冰，现如今，用冰量减少到了 2 磅。这意味着运送同样质量的冰淇淋所需的卡车和人工更少了。因此，新发明的冰柜迅速席卷了整个行业。[72]

20 世纪初，很少有家庭拥有自己的冰淇淋机，即便有的话，他们也找不到合适的冰柜。举例来说，在 1920 年到 1923 年，虽然开尔文公司和北极冰箱厂不遗余力地推动家用冰箱生产，但它们不过只卖出了区区两万台。这并非什么意料之外的事，因为当时一个美国家庭的年收入不到 2 000 美元。因此在那个福特 T 型车只卖 300 美元的时代，售价为 900 美元的冰箱自然没有什么

177 销路。[73] 人类历史上已知的首台家用冰箱看起来非常像外面镶着深色木头的冰盒。直到 1935 年，人们才开始使用外形呈流线型的白色新型冰箱，新型冰箱的售价降到了平均 170 美元左右，因此它的售出量高达 150 万台。[74] 这些冰箱的容量不大，只能储存几个冰块盒，因此储存冰淇淋仍旧是一个很大的困难。因而在当时，不论是家庭自制或现成买来的冰淇淋，所有这些甜品都必须在一天内吃完。事实上，直到第二次世界大战结束以后，普通美国家庭才有机会拥有可以储存冰淇淋的冰箱。

1920 年代，冰淇淋生产过程越来越先进，逐渐实现了机械化包装。早期的冰淇淋包装机的产能是每分钟 20 夸脱，这样每小时就可以打包 1 200 夸脱冰淇淋，如此折算，机器包装胜过手工包装十倍。一些工厂里还安装了产品传送带，引入了自动分割冰淇淋的专业设备。1923 年，一家工厂投用了一台每小时可以包装 90 枚爱斯基摩派的包装机器，只需要两名工人负责操作即可，如此变革使生产效率大大提高，每枚爱斯基摩派的包装成本为 5 美分，只有之前的一半。[75] 1928 年，肯塔基州路易斯维尔的克拉伦斯·沃格特(Clarence Vogt)发明了全自动冷冻生产线。这条流水线可以精准控制原液用量、保证水果添加精准，也能提高自动包装的效率，更好地生产冰淇淋。[76] 当时发生的第一个变化是，纸质容器取代了传统的金属容器，新一代的纸质容器不仅重量轻，运输方便，还避免了金属生锈等危害食品安全的弊病。

一个个创新想法接踵而至，它们赋予了冰淇淋纸杯以新的生命力。把每一份冰淇淋装进小纸杯里的想法并不新鲜，但迪克西纸杯公司创造了一种容量达到 2.5 盎司的防水纸杯，使纸杯冰淇淋的远途运输和销售成为可能。另一方面，莫琼尼耶兄弟公司发明了一种可以往纸杯里装入两种口味的冰淇淋的神奇机器，通常组合为香草味和巧克力味。莫琼尼耶兄弟公司的双色冰淇淋令迪克西纸杯大放光彩,在成功的特许经营计划以及铺天盖地的广告宣传的加持下,售价仅 5 美分的双色冰淇淋成为举国闻名的儿童美食。迪克西纸杯公司赞助了一个名为"迪克西马戏团"的广播节目,所生产的纸杯杯盖印有马戏团图样。孩子们可以收集这些图样,积攒到一定数量后,即可换取一张 8 英寸×8.5 英寸的马戏团名角彩照。后来,一些电影和体育明星照片也成为迪克西纸杯公司的营销手段。⑰

1920 年代,尽管《甜品师和面包师公报》的编辑们怨声载道,模压冰淇淋还是卷土重来了。多亏了新型金属成型技术,火鸡、飞机、飞船和山姆大叔形状的冰淇淋开始批量生产。也许它们的质量不会得到冰淇淋权威的认可,但顾客却钟情于此。

冷饮柜冰淇淋生意比以往任何时候都火爆。1929 年,全美 58 258 家杂货店中有 60% 安装了冷饮柜。但是,当时的冷饮柜并不只出现在杂货店里。约瑟夫·达尔(Joseph O. Dahl)在他的《冷饮柜和便餐管理》(*Soda Fountain and Luncheonette Management*)一书中列出了他在 30 种不同类型的场所见到的冷饮柜。约瑟夫告诉我们,从餐车到机场,从烟草商店到办公楼,从百货商店到餐馆,冷饮柜无处不在,圣代的销量也在成倍增加。早些时候,圣代冰淇淋的品类比较单一,大多以添加的配料命名。那么圣代冰淇淋是怎么得名的呢? 1904 年版的《苏打水和其他饮料标准手册》(*The Standard Manual of Soda and Other Beverages*)解释道:"圣代的名字来源于它所使用的糖浆,巧克力糖浆可以做成巧克力圣代,香草糖浆可以做成香草圣代等等。这些圣代通常装在一个所谓的果子露杯或玻璃杯中,并配有果子露勺(比冰淇淋勺要来得小)。在当时条件最好的售卖点还会给圣代配上一小杯冰水。"[78]

1905 年，罗勒在《一年四季的美味菜肴》(*Dainty Dishes for All the Year Round*)里向家庭厨师介绍了一款圣代——浇有热巧克力酱的香草冰淇淋。罗勒给出的一条建议是：必须在冰淇淋端上桌前熬制巧克力酱，唯其如此，浇在冰淇淋上的热酱才能"凝结成糖衣"。[79]

到了 1920 年代，由于圣代已经家喻户晓，所以相关书籍也就不必解释何为圣代了，圣代冰淇淋也不再仅仅依靠所浇的糖浆来命名。一些有趣的名字，比如"单身汉圣代""波士顿俱乐部圣代""德尔莫尼科""快乐寡妇""科尼岛""蒂达巴拉""复活节圣代"等都开始相继出现。"夏威夷圣代"是用香草冰淇淋、橙子和菠萝碎以及一层棉花糖做成的特制冰淇淋。[80]"滑翔机圣代"的制作方法是在一个矩形的盒子里摆上香蕉，巧克力、香草和草莓味冰淇淋各一球。在装饰方面，滑翔机圣代用威化饼干象征飞机的头与尾，以巧克力冰淇淋上的樱桃象征飞行员。还有一款由碎樱桃、菠萝、山核桃和奶油制成的圣代冰淇淋深得大学生群体喜爱，其售价不过 20 美分。[81]

冷饮柜的菜单上还有圣代、香蕉片、苏打水、奶昔、冻糕、麦乳精、冰镇饮料、糖霜和漂浮冰淇淋汽水，但是唯独冰淇淋的销量一直处在狂飙突进状态。时至 1930 年，美国冰淇淋行业的年产量达到了 2.77 亿加仑，而美国人的年平均冰淇淋消费量已高达 9 夸脱。[82]差不多同一时间，一款很是新颖的"鸡腿雪糕"(drumstick)也吸引了许多消费者。这款冰淇淋之所以叫"鸡腿雪糕"，有一段小小的故事——得克萨斯州沃思堡潘伯恩糖果冰淇淋公司的广告经理帕克(I. C. Parker)向他的妻子展示自己的发明，这件新品结合了圣代和甜筒的优势。甜筒在工厂里装满冰淇淋,变硬后手工蘸上巧克力糖浆,滚上花生碎,然后用玻璃纸袋包装。帕克太太惊呼这看起来就像是一只鸡腿,于是"鸡腿雪糕"就这样得名了。[83]

人类与甜筒相遇的时刻可以上推至古希腊时代。此后在中世纪的巴黎、维多利亚时代的伦敦,直到 1904 年在圣路易斯举行的博览会上,甜筒都是颇有口碑的经典小吃。当时的甜筒可以单独食用,也可以在甜筒里装满水果奶油或冰淇淋,加工成一道美味的甜品。不过谁能想到在 1930 年,得克萨斯州的一家工厂里竟有人把甜筒做成了鸡腿的样子。我想一定会有读者惊呼,如此受人喜爱的甜品沦落至此,是多么不幸啊! 但是必须承认,"鸡腿雪糕"的出现是冰淇淋发展的必然结果。19 世纪,甜品师在甜筒上蘸上皇家糖霜,撒上碎坚果,然后往里面挤上奶油。像前辈们一样,20 世纪,制造商们开始在甜筒里填满冰淇淋,蘸上巧克力,再裹上碎坚果,这或许就是所谓的经典传承。

第八章
早餐冰淇淋

　　霍华德·约翰逊（Howard Deering Johnson）小时候住在马萨诸塞州的昆西。每到夏天，母亲会在周日下午制作草莓冰淇淋，它们是约翰逊的心头爱。约翰逊家的草莓冰淇淋用料讲究，新鲜奶油源自自家奶牛所产的新鲜牛奶，所用的草莓也是熟透且非常甜美的那种。正因此，家里的冰淇淋一直让约翰逊无法忘怀。岁月流逝，约翰逊长大了。"一战"期间，约翰逊在法国服兵役，回国后，他来到了父亲的雪茄厂里帮忙做推销。1925 年，他在昆西的沃拉斯顿社区盘下了一家设有小冷饮柜的百货店。刚开始的时候，约翰逊会从当地的冰淇淋制造商那里购买冰淇淋。但由于小时候的冰淇淋风味诱人，所以他总对买来的冰淇淋很不满意。他后来回忆："每当我在顾客面前打开一桶香草冰淇淋，扑面而来的'烟雾'把人工香精的诡计暴露无遗"。有鉴于此，约翰逊决定为顾客提供"记忆深处的自制优质冰淇淋"。

　　然而约翰逊的初次尝试并没有很成功。当他把冰淇淋端上桌时，一位顾客评价道："如果口感能细腻一点，那就会好多了。"约翰逊继续钻研，很快他就做出了一款醇厚、高乳脂、丝滑的冰淇淋。此后人们开始排着长队抢购霍华德·约翰逊冰淇淋。起初，约翰逊店里的冷饮柜台只能同时接待 10 名顾客，因此他决定扩大规模,在附近的沃拉斯顿海滩开设一家夏季冰淇淋摊。为了吸引消费者注意,他把柜台涂成了橙色。鲜艳的柜台配上美味的冰淇淋,这个绝佳组合使得约翰逊的冰淇淋摊大受欢迎,引来无数顾客。那年 8 月,约翰逊在酷热的太阳下,一天就卖出了 1.4 万个甜筒。他的运营方式是在百货商店里把冰淇淋封装入桶中,然后用出租车转运到海滩。等冰淇淋卖完了,就再派人去转运一波,在中间的空档期,售货员会对排队的顾客们高喊:"各位请稍等,冰淇淋马上就来。"①虽然在 1929 年,约翰逊的冰淇淋生意登峰造极,但与此同时一场旷世大萧条也正步步逼近。

　　1930 年代的经济大萧条和 1933 年禁酒令被解除给冰淇淋行业带来了毁灭性的打击。历史学家就二者对冰淇淋产业的影响孰大孰小并没有达成统一意见,但毫无疑问两种巨变带给冰淇淋产业的冲击都是无比沉重的。正如一份行业杂志所言:"比起花 10 美分买苏打水,人们更愿意去买啤酒。"②冰淇淋曾是美国发展最快的行业之一。1929 年,平均每个美国人一年要吃掉大约 9 夸脱的冰淇淋,全美的冰淇淋年产量超过 2.77 亿加仑。然而到了 1933 年,美国的冰淇淋产量触底了 1919 年以来的最低水平(1.62 亿加仑),人均年消费量跌至 5 夸脱。③翻阅此前的商业杂志,有关冰淇淋的篇幅能够占到 100 页之多,而 1933 年时能撑到 60 页就已经不错了。业内人士从未经历过如此糟糕的时期,看着这些数据急剧下降,他们也不知如何是好。1933 年,国际冰淇淋制造商协会主席金德瓦特(G. G. Kindervater)曾有过一段感慨:

　　　　我们乘风破浪时,一切都很美好。

　　　　突然,一些毫无预兆的事情随风而来——风浪平息了,我们喘着粗气，挣扎着站在坚实的地面上。我们仍在进行斗争。

若要在反思过去四年的发展态势之后，作出评价的话，我们无疑能够得出这样的结论：我们并不是像一群看上去那样"健全、睿智"的商人。

异想天开的想法冲昏了我们的头脑，竟然会对冰淇淋行业的利润奇迹报以幻想。如今，我们就要为之负责。

我们完全认识到，这些可观的利润就像一种强效药物，让人昏昏欲睡。④

万幸的是，当逆境来袭，冰淇淋行业也有所准备，因此保持了发展的势头。机械化和制冷器有助于企业实现现代化。加之 1920 年代是个"企业合并"的时代，冰淇淋行业概莫能外，行业的内部整合提高了生产效率。但许多问题仍未得到充分解决。对许多身处大萧条的人来说，冰淇淋又变成了一种奢侈品，冰淇淋销售商也因此面临更尴尬的处境。新一代的冰淇淋小贩叫卖着质量低劣的冰淇淋，这些产品都来自生产环境恶劣的"黑作坊"。"好心情雪糕"销售员也成了失业大军中的一员，他们会卖苹果、铅笔等一切可以拿来卖的东西，以此谋生。恶性竞争使得一些零售商开始制作一些价格低、质量更低的"廉价冰淇淋"。在洛杉矶，标准质量的冰淇淋卖 20 美分，劣质的只要 15 美分。在波士顿，标准质量的冰淇淋卖 15 美分到 30 美分不等，而劣质的冰淇淋售价不过 10 美分到 15 美分。⑤由于越来越多的顾客开始抱怨冰淇淋里充满了空气，一些州相继出台法律，禁止过度偷工减料，并制定了每只冰淇淋的最低含量标准。⑥

在经济大萧条的形势下，冰淇淋私贩频频出现。他们把劣质冰淇淋提供给零售商,而零售商则把冰淇淋放入知名制造商品牌的冰箱专柜里。1933 年的《商业周刊》(*Business Week*)给"冰淇淋私贩"下了一个简明的定义:"不知名的冰淇淋制作者,按自己的标准制作冰淇淋,这些冰淇淋制作者以低于品牌冰淇淋的价格向经销商供货。在竞争对手看来,私贩的主要罪过是把大罐的劣质冰淇淋塞进了专属于名牌冰淇淋的冰柜里"。⑦

据《冰淇淋贸易杂志》报道,私贩版冰淇淋每包售价仅为 10 美分。报道称在市面上经常能看到"某些外国乳脂、人造黄油或其他类似的劣质配料"。⑧如果顾客因此觉得冰淇淋口感糟糕,或与传统风味不一致,受到指责的不会是那些私贩,鞭子会落到名牌专柜之上。要知道零售商们绝不会承认他们与私贩之间的勾当,因为这种山寨行为绝对是违法的。当时也有一些私贩被法律惩处。事实上乳制品行业历史学家拉尔夫・塞利泽研究指出,1933 年 3 月 1 日至 4 月 21 日,纽约市有 899 名冰淇淋私贩被定罪判刑。⑨但是若想从根本上改善这一情况,只能靠经济的全面改善。

替罪羊和竞争者

出于对行业状况的担忧,当时也有一些冰淇淋制造商将行业的衰弱归咎于家庭厨师。1933 年,《冰淇淋评论》将自制冰淇淋称为"三脚猫",该杂志还批评了把自制冰淇淋和工厂冰淇淋相比较的舆论,认为这好比拿驿站里的马车与铁路蒸汽机车做比较。《冰淇淋评论》并未就谁有权评价冰淇淋给出明确答案,只是说应该告知家庭主妇她自制的冰淇淋并不算好。然而在现实中,这是极为让人尴尬的——客人们就像是在背后对家庭主妇指指点点似的。当然，冰淇淋的好与坏也并非没有标尺，譬如《冰淇淋评论》的编辑就指出，对于面包、肥皂和冰淇淋而言："受过专业培训的人……已经学会了如何更好地制作这些东西。"⑩

当时，那些极少数买得起机械冰箱的家庭主妇，已经开始试着充分利用这种新奇的家庭电器。为此，家电制造商们也推出了一系列精美的指导手册，甚至是厚厚的科普书籍，以此向家庭主妇传授"冰箱美食"的秘诀——诸如冷藏饼干、冷汤、五彩斑斓甚至装点有玫瑰花蕾和薄荷叶的冰块，都是家电制造商秘笈里的特别推荐。当然，少不了冰淇淋。爱丽丝·布拉德利（Alice Bradley）在 1927 年版的《电冰箱菜单和食谱》（*Electric Refrigerator Menus and Recipes*）一书中写道："电冰箱是一项新发明，它的全部用途还未被完全挖掘。"布拉德利这本著作的副标题是"专门为通用电冰箱准备的食谱"，"等待更多顾客挖掘电冰箱的使用方法"。⑪

用新型冰箱制作冰淇淋比使用冰淇淋冷冻机更简单，因为它不需要制备冰盐冷冻剂，也无须搅拌混合物。厨师们只需把冰淇淋原液倒入一只托盘里，然后放进冰箱最低温处冷冻。当冰淇淋原液的边缘开始结冰，厨师们就把它拿出来，用打蛋器或一种全新的电动搅拌器拌匀，再送回"冰冻室"。如此过程会重复一到两次，随后冰淇淋就能顺利成型。即便没有打蛋器或搅拌机，厨师也可以简单地用勺子搅拌。不过如此操作，搅拌的次数就要变多，而且效果往往不尽如人意。因此，用新型冰箱来制作冰淇淋，相关冰淇淋配方应该作出调整。就连冰箱公司出版物的作者也承认，用冰箱制作出来的冰淇淋并不完美。布拉德利写道："虽然果子露和冰淇淋在冰箱里可以冷冻，但成品不像冰淇淋机制作出来的冰淇淋那样丝滑。为了达到最佳效果，厨师要在冷冻期间时常加以搅拌抽打,并添加明胶或面粉使其变稠。与此同时,为了口感更加丝滑,建议厨师用玉米糖浆代替部分食糖,奶油用量越多,混合物的口感就越醇厚顺滑"。⑫

要说反面案例的话,布拉德利的巧克力冰淇淋配方是一个很好的例子,虽然她也在配方上做出了一些改变,然而做出来的冰淇淋却是一堆口感极差的冰碴子,根本没有什么味道。

巧克力冰淇淋

在双层蒸锅顶部融化一块半正方形的巧克力,

加入半杯糖或四分之一杯糖、四分之一杯玉米糖浆。

混合均匀后,缓慢加入一茶匙泡在一杯炼乳里的明胶。加热至沸腾,搅拌直至完全混合。

冷却后,加入一杯水,然后冷冻。一旦冻结就用打蛋器打散。

可依据个人喜好加或不加 63 号棉花糖酱,可以用半茶匙香草代替薄荷进行调味。⑬

制作完成后,把冰淇淋从冷冻盘倒扣放到一个盘子里,切成片状或方块,也可以把冰淇淋直接从盘子里挖到杯子或碗里。

大多数刊物还介绍了像慕斯那样在冷冻过程中不需要搅拌的甜点。这些刊物还提供了一些冷饮店的特色配方,比如冰淇淋苏打水和圣代糖浆等。布拉德利的书中,一幅圣代冰淇淋图片下面的标题是:"如果你可以到自己的冰箱里随时拿出巧克力或枫糖坚果圣代,那你为何还要大费周章跑去冷饮柜呢?"⑭这家冰箱公司的出版物和食谱以冷冻沙拉为特色。冷冻沙拉无论在冷饮柜、便餐店还是在家庭餐桌上都备受欢迎。番茄沙拉、鸡肉沙拉、

185

梨子和姜味啤酒沙拉都是广受欢迎的冷冻沙拉品种。当然，在这一系列沙拉中，最得人喜爱的还是水果沙拉。一般来说，冷冻水果沙拉由混合水果组成，包括罐头菠萝、黑樱桃、梨子、桃子还有杏子。这些沙拉的拌酱主要是蛋黄酱或搅打奶油，有的食谱也添加奶油、奶酪或美式奶酪。原料准备完毕后，即可进入冰箱冷冻，定型后的沙拉会被切片，摆放在莴苣叶上。有一份食谱甚至要求在端上桌前给水果沙拉撒点辣椒粉调味。如果家庭主妇不想自制沙拉，要么堂食，要么就按斤论价买回家。《冰淇淋贸易杂志》对这种美食评论道："把冷冻沙拉切成片，夹在莴苣叶里，配上三明治或饼干一起食用，浇上蛋黄酱，那可是非常美味的！这种冷冻甜点因其极致的美味和极高的营养价值，在联欢会上大获欢迎。该产品的一般售价为每夸脱 1 美元。"[15]

家庭主妇的自制冷冻沙拉和自制冰淇淋不太可能对冰淇淋制造商构成威胁。但制造商确实面临着新的竞争压力，那就是像霍华德·约翰逊那样经营路边摊的小型零售商。这些被《冰淇淋贸易杂志》称为"路边摊"的摊位雨后春笋般涌现出来，专为那些专心享受驾车乐趣的新车主提供方便的餐食。小摊上售卖的种类有很多——三明治、雪茄、冷饮、烤豆、自制馅饼，当然也少不了冰淇淋的身影。此外，有些奶牛养殖场还在路边开出了一种被称作"奶吧"的小店，向过路人出售农场的新鲜牛奶、黄油和自制冰淇淋。

当时美国的冰淇淋摊和奶吧会用一种小型的新款冰淇淋机生产自制冰淇淋。这款冷冻机采用机器制冷，不需要添加冰盐混合物也无须手动制冷。店家只需在餐吧前稍等片刻，便能收获5～10加仑的成品冰淇淋，这款冰淇淋机的最大特色是体型小巧，可以放在柜台上。事实上，一些冷饮柜老板也开始使用这种新型冷冻机制作冰淇淋。柜台冷冻机的发明者是来自纽约州布法罗市的查尔斯·泰勒（Charles Taylor），他在 1926 年实现了冰淇淋史上的重要跨越。不过他的发明直到 1930 年代才对产业造成影响，因为只有那时冰淇淋的价格才降了下来，变得更实惠。

虽然零售商们总是将柜台冰淇淋机做出的产品称为"自制冰淇淋"，而且这些冰淇淋的确是在顾客面前被做出来的。但必须承认，所谓"自制"是很具欺骗性的一种说法。那些制造商中，确实有小部分人从头开始制作冰淇淋原液，但更多人无权声称他们的冰淇淋是自制的——大多数人只是从一家大型商业制造商那里购买了冰淇淋原液，然后把它倒入柜台冰淇淋机就坐享其成了。事实上，《冰淇淋贸易杂志》就曾明白地谈道："柜台冷冻机的设计初衷是让零售商可以用上事先购买的混合料和原料自制冰淇淋。"⑯

商家采购的冰淇淋原液里含有奶油、牛奶、炼乳、黄油、乳固体、糖，以及明胶或植物胶（稳定剂或黏合剂），一些原液里还加入了干鸡蛋或蛋黄粉。这些冰淇淋原液的乳脂含量从 7% 到 20% 不等。如果零售商购买高质量的冰淇淋原液，并在其中加入新鲜水果、果仁或巧克力，那么他们的冰淇淋就真的会像自制冰淇淋那样高质量，无比诱人。那么为何柜台不能与自制冰淇淋旗鼓相当呢？原因正是商家们选用了低质量的预调原液，冷冻的过程也十分简单粗糙。对于这种冰淇淋，如果冠之以"自制"的名义，那就大大歪曲了自制的本义。当然在那个年代，这种扭曲随处可见。

1930 年代，贸易书籍和杂志为小型零售商提供了创业所需的所有信息，提供了冰淇淋混合物成分的详细信息——冰淇淋原液的成分表、各种原料的作用。关于零售企业的网络搭建以及成本核算与质量控制等相关措施都有对应的指南存在。不仅如此，相关文章还提供了大量食谱，教人们把普通的冰淇淋原液做成各种风味冰淇淋，如此一来，香蕉坚果味或樱桃香草味的冰淇淋都可以轻松实现。此外，相关指南也教人们如何制作特型冰淇淋，像为婚礼派对制作的心形、拖鞋形冰淇淋，装饰圣诞蛋糕的冰淇淋蘑菇，为圣帕特里克节制作三叶草形状的冰淇淋卷，以及为当地桥牌俱乐部制作的红心、梅花、黑桃和方块型冰淇淋都有具体指导方案。虽然小型零售商可以从大型商业制造商那里购买现成的产品，但他们也乐意利用一些简单的原液及模具，按照行业刊物提供的说明制作属于自己的"特色冰淇淋"。

在大萧条中夹缝求生

大萧条期间，商业刊物上充斥着改善销售的建议。然而并非所有的建议都是真实有效的。当时的刊物编辑们普遍劝告经营者们要有耐心，并强调要不懈扩大广告推销。也有更具建设性的意见，譬如《冰淇淋评论》就鼓励冰淇淋制造商们往积极方向思考，并杜绝劣质冰淇淋。该杂志也建议制作商们向顾客赠送日历，以及为打包带走的冰淇淋提供保温袋。当时也有个别冰淇淋制造商想出了颇具想象力的营销方法——由奶牛场利用送货线路同时配送牛奶和冰淇淋，这提升了物流效率。也有商家在禁酒令废除后，选择给冰淇淋加入酒精成分，俘获了不少食客的芳心。新产品如"米兰式布丁"（Milanaise Pudding）是由白兰地口味的搅打奶油与樱桃冰淇淋和香草冰淇淋结合在一起做成。菠萝布丁的做法是把浸过白葡萄酒的菠萝倒入香草冰淇淋里，还有一款模制核桃饼干冰淇淋用到了朗姆酒、雪利酒或白兰地调味。

　　冰淇淋行业的推销手段还包括鼓励人们在一天中的不同时段都享用冰淇淋。"嗨客食"（Hydrox）品牌的广告语为"早餐吃冰淇淋！——嗯，为什么不？"当时，文案策划建议"嗨客食"把冰淇淋置于麦片而非奶油之上，因为"冰淇淋也是奶油……"亨德勒冰淇淋公司的一则广告称，英国人4点喝茶的习惯已渐渐改为吃冰淇淋。"茶和冰淇淋都是可以提神醒脑的，巴尔的摩人最好每天都吃一盘冰淇淋，以此戒除下午4点准时会犯的烟瘾。"[17]

188

　　在《实用冰淇淋制作和配料表》中，亚瑟·伯克提出了一个更有创意的想法，他说冬天是增加销量的好时机，因为冰淇淋有助于增强免疫力，帮助人们抵御感冒。"人们在冬天都会哈气，机会来了！"他写道："为什么不用浓缩冰淇淋抵抗冬天的寒冷呢？"伯克还提出了更具建设性的建议，包括每周推出冰淇淋特价活动，并广而告之，以及向购买一碟冰淇淋的孩子们附赠可爱的气球。伯克还建议厂家改良冰淇淋包装，使之能够顺利装入"机械式冰箱的冰块室"。[18]事实上底特律一家公司已试制成扁平的冰淇淋砖，不过并没能当即取得成果。

　　《冷饮柜和便餐管理》（*Soda Fountain and Luncheonette Management*）一书的作者约瑟夫·达尔建议用当地球星或大学名人的姓名来冠名冷饮柜，如此便能吸引到许多顾客。达尔同时建议厂商们用新鲜时令水果以及少量冰淇淋做成"低脂圣代"来赢得减肥人士的青睐。他还建议抓住孩子们的喜好，在儿童圣代上装点一些软糖。"迎合孩子的喜好，"达尔解读到，"孩子们的生意很好做，也是有利可图的"。[19]

　　为了控制分量、削减成本，当时的经营者也开始尝试在冷饮柜或其他零售网点售卖工厂预制的冰淇淋。一款名为"Kleen Kup"冰淇淋纸杯就以方便零售商将冰淇淋分装销售为目的而设

计。[20] 还有一款名为"Twinkle-Cup"的冰淇淋纸甜筒,其做法更为
特殊——零售商会把包裹冰淇淋的纸撕下来,然后把冰淇淋球塞
进顶部平坦的甜筒里,这种甜筒虽然只容得下一勺冰淇淋球,却
能给人一种塞得满满当当的错觉。[21] 由于包装决定了分量,因而
这些设计有助于企业获利更多。不然冷饮售货员有时会多舀一
点到甜筒或杯子里,特别是当他们给朋友准备冰淇淋时。

  在所有营销策略里最成功的还要数压低售价。虽然霍华
德·约翰逊每只大甜筒只卖 10 美分,但他的制作成本不过 8.5
美分。约翰逊表示:"虽然没有高利润,但这样的策略可以让我,
以及我的冰淇淋店出名"。[22] 在当时,即便是成本只要五美分的低
端冰淇淋仍能拥有广阔市场。在《冰淇淋贸易杂志》的一篇文章
中,循环盐水冷冻机的先驱伯尔·沃克推荐 4 盎司的甜筒卖 5 美
分。沃克欣慰地谈道:"这样虽然赚不了什么钱,但却赢得了惊人
的顾客流量,非常值得。"[23] 伊萨利公司以巧克力脆皮冰淇淋雪糕
"克朗代克"(Klondike)而闻名,该公司出售独一无二、被人们称
为"摩天大楼"的甜筒冰淇淋。伊萨利的职员受过培训,能把冰
淇淋舀成一个倒立的甜筒形状,高度比甜筒还要高,且 4 盎司的
蛋筒只卖 5 美分。回忆起那些年,伊萨利的一名员工感慨道,
"摩天大楼""可能是整个经济大萧条时期第一件商品价值高于
价格的商品"。[24]

  即使在大萧条时期,也有许多顾客买得起 5 美分的冰淇淋,
冰淇淋行业不仅依靠 5 美分的甜筒赚取利润、人气,也在新品上
开拓了空间,如"人行道圣代"(被描述为"5 美分糖浆的滋味")、
"Cho-Cho"(一种巧克力麦芽雪糕)以及连体冰棒。[25] 如果孩子们
没有能力买一整只冰棒的话,他们可以选择拼单将连体冰棒分成
两半,与朋友共享。"好心情"雪糕公司新推出售价 5 美分的巧克

力脆皮冰牛奶棒也大受欢迎。这些新奇的东西既便宜又好吃,更重要的是在那段艰难的日子里,冰淇淋给人们的生活增添了许多色彩。在1939年纽约世界博览会上,各色冰淇淋引人瞩目。嘉宾们排着队参观博登公司的"挤奶旋转木马"演示,以此了解挤奶的全过程。在此过程中,他们也见证了新产品"Mel-O-Rol"冰淇淋的制作全流程。塞利泽表示:"观众可以看到工作人员如何把冰淇淋做成长卷、按尺寸切割、包装并密封继而称重、放进冰箱保存,最后在奶吧和餐厅出售等一系列环节"。㉖

冰淇淋行业"满血复活"主要归因于新品与合资企业的出现。1939年起,每个美国人每年至少吃掉9夸脱冰淇淋。以此为基,美国冰淇淋的年产量再创新高,达到了3.19亿加仑。属于冰淇淋的快乐时光又回来啦!

快 乐 时 光

大萧条结束后,冰淇淋生意又重新红火了起来,冷饮柜的生意也翻了好几番。1937年,沃尔格林公司在迈阿密建造了一座五层楼高,配有空调的现代化百货商店。这家百货商店,不仅拥有可以直接配货到店的冰淇淋工厂,甚至还有一个长达24米的流线型不锈钢冷饮柜。在1930年代和1940年代的几十部好莱坞电影里,这个巨型冷饮柜都曾亮相。诸如米奇·鲁尼（Mickey Rooney）、朱迪·加兰（Judy Garland）、伊丽莎白·泰勒（Elizabeth Taylor）等明星,都曾在这个冷饮柜的一边吃冰淇淋,或在靠里面的那一侧兜售冰淇淋。此外,还有拉娜·特纳（Lana Turner）,她虽然没有在好莱坞电影里出演过类似的场景,也并未在维恩街的施瓦布百货店享用冰淇淋苏打水,但她与这家店的传闻总能让人信以为真。当时不少体育界、政界和艺术界的名人都曾被摄影师抓拍过他们在这条冷饮柜旁吃冰淇淋的画面。甚至动画片里的白雪公主和七个小矮人也被塑造成了忠实的"冰淇淋迷"。

大萧条时期，路边冷饮摊的数量持续增长，由于比起传统餐馆所需空间和设备更少，路边摊的搭建与经营都相对低成本。也正因此，路边摊售卖的冰淇淋总是相对便宜。那些专门卖冰淇淋的路边摊提供了更多品种和更大分量的冰淇淋，以此与百货商店里的高端冷饮柜竞争。此外，路边摊的老板不只是傻等着顾客自己上门，他们当中的许多人选择把车架涂装成鲜艳的颜色，从而吸引了过路人的注意。在这方面，霍华德·约翰逊的橙色车顶就是一个经典案例。除了约翰逊，其他人也乐意搭建一些富有特色、稀奇古怪的冷饮柜和路边摊。人们可以把车开到一个超大的啤酒桶前畅饮啤酒，开车到一座看起来像一碗辣椒的建筑前买辣椒，也可以在一个看起来像冰淇淋盒或冰屋的建筑前停下来享用冰淇淋。洛杉矶著名的布朗·德比餐厅外观形似一顶帽子。老板赫伯特·桑伯恩（Herbert Somborn)确实这么想："只要食物好吃，餐厅看着像什么又有何关系呢？"㉗

虽然路边的冰淇淋摊是与汽车工业一同腾飞的，但冰淇淋摊的出现要远早于汽车的发明。19世纪初，在巴黎的托尔托尼咖啡厅和伦敦冈特广场这样的地方，侍者总能为坐在优雅车厢里的绅士淑女们端来可口的冰淇淋等冰品。到后来，美国的百货店里也出现了冰淇淋、苏打水等甜品的"送餐服务"。在那个年代，美国人开始坐在车里吃便餐，一些路边摊以及汽车餐厅就这样发展起来。这些餐厅的就餐流程一般是，顾客把车停好后走到外卖窗口点餐，也有的餐厅推出了"托盘男孩"或"托盘女孩"到车前为顾客服务的模式。㉘一些后来在冰淇淋行业中声名鹊起的著名企业最初都发家于路边小摊,随后在很短时间内发展成了大型连锁企业。尽管霍华德·约翰逊的创业之始是一家传统的百货冷饮店,但他还是凭借在海滩和路边摆冰淇淋摊所获得的成功,将自己的产业扩展到汽车餐厅以及大型酒店。

1935年,约翰逊决定在奥尔良的科德角镇开一家提供一条龙服务的餐厅。这家餐厅以多达28种口味的高品质冰淇淋而闻名。由于缺乏资金,他采用了一种在其他行业很常见,但当时在餐饮业不常用的经营模式——特许经营。约翰逊邀请朋友雷金纳德·斯普拉格(Reginald Sprague)建造并经营这家餐厅,但该餐厅冠名权属于约翰逊,并按照他的意愿建造装潢,因此保留了明亮的橙色顶棚。除了向这家店供应冰淇淋与其他食品,约翰逊也以良好声誉为其担保。斯普拉格接受了约翰逊的建议,并同约翰逊一起经营这家冰淇淋店,最终大获成功。看到有利可图,资本争先恐后地涌入其中。到1940年,从缅因州到佛罗里达州共有130多家霍华德·约翰逊餐厅落地生根。冰淇淋生意非常重要,以至于每个餐馆都设置了一个单独的柜台区域来出售冰淇淋、甜点和其他一些简餐。刚开业的时候,霍华德·约翰逊餐厅的冰淇淋柜前配备了可移动的凳子。午餐时间,顾客们可以坐下享用,之后,这些凳子将会被挪到别的地方,为下午顾客们排队购买冰淇淋腾出空间。㉙

另一位成功的冰淇淋企业家是托马斯·卡维拉斯(Thomas Carvelas),与霍华德·约翰逊生于同一时代,他在希腊出生,小时候随父母来到美国。1929年,23岁的汤姆·卡维尔(托马斯·卡维拉斯的自称)开始在一辆卡车的车厢里兜售冰淇淋。据公司官方传记描述,在1934年阵亡将士纪念日的那个周末,汤姆·卡

192

维尔的卡车在纽约哈茨代尔抛锚。受此影响，卡维拉斯必须在冰
淇淋融化前迅速卖掉所有的冰淇淋。㉚就是这个机缘巧合，使得
卡维拉斯在当地建立了第一家流动冰淇淋店。卡维拉斯的冰淇
淋店后来遍布全美，成为美国冰淇淋销售史上的一段传奇。作为
一位出色的营销创新家，卡维拉斯曾推出诸如"买一送一"，派发
礼券等促销手段，也曾设计过号称"飞碟"的圆形冰淇淋三明治、
犹太洁食冰淇淋以及在 1939 年发明了软冰淇淋等产品。

　　当时，卡维拉斯并不是唯一一个尝试制作软冰淇淋的人。伊
利诺伊州格林河市的麦卡洛（J. F. McCullough）于 1927 年开始
制作和销售冰淇淋，很快就开始尝试各种方法来让冰淇淋的口感
更柔和、更柔软。和许多人一样，麦卡洛喜欢在自制冰淇淋时舔
食搅拌器，他最喜欢冰淇淋变硬之前的味道，最喜欢新鲜制作的
冰淇淋。麦卡洛也想把软乎乎的美味冰淇淋推荐给零售店，并最
终送到消费者口中。麦卡洛和他的儿子亚历克斯（Alex）显得尤
为谨慎，他们决定在购买设备之前，先测试一下顾客对软冰淇淋
的接受程度。谢尔贝·诺博（Sherb Noble）是这对父子的最佳零
售伙伴，三人一拍即合，决定搞一场软冰淇淋促销活动。1938 年
8 月 4 日，他们向顾客提供"10 美分自助冰淇淋"的活动，参与者
在两小时内"干掉"了 1 600 份软冰淇淋，当然并没有人深究究竟
是廉价还是好吃促使顾客们连干千碗。但这个客观的数据的确
推动三位合作伙伴走上了高效制造之路，面向市场供应机械化生
产的软冰淇淋。麦卡洛发现芝加哥的一个街头小贩正用一个小
冰箱出售软蛋奶冻。他们与冷冻机设计师哈里·奥尔兹（Harry
Oltz）签署了一项合作协议。虽然最初冷冻机的运作效果并不尽
如人意，但最终他们还是成功通过微调实现了机械化生产软冰淇
淋的目标。终于在 1940 年，诺博开出了自己的第一家冰淇淋店，

麦卡洛父子的新型软冰淇淋成为"当家花旦"。麦卡洛将之命名
为"冰雪皇后"（Dairy Queen），因为他认为软冰淇淋是乳制品家
族中的"皇后"。㉛诺博的冰淇淋店是一座典型的简式白色建筑，
屋顶建有蓝色"冰雪皇后"标志，上面拼接有一个锥形软冰淇淋旋
涡。很快，旋风甜筒就令"冰雪皇后"成为举世闻名的冰淇淋
品牌。

在软冰淇淋连锁店扩大经营之际，第二次世界大战全面爆
发。冰淇淋设备制造商都转去生产战机零部件等军用物资了。
受此影响，更完美的软冰淇淋还要在襁褓里多待一段时间。

烽火硝烟里的冰淇淋

第二次世界大战期间，冰淇淋在海外是鼓舞士气的工具，在
美国国内则是爱国主义的象征。美国人十分幸运，战争期间，英
国人禁止食用冰淇淋（当然也有一些替代品存在），墨索里尼在意
大利宣布食用冰淇淋违法，日本天皇下令将冰淇淋的价格定得很
低，以至于制造商根本没有办法正常盈利，也就断了冰淇淋的销
路。然而，在美国，尽管冰淇淋的供应量减少了，质量也有所降
低，但在整个战争年代，美国的平民和军人都有幸继续享用冰
淇淋。

这并非偶然。冰淇淋从业者极力说服政府把冰淇淋列入政
府规定的"七种基本食物"。多亏了世界冰淇淋制造商协会和美
国乳制品委员会的共同努力，联邦政府最终废除了 1941 年推出
的一项旧令，决定将冰淇淋视作暂时的生活必需品。1942 年，战
争生产局要求（但并不强制）冰淇淋制造商生产的冰淇淋品种不
得超过 20 种且每种冰淇淋不得设置 10 种以上的口味。该局同

194

时要求厂家每月只能生产 5 种冰淇淋，冰淇淋和冰沙的口味选择不得多于 2 种。如此规定的目的是减少糖类、容器、劳动力、交通运输资源的消耗量。《时代周刊》报道说："虽然美国有充足的牛奶，但冰淇淋产业的缺点是要消耗太多的糖"。与此同时，这篇报道也提出："尽管当时美国的一些大型冰淇淋企业已经能生产 28 种口味，但基本上 10 种就已经能满足市场了。"[32]

冰淇淋生产商们为军队送去了冰箱、冷饮机等专业设备，也向炊事员传授了制作冰淇淋的专业技术。尽管如此，美国军队里冰淇淋的口味选项还是很少，不过的确当时的将士们能吃上冰淇淋。1943 年，美军以每年 8 亿加仑的生产量成为世界上最大的"冰淇淋制造商"。冷藏驳船——"冰淇淋"号配备有大型冷藏设备，堪称一座"冰淇淋工厂"。该船可以满载 1 000 吨食物，每天产出 500 加仑的冰淇淋。1945 年，美国海军又投资 100 万美元建造了一艘专门生产冰淇淋的驳船，将之打造为"海上冰淇淋店"。[33]

由于在丛林岛屿和偏远的军事基地没有新鲜奶油和鸡蛋等冰淇淋原料，军方为士兵们备足了提前包装的冰淇淋原液。平均每位士兵的原液分配量为 4.25 磅，可以产出大约 2.5 加仑的冰淇淋。最重要的是，这款冰淇淋军粮的制作过程非常简单，任何人都可以操作。原液里含有全脂固体奶粉、稳定剂、糖、调味料，偶尔也添加干鸡蛋。相关原料无须冷藏，在任何运输过程中以及各种天气条件下都能保持干燥。生产商把这些混合物"装在罐子里，抽出空气，充些惰性气体以确保储存质量"。[34] 军方提供了桃子、咖啡、枫糖和菠萝等口味的冰淇淋，有时还会把硬糖压碎混合到冰淇淋中。

军队无法为士兵们提供制作冰淇淋所需的设备时，士兵们就用一些有创意的方法实现自给自足。在太平洋岛屿上，海军工程营用"飞机的油管、缴获自日军引擎的齿轮、日军飞机的离合器，弹壳，还有其他车辆的零件制造了一台冰淇淋冷冻机"。塞利泽表示，"这台冷冻机是由一台小型汽油发动机驱动的"。㉟

　　在美国，尽管冰淇淋供应短缺，只能实现定量供给，但冰淇淋的生意还是蒸蒸日上。冷饮柜和便餐店比以往任何时候都要繁忙，这是充分就业和高工资福利的胜利果实。冰淇淋行业确实需要顺应战势发展，如其所说，他们确实这么做了。制造商们用玉米糖浆代替了部分定量供应的糖。英国人封锁了生长香草豆的马达加斯加岛，导致全球香草供不应求。因此美国人推出了其他口味的替代冰淇淋。虽然没有执行定量配给，但出于一些限制性考虑，美国许多州还是降低了冰淇淋的乳脂标准。"二战"前，高品质的冰淇淋是用大约 14% 的乳脂制成的。战争期间，乳脂的最低标准下降到了 10%。用牛奶而不用奶油制成的果子露占据了更大的市场，一半果子露和一半冰淇淋的搭配开始流行起来。此外，为了避免汽油消耗和橡胶轮胎被更多磨损，各公司普遍减少了送货次数。联邦及各州政府也要求牛奶公司改为隔日送货，由此许多消费者开始习惯在本地市场而非从送奶员那里采购牛奶。到战争接近尾声的时候，冰淇淋制造设备开始出现老化和损坏的迹象，但设备的更新因为材料的管制要等到战争胜利以后才能实现。尽管如此，1940 年至 1945 年，冰淇淋的产量还是从 3.39 亿加仑上升至 5.6 亿加仑。㊱

　　在战争年代，吃冰淇淋意味着怀有强烈的爱国赤诚，这在很大程度上要归功于冰淇淋营销协会的宣传。该协会由乔治·亨里希（George Hennerich）领导，在经济大萧条期间，发挥了巨大的作用。亨里希在位于华盛顿研究所总部的冷饮柜实验室工作，在大萧条的艰难岁月里，亨里希成功推出了许多促销活动。战争爆发后，亨里希又策划了一场成功的营销——售卖"胜利圣代"，这场活动既有利于支持保家卫国，也有助于推进冰淇淋生意。亨里希用"购胜利圣代，胜利永相随"的口号，鼓励冷饮店运营商代理胜利圣代业务，他还与冷饮店合作给购买胜利圣代的顾客附赠一枚 10 美分的国防储蓄邮票。这些邮票就像战争债券一样，有助于为战争筹集资金。1942 年，《冰淇淋评论》估计，这一促销活动可以筹集 400 多万美元。而邮票的费用不由冷饮柜经营者承担，而是加在冰淇淋的价格里的。所以若一个售价为 15 美分的草莓圣代成为胜利圣代，那么它就会涨价至 25 美分。[37]

很多其他的冰淇淋也与战争紧密相关。艾奥瓦市的一个冰淇淋制造商推出了一款"希特勒圣代"的广告，上面写着"半吊子"。[38]儿童一直都在收集迪克西冰淇淋杯的盖子，但现在盖子上的图案不再是马戏团或电影明星，而是坦克、飞机和战舰。因为很多男人都在军队里服役，年轻女性开始喝起了老式苏打水。在纽约的锡拉丘兹，一个冰淇淋制造商开了一家苏打和圣代学校，对年轻女性进行培训。该学校的结业考核要求是制作一杯"麦克阿瑟圣代"——这款冰淇淋由香草冰淇淋、蓝莓和草莓酱、烤椰子以及搅打奶油组成，顶部还插了一面小小的星条旗。[39]

战争期间，很多家庭适应了定量配给，找到了减少肉类和糖消耗的方法，并开辟了"胜利菜园"。1944 年版的《家政食谱》（*The Good Housekeeping Cook Book*），其中"多样化食品和替代品"这一节描述了一项技术，即将黄油、明胶和淡炼乳混合在一起，以制作出更美味的"黄油"。1942 年版的《我们现在吃什么？》（*What Do We Eat Now?*）一书的作者是海伦·罗伯逊（Helen Robertson）、莎拉·麦克劳德（Sarah MacLeod）和弗朗西斯·普雷斯顿（Frances Preston）。这本书中有一章节为"爱国经济"，其中介绍道：为了让冰箱等电器更耐用，建议科学使用烹饪燃料。从那以后，大多数甜点食谱都使用了更简单的水果，作者表示"过去丰富而美味的甜点……正在被现在的简式菜肴所替代"。尽管作者们普遍认识到了当时制作冰淇淋所面临的挑战，但书中还是收录了一些相关的冷冻甜点食谱："如今在家制作的冷冻甜点仅限于那些不需要太多奶油、糖或香料的甜点。因此，人们选择制作果子露和奶油冻。"⑩

　　因为香草非常稀缺，战争年代许多香草冰淇淋的配方都提到使用"香草或其他调味品"。和制造商一样，家庭厨师在制作牛奶和白脱牛奶果子露时没有添加奶油。他们明白如果在炼乳中添加明胶可使搅打效果更好。他们还用不受糖配额限制的甜炼乳代替糖和奶油制作冰淇淋。蜂蜜、枫糖浆、糖蜜、果冻或玉米糖浆都可以替代糖，帮助家庭主厨们节约下来之不易的配给糖。

　　同样，棉花糖也可以用来替代糖。棉花糖由明胶、糖、玉米糖浆和蛋清制成。战前人们把棉花糖当作甜味剂和稳定剂来使用。1920 年代初，制作商们宣传红印牌棉花糖可以"增加冰淇淋、冰沙、果子露的丝滑度"，"改善其品质"。⑪不久之后，棉花糖产业开始快速崛起，越来越多的人选用棉花糖制作沙拉、明胶甜点以及自制冰淇淋。威廉·德雷尔（William Dreyer）是加州奥克兰大冰淇淋公司的创始人，据说他在 1929 年发明了"石板街"冰淇淋。当时，他用妻子的缝纫剪刀剪了一些棉花糖，然后把它们和核桃一起加入了巧克力冰淇淋原液中。据说，"石板街"这个名字是对经济大萧条的一种黑色幽默。⑫

　　各类食谱以及《妇女居家杂志》（*Ladies' Home Journal*）、《妇女日》（*Woman's Day*）等杂志和广告中经常出现用棉花糖制作冰淇淋的食谱。由于棉花糖很甜，所以用它来制作冰淇淋时可以只

198

用很少的量，甚至不用添加任何白糖。要知道在第二次世界大战期间，这是一个非常大的优势。据食谱介绍，通常，棉花糖需在加热的奶油或炼乳中融化，随后加入水果或调味品。待原液冷却后，也可以加入搅打过的奶油或蛋清。这些食谱中的一部分标题很直白，如"棉花糖菠萝冰淇淋"或"棉花糖开心果冰淇淋"，但另一些食谱也使用了"marlobet""mallobet""mallow""marlow"这样的术语。以下这份食谱摘自《我们现在吃什么？》：

草 莓 冰 淇 淋

21 块棉花糖

半杯水

1 又 1/3 杯捣碎的草莓

1 勺柠檬汁

2 勺橙汁

3 个鸡蛋清

适量盐

2 勺糖

在双层蒸锅的上层隔水融化棉花糖。棉花糖融化后，熄火。加入草莓和果汁，冷却后静待原液开始凝结，慢慢加入糖，再次打匀。在蛋清里加入盐，搅打直至变硬，慢慢加入糖，打匀。拌入草莓和棉花糖混合物。放入冰箱冷冻盘，反复搅拌几次。

也可用其他水果替换草莓。[43]

这样做出来的甜点比较稀、泡沫丰盈，更像冰牛奶而不是冰淇淋，口感也会偏甜。同时正如食谱所示，在冷冻过程中需要多搅拌几次，因为在凝固阶段，材料会分离。

　　《我们现在吃什么？》的作者在制作冰淇淋时会用传统的曲柄199
冷冻机，但更多的制造商还是会选用冰箱。在那个时代，许多食
谱都采用冰箱冷冻法。冰箱公司的刊物成功地推广了这种方法，
到 1930 年代末，烹饪书籍和杂志经常介绍使用这种方法的食谱。
卡罗糖浆、A&P 市场、篝火棉花糖和一种名为"Ten-B-Low 浓缩
冰淇淋"等品牌冰淇淋原液的广告里经常可见冰箱食谱。大厨路
易·德古伊（Louis DeGouy）于 1938 年出版的《冰淇淋和冰淇淋
甜点》（*Ice Cream and Ice Cream Desserts*）收录了几十种"冰箱托
盘"冰淇淋的做法。1940 年《纽约先驱论坛报》编辑编纂的《美国
烹饪书》也是如此。就连英国作家、冰淇淋纯粹主义者伊丽莎
白·大卫（Elizabeth David）也用过这一方法。虽然没有人明确
表示用冰箱制作出来的冰淇淋更优质，但它确实比传统的曲柄冷
冻机效率更高，操作更方便。随着越来越多的家庭都拥有冰箱，
用冰箱制作冰淇淋也逐渐成为一种常态。除了冰淇淋，冷冻甜点
（如慕斯、饼干果子冰淇淋、冷冻布丁）也慢慢流行起来。它们不
需要用冰淇淋机制作，在冷冻过程中无须搅拌，可直接在冰箱里
冷冻成型。

　　战争时期的另一个选择是购买冰淇淋。虽然《好管家烹饪
书》中有冰淇淋的食谱，但它也建议女性购买冰淇淋和其他甜食，
而不是在家自己做，如果选择自己做的话就会占用家庭的食糖配
额。换句话说，商店买来的冰淇淋也配得上"好管家"的赞誉。

和平时代的喜悦

　　战争结束后，繁荣时代再次起航。战时经济向和平经济转变

后，崭新的住房、高速公路、汽车和家用电器在美利坚大地上遍地开花。仅 1949 年一年间，美国人就购买了 600 多万辆小汽车和卡车，建造了 100 多万套新房。当人们搬入新居，他们纷纷来到超市，采购那些战时匮乏的食材，回来的时候塞满了每个冰箱。

如前所述，即便在战时，美国人也从未有过冰淇淋断供的体验——1940 年，全美年人均冰淇淋消费量为 10 夸脱，这个数字在 1945 年达到了整整 17 夸脱。"二战"结束后，美国人对冰淇淋有了更多的渴望。1946 年，美国人的冰淇淋消费量达到了惊人的 21.33 夸脱，⑭打破了历史纪录。然而在 1947 年，这个数字回落到了十几夸脱，一直到 1956 年，这个数字才再次回升到 20 夸脱。此后，美国年人均冰淇淋消费量就在 20 夸脱至 22 夸脱之间徘徊波动。⑮

汽油配给制的结束意味着汽车餐厅和路边餐馆的福音即将降临。冰淇淋生意急剧好转起来，像霍华德·约翰逊这样在战争期间被迫关闭了许多分店的餐馆也开始峰回路转。此时，软冰淇淋店有条件购置期待已久的各种设备，软冰淇淋由此强势回归。凯雪（Carvel）和冰雪皇后（Dairy Queen），以及像"Taste-Freez"这样的新晋品牌春潮汹涌，数千家新店雨后春笋般在美国各地冒出来。得益于战后出现的"婴儿潮"，越来越多的家庭开始选择在路边小摊或自家轿车这样轻松的氛围里吃饭。汽车餐馆的生意开始蓬勃发展。大多数情况下，硬冰淇淋是在室内的冰淇淋店或冷饮柜出售的，在室内吃需要注重礼仪。而软冰淇淋是一种休闲的户外冰淇淋，是孩子们放松解馋的不二选择。

冷饮店受到了软冰淇淋连锁店的冲击，但超市和家用冰箱的出现更是对它们造成了深刻影响。"二战"前，大多数的冰淇淋都是在百货店的冷饮柜或冰淇淋专卖店里出售。而由于缺乏冰箱，杂货店里很少能见到带包装的冰淇淋。"二战"后,家电制造商退出国防军工领域,重新致力于家用设备业务。越来越多的家庭由此拥有了配备冷冻室的冰箱。有史以来,美国普通民众第一次有机会方便购买和储藏冷冻食品,这里面当然包括了包装冰淇淋。　　201
1948 年,有公司推出了半加仑装的大份冰淇淋,到 1950 年,布雷耶斯冰淇淋公司每年能卖出 200 万份冰淇淋。⑯本着"大即是好"的原则,人们将半加仑装的冰淇淋奉为圭臬,从前的半品脱标准不复流行。超市也开始以组合包装出售新产品。很多家庭都养成了买一整盒包装冰淇淋杯或冰棒的习惯,他们希望随时能从冰箱里取出美味享用。1951 年,超市的销售额约占冰淇淋总零售额的 30%,百货店的占比则下滑到了 18%。⑰随着包装冰淇淋的销量增长,冷饮柜的销售持续萎靡。即使接下来几年还会有冷饮柜的存在,但它的"灭亡"已不可挽回。

　　与此同时,自制冰淇淋的数量和品质也在下降。"二战"后,冰箱托盘式冰淇淋盛行,而人们看待曲柄冰淇淋机和冷饮柜一样,都成为怀旧之物。1948 年版的《百验曲奇饼食谱》(*Toll House Tried and True Recipes*)一书里,作者露丝·韦克菲尔德(Ruth Wakefield)回忆道:"在自动冰箱出现之前,年轻一代很少有机会拥有如此常见的冰淇淋冷柜",她接着说:"享受过'舔搅拌器'的快乐时光的人是幸运的。自制冷冻冰淇淋确实是一种绝妙的周日享受!"⑱尽管韦克菲尔德仍热衷于传统方法,但她还是把冰淇淋放在冰箱的托盘里冷冻起来。尽管《烹饪的乐趣》(*The Joy of Cooking*)等出版物仍坚持推荐用曲柄冷冻机制作冰淇淋,但使用冰箱制作冰淇淋已经成为当时的常态。到了 1940 年代,《妇女日》中的冰淇淋食谱已从使用曲柄冷冻机制作冰淇淋转变为使用冰箱。在那时,许多出版物将使用曲柄搅拌机冷冻的冰淇淋食谱视为奇异怪事。二十世纪五六十年代的烹饪书，如《美国日常食谱》（*The American Everyday Cookbook*）、《家庭冷冻全书》（*The Complete Book of Home Freezing*）、《美好家园和花园新食谱》（*Better Homes & Gardens New Cook Book*）以及《烹饪艺术学院百科全书食谱》（*The Culinary Arts Institute Encyclopedic Cookbook*），都以使用冰箱制作冰淇淋和冷冻甜点为特色，这些冰冻甜品在制作过程中无须搅拌。此外，食谱中的方便食品也很丰富多样：速溶咖啡、罐头水果、冷冻浓缩橙汁、罐装蔓越莓果冻、袋装布丁、棉花糖，甚至"可乐类饮料"都可以放进冰箱里冷冻，1965 年版的《速食甜点》（*Quick and Easy dessert*）如此总结当时的速食景观。㊾

当然，有些人会在夏日周末或为特殊场合制作美味的老式冰淇淋，就像有些人仍然会自制果酱或节日水果蛋糕一样。但是这样的自制冰淇淋实在是不多见了。假如一位家庭主妇想用曲柄式冷冻机制作冰淇淋，她必须等冰箱制作出足够的冰，这得花上不少时间。即便她可以去商店买冰，当时也不再有店家提供送冰上门的服务。

即使是用冰箱制作冰淇淋也需要做好计划，付出努力。但是事实证明这些努力付出与收获完全不成正比。比起自制冰淇淋，越来越多的人倾向去商店买冰淇淋吃。超市里的冰淇淋的品质不如老式的冷饮柜和自制冰淇淋好，但年轻一代几乎不记得传统冰淇淋的风味了，很多人早已习惯劣质冰淇淋的口感。在"二战"期间，英国人经常用冰冻的植物奶油制作冰淇淋，不再使用奶油或牛奶。这种做法在战后的世界各地很受欢迎。事实上，用植物奶油制作的冰淇淋至今仍在售卖。此外，因为超市的包装冰淇淋可以储存在冰箱里，随用随取，降低了运输成本，吃冰淇淋变得越

202

来越方便与触手可及了。

　　随着越来越多的人在超市购买冰淇淋,杂志和烹饪书也开始刊载很多企业编制的冰淇淋食谱。韦克菲尔德写道:"'商店'冰淇淋亦可以很有趣。一小块一小块的水果蛋糕可以搅拌到香草冰淇淋里,然后在自动冰箱的托盘中冷冻变硬,或者可以在冰淇淋里添加碎巧克力薄荷薄饼、雀巢的巧克力小片,或像香蕉这样的水果……简简单单的操作就能制作出美味的新潮冰淇淋。"⑤

　　"火焰冰淇淋"(Baked Alaska)是 20 世纪五六十年代的潮流甜品,通常是用商店里买的冰淇淋砖制成的。事实上,火焰冰淇淋所需的蛋糕都可以在商店里买到。此外,很多烹饪书里都有圣代食谱,圣代用的冰淇淋就是从商店里买来的,食客只需在冰淇淋上浇上罐头橘子、白兰地、罐头栗子以及薄荷甜酒等点缀即可。1960 年畅销书《我讨厌烹饪》(I Hate to Cook Book)的作者佩格·布莱肯(Peg Bracken)推荐读者抛弃老式冰淇淋,直接在买来的冰淇淋上进行调味、装饰,对此她提出以下建议:

　　以下是一些你可以简单加工冰淇淋的建议:

> 　　你可以将三分之二杯的甜馅、2 盎司的白兰地或波旁威士忌还有 1 夸脱香草冰淇淋混合在一起,然后将其铺在冰块盘中(当然,要去掉隔板),接着,进行冷冻。
>
> 　　你也可以把粗碎的杏仁太妃糖搅拌在冰淇淋里,但不要加威士忌。你不必特地去买一整盒太妃糖,只消在糖果店捎带四五根就行。
>
> 　　同理,花生脆片也可以这么制作。⑤

"二战"期间,由于原料短缺以及定量配给的限制,美国冰淇

203

淋质量普遍降低，这完全在人们的意料之中。但人们没有想到的是，战后，大多数冰淇淋制造商调制出来的冰淇淋品质依旧很差。他们仍用奶粉和人工调味料勾兑产量高却质量差的工业冰淇淋。战后冰淇淋的乳脂含量仍处在 10% 的低水平，达不到战前 14% 的老标准。出现如此现象的一个原因是，消费者更想买更大而不是更高品质的冰淇淋，所以冰淇淋的质量就退居次要地位了。新罕布什尔州一位农场摊主阿特·海沃德（Art Hayward）以自制冰淇淋为荣，他说："从 1950 年代末到 1980 年代初，要想卖出高质量的冰淇淋非常困难。因为在大多人看来，食物的大小决定了食物的价值。"㊾

随着单桶冰淇淋容量变大，冰淇淋制造厂的规模也在扩容。在许多地方，更少的冰淇淋工厂在生产更多的冰淇淋。因为设备制造商推出更高效率的新机器来加速、简化生产，越来越多的公司因此合并，工厂内部的自动化程度不断提高。冰淇淋制造商依靠新的冷藏运输方式将产品从位于中部的工厂运往全国各地。大多数零售商从大型批发商那里购买包装好的冰淇淋。有些零售商会购买冰淇淋原液，然后自行冷冻，偶尔提供个性化包装或供应形式，但是速度、效率和经济比质量、品味什么的更为重要。1958 年，《时代周刊》就最新发布的政府标准发表评论，报道里揭示了冰淇淋的情况已是多么令人担忧：

> 上周，美国食品和药品管理局（以下简称为 FDA）终于发布了一项法规，对高质量的"法式"冰淇淋以及路边摊上售卖的"奶冰"等所有此类产品进行监管。
>
> 管理局发布了最低标准：所有冰淇淋的乳脂含量至少为 10%，乳固体至少为 20%。奶冰的乳脂含量为 2% 至

7%，很多现有品牌都未达到这个标准。规定要求每加仑冰淇淋的质量不少于4.5磅，这样可以避免黑心制造商注入太多的空气。另一项要求是每加仑冰淇淋必须有1.6磅以上的固体物质，不能用过量的水替代奶油。果子露和沙冰必须使用天然水果香精，必须标明所添加的人工色素。

最重要的是，新规定对大规模冰淇淋生产中使用的众多添加剂做出了严格规范。FDA批准继续使用诸如明胶、豆胶、海藻酸钠、瓜尔豆胶以及爱尔兰泥炭苔提取物等防结块稳定剂。但不赞成进一步使用小苏打一类的碱性中和剂，一些生产商会用小苏打来增加酸奶和奶油的甜味，使之更加可口。完全明令禁止的添加剂是某些通过打破脂肪和水之间的屏障使冰淇淋光滑的酸性乳化剂。虽然FDA批准了在食品中自然存在的化学物质，但却拒绝使用所有合成乳化剂（聚氧乙烯山梨醇单酯、聚氧乙烯乙二醇单酯等）。虽然这些乳化剂在沙拉酱和面包制作领域早已不再使用，但冰淇淋制造商们却仍在广泛使用这些乳化剂。在动物实验中，科学家发现这种合成乳化剂会造成腹泻、肾结石等不良健康问题。㊿

当然，也有一些冰淇淋的品质在战后恢复如初。巴斯金-罗宾斯（Baskin-Robbins）冰淇淋就是代表之一。1940年代末，欧文·罗宾斯（Irvine Robbins）和伯顿·巴斯金（Burton Baskin）连襟俩联合经营这家总部位于加州的冰淇淋连锁店，最初他们经营两家独立的冰淇淋店。但后来合并成"巴斯金-罗宾斯"品牌，两人带着团队复原出了真正的传统冰淇淋。1953年，两人灵光一现想研发出一款有31种不同口味的冰淇淋，这样即使是在日子最多的月份里，也能让顾客每天吃到口味不重样的冰淇淋。

205

另一家走高品质路线的冰淇淋公司就是哈根达斯（Häagen-Dazs）。1959 年，鲁本·马特斯（Reuben Mattus）创立了哈根达斯品牌，马特斯自幼受到冰淇淋行业的熏陶。最初马特斯在布朗克斯区兜售他母亲制作的柠檬冰，当他和妻子罗斯开始创业时，两人联合研发了一种高乳脂、低成本的新式冰淇淋，他们用奶油和蛋黄制作冰淇淋，而不像超市里的冰淇淋只用干固体和填充物滥竽充数。当时的哈根达斯只生产香草、巧克力以及咖啡三种口味的冰淇淋。哈根达斯这个名字没有任何意义，它只是暗示着旧世界冰淇淋的品质和传统。因为马特斯觉得"哈根达斯"听起来有点像丹麦语，所以他特地把一幅斯堪的纳维亚的地图设计在了外包装上。1970 年代早期，哈根达斯遍布全美，在各地超市里都能看见它的身影。

此后，无论在国际还是美国国内市场，越来越多的人开始追求高品质冰淇淋。对于那时的人们而言，质地轻飘的充气冰淇淋已成为过去，浓郁的奶油冰淇淋才是未来！刚踏入冰淇淋行业的新手都在制作高品质冰淇淋，并在独家冰淇淋店内销售。虽然当时的人们已经能在家中用最新款的电动冰淇淋机制作出美味的冰淇淋，但各大刊物还是使用传统的方式推销冰淇淋。用冰块托盘制作冰淇淋的方法已经过时了。1970 年 7 月，饮食界泰斗詹姆斯·比尔德（James Beard）曾在《美食》（Gourment）杂志上谈道："虽然现在大多数人把冰淇淋原液放进电动冰淇淋机制作冰淇淋，但更多冰淇淋是在冰箱里的冰盒中制作出来的。然而，我的感觉是这样制作出来的冰淇淋终归比不上用冰淇淋机做出来的冰淇淋。"㊿

一个月后，《麦考尔》（McCall's）杂志刊登了一篇说明如何制作酸橙和桃子甜点的文章。作者写道："我们重新拾起全家人都喜欢的老式方法,使用了一个手摇式电动冷冻机,若人们只想制作少量的冰淇淋,可以试试看这个方法。"⑤文中没有提到冰箱托盘法。卡罗琳·安德森(Carolyn Anderson)在 1972 年版的《自制冰淇淋、奶冰和冰露全集》(*The Complete Book of Homemade Ice Cream, Milk Sherbet, & Sherbet*)中对制作冰箱托盘式冰淇淋的工艺进行了简要描述。然而,所有安德森提供的配方几乎都要在搅拌器中进行搅拌。在安德森眼里,"大多数情况下,尽可能地搅拌和冷冻才能生产出优质的冰淇淋"。⑥

206

　　正当哈根达斯风靡全美之际,1973 年,一家名为"史蒂夫冰淇淋"的冰淇淋店在位于波士顿郊外几英里远的马萨诸塞州萨默维尔市开业了。老板史蒂夫·赫雷尔(Steve Herrell)用一台 5 加仑的改装自动冰柜制作了一款含有 14% 乳脂的冰淇淋。这款冰淇淋非常美味,顾客们争先恐后地排着队来买,很多时候队伍能排到几个街区之外。赫雷尔开创了把 M&M 巧克力豆、坚果、碎糖果、奥利奥饼干块和其他好吃的东西混合进冰淇淋的先河。很多人都效仿他的做法。《企业家杂志》(*Entrepreneur Magazine*)称赞他激发了一波"全新的、本土的、优质的、充满趣味与幸福感的冰淇淋潮流……赫雷尔的发明在美国掀起了一股自制冰淇淋的创意热潮。"⑦

　　以赫雷尔为榜样,两位企业家本·科恩(Ben Cohen)和杰里·格林菲尔德(Jerry Greenfield)创立了 Ben&Jerry's 冰淇淋店。1978 年,他们在佛蒙特州的伯灵顿开了一家冰淇淋店。短短几年时间里,他们一手培育起来的品牌就火了起来,其中一个原因是他们的冰淇淋小料非常丰富,名称又很时髦——譬如"纽约超级软糖块"和"樱桃加西亚",听着就很诱人。

　　1980 年代,人们将冰淇淋店称为蘸酱店,冰淇淋店在全国各地的城镇，特别是大学城迅速铺开并蓬勃发展。每家店都声称自己的冰淇淋是世界上最好的。当时冰淇淋的售价非常高——手工包装的冰淇淋每夸脱售价高达 7 美元，但是顾客乐意为此买单。1981 年，《时代周刊》宣布"冰淇淋是美国人的首选'毒品'，而用黄油代替奶油制作冰淇淋则是我们最大的'罪过'，也是最美妙的'罪过'。"据《时代周刊》统计，美国在 1980 年生产了829 798 000加仑冰淇淋，这个数字如果均分下去，相当于当时"地球上每个人都吃了 10 个冰淇淋球"。㊿

207　　20 世纪末，冰淇淋已经成功挤进了美食家的圈子，许多著名厨师都开始制作冰淇淋。加利福尼亚州"法国洗衣房"餐厅的主厨兼经理托马斯·凯勒（Thomas Keller）借鉴 18 世纪甜品师广泛运用的视觉错位法，创造了一种看起来像托盘里装着小草莓冰淇淋蛋卷的开胃小菜，实际上是用三文鱼鞑靼和鲜奶油做成的"甜筒"。厨师们把自制冰淇淋加入他们的甜点菜单，并经常创造一些艾米和吉利耶斯看了都会交口称赞的新口味，譬如帕尔马干酪、朝鲜蓟和黑松露等等。他们把珍贵的冰淇淋小球装进小号甜筒里，研发出了三人份的分享式甜点。最令人惊讶的是，有的餐厅竟然把冰淇淋作为正餐提供给顾客。

　　家庭厨师也尝试着制作冰淇淋。新款便携冰淇淋机附带的食谱，以及各类杂志、报纸的食品版面，还有大量烹饪书都在鼓励家庭厨师们制作冰淇淋。对于新手而言，专家们建议他们稍微尝试几次，便能从中发掘出妙处。在 20 世纪末出版的一些食谱中，我们可以看到保留下来的许多信息，就让我们一同来领略一下这五彩斑斓的冰淇淋世界吧——野花蜂蜜冰淇淋、蓝色马提尼雪糕、姜饼冰淇淋、香槟薰衣草冰糕、草莓芝士蛋糕冰淇淋、帕尔马干酪冰淇淋三明治、哈密瓜生姜果子露、梨子马蹄冰糕、白胡椒粉

冰淇淋、桃子冰糕、燕麦冰淇淋、白奶酪柠檬草冰糕、栗子冰淇淋
配巧克力万怡酱、甜玉米冰淇淋，摩卡奇诺冻酸奶……当然，还有
那年复一年始终为人们热爱的香草冰淇淋。

结语

工业与艺术

　　时至今日，庞大的冰淇淋产业已辐射全球。事实上，冰淇淋产业早已远超出"冰淇淋"生意的传统概念边界，迈入了被人们称作"冷冻甜点行业"的新阶段。所谓冷冻甜点行业囊括的范围极广，包含冰淇淋、低脂和脱脂甜点（从前的"奶冰"）、雪糕、果子露、冰沙、冰冻果汁、冷冻酸奶、冷冻布丁以及其他更多的甜食品类。像联合利华、雀巢以及通用磨坊这样的跨国公司，掌控了大部分的主要冰淇淋行业品牌，诸如 Ben & Jerry's、布雷耶斯（Breyers）、德雷尔（Dreyer's）、好心情（Good Humor）、克朗代克（Klondike）、Popsicle，还有哈根达斯均是如此。几乎在地球上的每个国家，你都能看到来自上述大型连锁企业的冰淇淋。制造商们也会根据当地市场的需求和口味偏好在地化地改变口味和包装。他们不断升级冷冻、包装技术，接二连三地提出新的品牌发展战略、寻找新的机遇与新的市场。毫无疑问，亚洲市场对传统冰淇淋企业而言着实拥有巨大诱惑——例如在中国，哈根达斯便是一个很有声望的品牌，每品脱的售价可高达 10 美元！与此同时也可以看到，与日本的情况如出一辙，绿茶口味的冰淇淋也尤受中国消费者喜爱。

　　许多制造商也在努力尝试刺激美国本土市场的冰淇淋需求。

美国人每年大约要吃掉 22 夸脱冷冻甜点（为了简便起见，我们姑且简称之为"冰淇淋"吧）。新西兰人吃得更多，他们的人均消费量高达 27 夸脱，真是令人惊叹不已。[①] 1960 年代以来，美国的人均冰淇淋消费量一直稳定在 20 夸脱左右，变化不大。

一些人将冰淇淋市场增长缓慢归咎于消费者太过钟情于量少而质优的高端冰淇淋。换言之，许多消费者根本不会去买半加仑劣质的廉价冰淇淋。他们希望享受的，是 1 夸脱的特级优质冰淇淋，或者干脆去冰淇淋店吃一盘配料丰富的自助冰淇淋拼盘。此外，冰淇淋企业对顾客消费时间、金钱以及热量摄入限度的竞争，都已经到了白热化的程度。如今，城市里每个角落都能找到咖啡店，虽然咖啡看起来不像是冰淇淋的替代品，但加有搅打奶油和焦糖糖浆的风味咖啡，的的确确具有冰淇淋的些许风味，能与之一争高下。当然，冰淇淋会使人发胖，这可能是为何有些消费者不愿一解冰淇淋"馋瘾"。当然也不能排除我们已经"吃腻"了冰淇淋，因为即使对一个真正的冰淇淋爱好者而言，每年吃 20 夸脱冰淇淋，也可以说是"到顶"了。

不过，制造商们显然不希望冰淇淋市场趋于饱和，他们迫切想要增加销量。有鉴于此，制造商们尝试研发了一款低脂冰淇淋。科学家们在鳕鱼的血液中发现了一种"冰结构蛋白"，据说这种蛋白质可以在保持冰淇淋口感的同时替代脂肪的功能性作用。联合利华公司甚至还想出了一种不伤害鱼类又能获得冰结构蛋白的两全方法——这种蛋白质可以在实验室中通过改变酵母菌株的遗传结构而制造出来。在美国和英国，一些"轻食"冰淇淋和新奇甜品里都已经用上了冰结构蛋白。

冰淇淋制造商也在开发以纤维素为基础的原料，试图进一步减少冰淇淋中的脂肪含量。他们也试图从冰淇淋里去除白砂糖、

209

玉米糖浆和其他甜味剂。现在超市的冰箱里摆满了低糖、无糖、低碳水化合物的冰淇淋，还有 Ben & Jerry's 公司的"去碳水"冰淇淋，每天都能见到些新花样。

减少冰淇淋的热量并不是什么新鲜的想法。1967 年 6 月，《冰淇淋领域与贸易杂志》(*Ice Cream Field & Trade Journal*)上的一篇文章曾思考过"冰淇淋行业衰落了吗？"这个问题。这篇文章在哀叹冰淇淋行业增长乏力的同时，建议制造商们开发一种美味的低卡路里冰淇淋，并指出新款冰淇淋可能会挽回江河日下的冰淇淋产业——要知道 60% 的美国人公开表示他们正在节食或计划节食。② 不过，那些调查是发生在特级优质冰淇淋引发轰动，以及主打"健康牌"的新冰淇淋公司亮相之前了。那段日子，还处在醇厚的高脂肪冰淇淋主导行业走势的"旧世界"。

人们总是喜欢走捷径，很多人的脑海里总会涌起"把奶粉和水混合在一起就能做出冰淇淋"这般简单的想法。20 世纪初，当冰淇淋粉初入商场，商家声称用它们可以制造出"高纯度和高标准"的冰淇淋。如今，人们也认为冰淇淋粉能让成品变为"具有物理和感官特性方面优势的良好产品"。这两种说法表述不同，但中心思想是完全一致的。现在，从澳大利亚到美国，甚至在意大利，世界各地都有冰淇淋粉的巨大市场。冰淇淋粉做出的产品被意大利人称为工业冰淇淋(gelato industriale)，以此区别于传统的"手工冰淇淋"。一家名叫"Fabbri"的意大利公司推出了一款"混合冰淇淋"，官方说法宣称"你只需将其与水或牛奶混合后冷冻，很快就能享用冰淇淋"。Fabbri 的美国经销商表示，他们的产品可以让那些"不想为传统度量、称重流程所累"的冰淇淋店主，轻轻松松地将正宗意式冰淇淋引入他们的柜台里。③

"混搭冰淇淋"也是消费者们的心头之爱。1973 年，在顾客们的见证下,史蒂夫·赫雷尔提出了将品牌糖果和饼干混合到冰淇淋中去的新颖想法。如果是将小料与优质冰淇淋"混搭"的话,那么这种"联谊"就很有趣了。赫雷尔仍在马萨诸塞州生产冰淇淋,他开起了四家赫雷尔冰淇淋店,每家的批发生意都很是兴隆。赫雷尔还把很多好吃的点心纷纷混入冰淇淋中,现在这些添加物被统称为"小料"(Smoosh-in)。

在一些全国性的连锁店里,混搭冰淇淋已经是主推的当家花旦,普通冰淇淋退居其次。人们脑海里浮现的新概念是这样的——风度翩翩的年轻服务员在冷饮柜后面把各种冰淇淋、饼干、坚果、水果和糖果混于一"球"。然而事实上服务员不只是舀取和"捣碎",他们当中的许多人还会在制作过程中唱起歌来,他们一兴奋就会放声高歌,快乐得好像有人给了他们小费一样。假如你想在酷圣石冰淇淋店求职,你并不需要做什么复杂的申请,只需"试唱"一下就行。尽管许多冰淇淋爱好者批评在冰淇淋中加入额外成分是为了掩盖低劣质量,但那些创新的冰淇淋店迄今为止的确都取得了巨大的成功。

冷冻冰淇淋既是一门科学也是一门艺术。我们要感谢那些首先在冰中加盐,使冷冻成为可能的先驱者。随着时光飞逝,很多科学家与技师都参与了冷冻技术的完善,使冰淇淋的生产、运输和储存变得更加容易、便捷。如今,科学为我们带来了通过液氮"闪冻"成"小珠子"或"果核"的新型冰淇淋。这种冰淇淋通常可在自动贩卖机里买到,它们非常有趣。当你第一次尝试它们的时候尤其如此,更不用说那些好奇心满满的小孩子了。然而,它们没有真正冰淇淋的口感,只是孩子们的新奇玩物。此外,冷冻冰淇淋的液氮需要在零度以下储存,所以你不能把它们带回家里。食品科学家正在试验这项技术,希望有朝一日液氮冰淇淋也

211

有机会走上普通人的家庭餐桌。

虽然液氮冷冻法已诞生多年，但直到最近几年间，这种技术才获得了更多冰淇淋从业者的关注。19世纪末，艾格尼丝·马歇尔（Agnes Marshall）认为在餐桌上用液氮冷冻冰淇淋会很有趣，如今的一些厨师也这么认为。他们会取一点龙蒿酸橙冰沙，在顾客的餐桌前"一分钟急冻"，就像过去做火焰甜点时的厨师表演一样。这样制作出来的果味冰淇淋很是美味，不过我们当中还是很少有人能经常享受到这种稀罕的乐趣。

另一种冰淇淋潮流是移民们带起来的。传统上，移民在冰淇淋的发展中发挥了重要作用。18世纪，法国、意大利的甜品师把各色优质冰品以及冰淇淋引进到英国和美国。后来，一些没有什么其他技术的意大利裔移民，经营起街头小吃手推车，兜售便士舔、街头冰淇淋还有冰淇淋三明治。尽管困难重重，他们中的一些人还是陆续开出了属于自己的冰淇淋小店，并且一步步做得非常成功。今天，移民对冰淇淋的影响主要体现在口味方面。几年前，哈根达斯曾推出过一款市场反响火爆的"牛奶焦糖冰淇淋"。牛奶焦糖口味本是专供拉丁美洲市场的，但出人意料的是，它竟然赢得了很多其他地区消费者的广泛好评。如今在除了丹麦的世界各地，消费者都能在哈根达斯店里买到牛奶焦糖冰淇淋。其他制造商也在向市场推出新的、具有地方性特色的特定口味。

212　　　　总部位于加利福尼亚的拉巴斯（Palapa Azul）公司主营墨西哥风味的冰淇淋和冰沙，但他们面向的不仅仅是墨西哥人，而是全体消费者。拉巴斯冰淇淋的主要口味有玉米、杧果、馅饼以及墨西哥巧克力，他们也生产了墨西哥木瓜、黄瓜辣椒酱还有杧果辣椒酱等口味的水果棒冰。儿童一直无法招架棒冰的诱惑。但对很多地区的大多数成年人而言，简单的棒冰已经不具备什么吸引力了。有鉴于此，精致的新型冰淇淋或许在将来能争得更大的市场。

冰淇淋工匠

多年来，一些社区冰淇淋店的店主一直在提供不同民族风味的冰淇淋。格斯·兰卡托（Gus Rancatore）是马萨诸塞州坎布里奇托斯卡尼尼冰淇淋（Toscanini's Ice Cream）的老板，也是史蒂夫冰淇淋主理人的校友。兰卡托涉足冰淇淋行业已有整整25年，他说，他所在地区的国际学生群体一直激发着他的想象力，鼓励他去开发一些小众口味的冰淇淋。例如，他会用小豆蔻、杏仁和开心果制作"khulfee"，这是传统印度冰淇淋的适应性改良版。兰卡托的菜单一直都在变，他还做过藏红花冰淇淋、五香味、生姜味、"gianduia"味（意大利语，榛子和巧克力口味组合）冰淇淋，乃至烈性啤酒等古怪口味的冰淇淋。

斯蒂芬妮·雷塔诺（Stephanie Reitano）和她的丈夫约翰（John）在费城开了一家名叫卡波吉罗（Capogiro）的餐厅。雷塔诺表示，有些民族风味餐厅搬到自己店的附近，她们就更容易见识到一些不常见的地域性食材。她试着用这些食材制作冰淇淋或冰沙。当然，有时候一种口味创新落地后，尚需要一段时间才能逐渐流行起来。但即便如此，仍有很多顾客会在最开始的时候就乐于品尝她的创新成果。雷塔诺告诉我，她的顾客已经把牛油果口味的冰淇淋吃腻了，最近她会转而供应柿子、杨桃以及荔枝口味的冰淇淋。

冰淇淋制造商普遍认为消费者的口味正变得越来越偏向刺激。艾米·米勒（Amy Miller）是史蒂夫的另一位校友，也是得克萨斯州艾米冰淇淋的店主。20多年前当她开始创业时，米勒根本无法为顾客提供格斯·兰卡托主打的各种新奇口味。但今天的得州人在民族风味方面早已变得更加多元化，也对新事物抱以更加大胆的态度。米勒的菜单上列有木槿、杏酒桃和墨西哥辣椒花生酱等口味的冰淇淋。来自罗德岛新港的托伦斯·科弗（Torrance Kopfer）也表示，过去十年里，人们越来越想尝试更多样化的口味。他以黑芝麻冰淇淋为例说明了这一变化。此外，还有店家提到了伽兰玛香料味和咖喱叶味的冰淇淋，就连以前只在日本售卖的红豆、绿茶冰淇淋，现在也火遍了五洲四海。

当我和这些亲手制作冰淇淋的人交谈时，我仿佛听到了艾米当年发出的呼声。无论是新手还是专家，他们都对冰淇淋充满了热情。从事冰淇淋行业30多年后，赫雷尔仍会满怀深情地谈起他在热巧克力圣代底部舀出最后一口冰淇淋时的悸动。赫雷尔非常看好冰淇淋行业的发展，他说，吃冰淇淋是我们文化和集体意识的一部分。

其他受访者也像赫雷尔一般，非常热爱冰淇淋行业。他们不会在谈论业务时提到鱼蛋白、速溶粉或纤维素。他们讨论的都是食材质量，包括寻找当地最好的奶油、最新鲜的水果这样的话题。他们喜欢购买蛋黄鲜亮的鸡蛋，有些人甚至选用当地新鲜食材，按照季节规律制作"时令"冰淇淋。

加布里埃尔·卡本（Gabrielle Carbone）与丈夫马特·埃里科（Matt Errico）是新泽西州普林斯顿一家冰淇淋店的合伙人，她生动地描述了用当地种植的南瓜或苹果制作"秋季冰淇淋"的情况，并谈到了她在草莓和薄荷成熟时所做的草莓、薄荷冰糕。卡波吉罗冰淇淋的雷塔诺轻描淡写却意涵深刻地谈道："如果这些蔬果生长在宾夕法尼亚州，我们就去宾夕法尼亚州购买。在冬天,可以用兰开斯特郡的梨与野火鸡威士忌制作冰淇淋。到了春天,就用大黄,夏天的主角是黑覆盆子,秋天则用祖传的苹果酒与丁香。"我想艾米如果活到今天,也会认可这些做法的。

这些冰淇淋制造商对原料的选择非常讲究。科弗说他目前最喜欢的口味是巧克力咖喱。但他并不是简单地买咖喱粉来做。他添加的是自己亲手调配的混合香料。雷塔诺把榛子焦糖化后切碎,然后把它们混合到巧克力和榛子冰淇淋中,从而做出她专属的"Bacio"口味。"Bacio"也是一种榛子巧克力糖的名字,在意大利语里是"亲吻"的意思。

他们都喜欢实验。格斯·兰卡托雷对于在一月淡季能放缓经营感到非常开心,因为这给了他充足的时间来构想新口味。他告诉我,几年前他发明了葡萄坚果冰淇淋,后来他却很失望,因为他查到前人已经做出过类似的美味了。兰卡托雷表示,截至目前,他已经推出了大约 400 种口味的冰淇淋。毋庸置疑,未来他还会推出更多口味的冰淇淋。这么多年过去了,他还在坚持做实验。米勒的情况也如出一辙,她说到目前为止自己已经发明了300 种口味的冰淇淋。

赫雷尔也没有放弃实验探索。他最喜欢用香草来制作冰淇淋,因此他的调味板上随时摆放着至少五种不同风味的香草——香草、麦芽香草、香草加软糖酱、高纯度香草及私人存货香草。"我们需要更多种香草",赫雷尔谈道,"因为它是最受欢迎的冰淇淋风味"。目前赫雷尔正在探索制作两种组合香草的特色冰淇淋,但他不愿过多透露细节,因为这项发明还没完善到位。

就我个人而言,我希望在家自制冰淇淋的传统能回归。当然,不会有人每天都在家制作冰淇淋。如今有了冰淇淋冷柜,制作过程非常简单。任何一个有自制冰淇淋经历的人都很喜欢谈论此事。我认为夏天人们可以在家自制冰淇淋，即使在一季里只做几次冰淇淋，你也会玩得很开心。其实只需稍加练习，你完全可以做出美味的冰淇淋，你只需知道冰淇淋所需材料——最新鲜的奶油、最成熟的草莓、最鲜嫩的杧果即可。你也可根据个人喜好，定制专属于自己的冰淇淋。如果你一直好奇柠檬覆盆子冰淇淋是什么味道，也可以做来尝尝。当你这么做的时候，我保证你的家人和朋友会对你的付出印象深刻，会对你刮目相看。说不定有一天，你也会追随艾米，做出冻糕那样的传奇冰淇淋。

注　释

序

① Alberto Capatti and Massimo Montanari，*Italian Cuisine: A Cultural History*（New York：Columbia University Press，1999），106 - 111；Gillian Riley，The Oxford Companion to Italian Food（New York：Oxford University Press，2007），318 - 319.

② W. S. Stallings Jr.，"Ice Cream and Water Ices in 17th and 18th Century England," *Petits Propos Culinaires* 3（1979）：S1 - 7.

第一章　早期的冰品与冰淇淋

① Tom Shachtman，*Absolute Zero and the Conquest of Cold*（Boston：Houghton Mifflin，1999），17.

② Elizabeth David，*Harvest of the ColdMonths*（New York：Viking Penguin，1995），xii - xvii.

③ Giambattista della Porta，Natural Magick，bk. 14，chap.11，"Of Diverse Confections of Wines," 1658，http://homepages.tscnet. com/omard1/ jportac14.html ♯ bk14X1，检索日期为 2008 年 7 月 23 日。1558 年初版于那不勒斯，1589 年出版增订版。后者包含了有关葡萄酒在酒杯中冷冻的信息。在线翻译自 1658 年在伦敦出版的英文版。

④ David，*Harvest of the Cold Months*，71 - 72.

⑤ Ibid.，60.

⑥ Alan Davidson，*The Osford Companion to Food*（Oxford：Oxford University Press，1999），314.

⑦ Hippocrates，*Aphorisms*，sec. 5，no. 24.

⑧ Anthimus，*On the Observance of Foods*，trans. and ed. Mark Grant（Totnes，U. K.：Prospect Books，1996），47.

⑨ Jean-Louis Flandrin，*Food: A Culinary History from Antiquity to the Present*（New York：Columbia University Press，1999），419.

⑩ David，*Harvest of the Cold Months*，68.

⑪ Ibid.，1.

⑫ John Evelyn，*The Diary of John Evelyn*，ed. E. S. de Beer（London：Oxford University Press，1959），239.

⑬ Fannie Merritt Farmer，*The Boston Cooking-School Cook Book*（Boston：Little，Brown，1896），365.

⑭ Sir Thomas Herbert，*Travels in Persia*，*1627 - 1629*，abridged and edited by Sir William Foster（New York：Robert M. McBride，1929），45，260.

⑮ James Morier，*The Adventures of Hajji Baba of Ispahan*（1824；reprint，New York：Hart，1976），152.

⑯ Jean Chardin，*Travels in Persia*，*1673 - 1677*（New York：Dover，1988）.

⑰ Fredrick Nutt，*The Complete Confectioner*，4th ed.（1789；reprint，London：Richard Scott，1807），48，60.

⑱ 在今天的英国，果子露也是一种甜味泡沫状粉末的名称，孩子们可以用吸管或甘草棒吸吮它。让人惊讶的是，在澳大利亚，果子露竟然还是啤酒的昵称。

⑲ 伊朗人会制作"bastani-e gol-o bolbol"，这是一种味道鲜美的、主要由藏红花和玫瑰水做成的冰淇淋，也会加入小块的冷冻纯奶油以丰富口感。"Paludeh-ye shirazi"是一种不寻常的米棒冰糕，通常搭配酸樱桃糖浆一起食用。中东地区种类繁多的冰淇淋令人愉悦，但其演变故事超出了本书的叙述范围。

⑳ C. Anne Wilson，*Food and Drink in Britain*（Chicago：Academy Chicago Pub-lishers，1991），169.

㉑ Bartolomeo Stefani, *L'Arte de ben cucinare* (1662; reprint, Sala Bolognese, Italy: A. Forni, 1983), 73.

㉒ Robert May, *The Accomplisht Cook* (London: printed for Obadiah Blagrave, 1685), 277 - 290.

㉓ Davidson, *Oxford Companion to Food*, 237.

㉔ Antonio Latini, *Lo scalco alla moderna* (Napoli: Parrino & Muti, 1692, 1694; reprint, Milano: Appunti di Gastronomia, 1993).

㉕ Alberto Capatti and Massimo Montanari, *Italian Cuisine: A Cultural History* (New York: Columbia University Press, 1999), 213 - 215.

㉖ Alfred W. Crosby Jr., *The Columbian Exchange: Biological and Cultural Consequences of 1492* (Westport, CT: Greenwood Press, 1972), 182.

㉗ Stefano Milioni, *Columbus Menu: Italian Cuisine after the First Voyage of Christopher Columbus* (New York: Italian Trade Commission, 1992), 13 - 16.

㉘ David, *Harvest of the Cold Months*, 146 - 147.

㉙ 相关信息见 A. Th. Kupffer, *Travaux de la Commission pour fixer les mesures et les poids de l'Empire de Russie* (St. Petersburg, Russia: Im-primerie de l'Expedition de la Confection des Papiers de la Couronne, 1841), 63. Cited in Caraffa, Units and Systems of Units, 2001, Sizes, www. sizes .com/units/caraffa. htm, accessed July 21, 2008。

㉚ Sophie D. Coe and Michael D. Coe, *The True History of Chocolate* (London: Thames and Hudson, 1996), 125 - 138.

㉛ Herbert, *Travels in Persia*, 45.根据书中脚注,"Bun 是阿比西尼亚语中咖啡植物及其浆果的名字,而'kahwah'(当'coho''choava'同时出现)是阿拉伯语里的对应词汇。"穆苏尔曼人是穆斯林族群。

㉜ Dominique Kassel, "Tout va très bien Madame la marquise," June 2005, Ordre National des Pharmaciens, Documents de référence, Histoire et art phar-maceutique, www.ordre.pharmacien.fr, accessed

July 22，2008.

㉝ David，*Harvest of the Cold Months*，111‑128；Alfred Fierro，*Histoire et dictionnaire de Paris*（Paris：Éditions Robert Laffont，S. A.，1996），742‑743；Barbara Ketcham Wheaton，*Savouring the Past：The French Kitchen and Table from 1300 to 1789*（London：Chatto & Windus，Hogarth Press，1983），92‑93.

㉞ 普罗可甫咖啡馆仍然位于老喜剧院街——但法兰西喜剧院现在位于第一区——靠近皇宫。

㉟ Nicolas Audiger，*La maison réglée*（Paris：Librairie Plon，1692）. Reprinted in Alfred Franklin，*La vie privée d'autrefois*（Paris：Librairie Plon，1898），131.

㊱ 伊丽莎白·大卫(Elizabeth David)在《在寒冷的季节里的收获》(Harvest of the Cold Months)里如是写道。然而实际上的日期应该是1661年，因为奥迪格引用的日期国王并不在巴黎。

㊲ Wheaton，*Savouring the Past*，104‑106.

㊳ 在铅中毒现象被科学指出之前的日子里，铅容器通常用于冷冻和制作冰淇淋。

㊴ Naft，*International Conversion Tables*.

㊵ David，*Harvest of the Cold Months*，387‑388.

㊶ Ibid.，387‑388.

㊷ David Potter，"Icy Cream，"*Petits Propos Culinaires 72*（2003）：45. Published by Prospect Books，London. The article refers to a manuscript by Lady Anne Fanshawe，1651‑1678，folio 158.

㊸ Mary Eales，*Mrs. Mary Eales's Receipts*（London：Prospect Books，1985），88‑93. Facsimile of the 1733 edition；originally published in 1718；distributed in the United States by the University Press of Virginia.

第二章　至尊精品

① Mark Kurlansky，*Salt：A World History*（New York：Walker，

2002），144.

② Pellegrino Artusi，*Science in the Kitchen and the Art of Eating Well*，trans. Murtha Baca and Stephen Sartarelli（Toronto：University of Toronto Press，2004），545.

③ François Massialot，*Nouvelle instruction pour les conftures，les liqueurs，et les fruits*（Paris：Chez Claude Prudhomme，1716），1‑8.

④ Karen Hess，*Martha Washington's Booke of Cookery*（New York：Columbia University Press，1981），227.

⑤ Massialot，*Nouvelle instruction*，1734 edition，236.

⑥ Massialot，*Nouvelle instruction*，1716 edition，286.

⑦ John Pinkerton，*Recollections of Paris，in the Years 1802‑3‑4‑5*（London：Longman，Hurst，Rees & Orme，1806），209.

⑧ François Menon，*The Art of Modern Cookery Displayed*［Les soupers de la cour］（London：R. Davis，1767），576‑577.

⑨ "办公室"（office）或称"冷厨房"（cold kitchen），后来又被称为"花园马槽"（garde manger），是准备沙拉、糕点、冰品、蒸馏酒、杏仁饼、果冻和其他各类甜点的场所。"cannelon"是一种形状像若干管子组合或肉桂棒的模具，"cannelle"在法语里是"肉桂"的意思。

⑩ M. Emy，*L'Art de bien faire les glaces d offce*（Paris：Chez le Clerc，1768），59，ii. 11. Ibid.，143‑146.

⑪ Ibid.，143‑146.

⑫ Alan Davidson，*The Oxford Companion to Food*（Oxford：Oxford University Press，1999），820‑821.

⑬ Emy，*L'Art de bien faire les glaces d'fice*，191.

⑭ Menon，*Art of Modern Cookery Displayed*，423.

⑮ Mr. Borella，*The Court and Country Confectioner: Or，the House-Keeper's Guide*（London：printed for G. Riley ... J. Bell ... J. Wheble ... and C. Etherington，1772），96‑97.

⑯ Menon，*Art of Modern Cookery Displayed*，575‑576.

⑰ The Court Dessert in Eighteenth Century France，2003，

Historic Food: The Website of Food Historian Ivan Day, http://www.
historicfood.com, accessed July 23, 2008.

⑱ Menon, *Art of Modern Cookery Displayed*, 409‒410.

⑲ Patrick Brydone, *A Tour Through Sicily & Malta*, *In a series of
letters to William Beckford*, *Esq*. (London: T. Cadell and W. Davies,
1806), 223‒225.

⑳ John Moore, *A View of Society and Manners in Italy* (Dublin:
Printed for W. Gilbert, W. Wilson, J. Moore, W. Jones andJ. Rice,
1792), 3: 108‒109.

第三章 天才外侨

① Filippo Baldini, *De sorbetti* (Bologna, Italy: Arnaldo Forni
Editore, 1979); reprint of the 1784 edition.

② Vincenzo Corrado, *Il credenziere di buon gusto* (Naples: Nella
Stamperia Raimondiana, 1778; reprint, Sala Bolognese: A. Forni,
1991). Introduction by Claudio Benporat.

③ Elizabeth David, *Harvest of the Cold Months* (New York:
Viking Penguin, 1995), 176‒179.

④ 度量衡基于当时通行的 12 盎司一磅。

⑤ Barbara Ketcham Wheaton, *Savouring the Past: The French
Kitchen & Table from 1300‒1789* (London: Chatto & Windus, Hogarth
Press, 1983), 98‒99.

⑥ Hannah Glasse, *The Art of Cookery Made Plain and Easy*
(London, 1796; reprint, Hamden, CT: Archon Books, 1971), v.

⑦ Hannah Glasse, *The Compleat Confectioner* (Dublin: printed
by John Exshaw, 1762), 140.

⑧ Ibid., 91.

⑨ Elizabeth Raffald, *The Experienced English Housekeeper*
(1769; reprint, Lewes, U. K.: Southover Press, 1997), 126.

⑩ Mr. Borella, *The Court and Country Confectioner: Or, the*

House Keeper's Guide（London：printed for G. Riley … J. Bell … J. Wheble … and C. Etherington，1772），i－3.

⑪ Ibid., 88－89.

⑫ Ibid., 90－95.

⑬ Ibid., 87.

⑭ Ivan Day，"Which Compleat Confectioner?"，*Petits Propos Culinaire 59*（1998）：44－53. Published by Prospect Books，London.

⑮ G. A. Jarrin，*The Italian Confectioner*（London：John Harding，1823），vii.

⑯ Laura Mason，William Alexis Jarrin："An Italian Confectioner in London，Gastronomica（Spring 2001）：50－64；Georgian Ices，" 2003，Historic Food：The Website of Food Historian Ivan Day，http：//www.historicfood.com，accessed July 23，2008.

⑰ Ben Weinreb and Christopher Hibbert，eds.，*The London Encyclopedia*（London：Macmillan，1983），346－347.

⑱ Rees Howell Gronow，*The Reminiscences and Recollections of Captain Gronow: 1810－1860*（London：John C. Nimmo，1892），2：283－287.

⑲ George Augustus Sala，*Twice Round the Clock; or the Hours of the Day and Night in London*（London：Houlston and Wright，1859），317.

⑳ Pamela Haines，*Tea at Gunter's*（London：Heinemann，1974）.

㉑ William Gunter，*Gunter's Confectioner's Oracle*（London：Alfred Miller，1830），68.

㉒ Frederick Nutt，*The Complete Confectioner*，4th ed.（1789；reprint，London：Richard Scott，1807），introductory page labeled "Advertisement."

㉓ Mason，"William Alexis Jarrin，" 50－64.

㉔ Jarrin，*Italian Confectioner*，vii.

㉕ Ibid., vii－vii.

㉖ William Jeanes, *The Modern Confectioner* (London: John Camden Hotten, 1861), ii - v.

㉗ Jarrin, *Italian Confectioner*, 123.

㉘ Jeanes, *Modern Confectioner*, 85.

㉙ Jarrin, *Italian Confectioner*, 124.

㉚ Jeanes, *Modern Confectioner*, 87 - 88, emphasis in the original.

㉛ "及耳"是一种计量单位,等于四分之一品脱。

㉜ Nutt, *Complete Confectioner*, 153.

㉝ Jeanes, *Modern Confectioner*, 108.

㉞ Jarrin, *Italian Confectioner*, 125.

㉟ Jeanes, *Modern Confectioner*, 94 - 95.

㊱ Jarrin, *Italian Confectioner*, 132.

㊲ Sarah Garland, *The Complete Book of Herbs & Spices* (London: Frances Lincoln, 1989), 100 - 101.

㊳ Barbara K. Wheaton, *Victorian Ices & Ice Cream* (New York: Metropolitan Museum of Art, Charles Scribner's Sons, 1976), xvii.

㊴ Alice Arndt, *Seasoning Savvy* (New York: Haworth Herbal Press, 1999), 243.

㊵ Ivan Day, "A Natural History of the Ice Pudding," *Petits Propos Culinaire* 74 (2003): 24 - 38.

㊶ Jarrin, *Italian Confectioner*, 131.

㊷ Theodore Francis Garrett, ed., *The Encyclopedia of Practical Cookery* (London: Upcott Gill, [1890?]), 166.

㊸ Gronow, *Reminiscences and Recollections*, 287.

㊹ Jules Janin, *The American in Paris* (London: Longman, Brown, Green, and Longmans, 1843), 169.

㊺ Theodore Child, Characteristic Parisian Cafés," *Harper's New Monthly Magazine* 78, no. 467 (April 1889): 687 - 703.

㊻ Honoré de Balzac, *A Harlot High and Low* [Splendeurs et

misères des courtisanes], translated and with an introduction by Rayner Heppenstall (Harmondsworth, U. K.: Penguin Books, 1970), italics in the original. "In A Harlot High and Low, plombière is translated as sundae." 1839 年,法国原著出版时,还没有圣代这样的东西。虽然圣代发明的具体日期暂无定论,但一般认为它是在 1890 年代初推出的。

㊼ Henry G. Harris and S. P. Borella, *All about Ices, Jellies, and Creams* (London: Kegan Paul, 2002), 40. Reprint of the 1926 edition.

㊽ Stoddard Dewey, "The End of Tortoni's," *Atlantic Monthly* 73, no. 440 (June 1894).

第四章　冰淇淋之乡

① Anne Cooper Funderburg, *Chocolate, Strawberry, and Vanilla: A History of American Ice Cream* (Bowling Green, OH: Bowling Green State University Popular Press, 1995), 3.

② "Ice Cream Recipe," n. d., Food and Cooking, Thomas Jefferson's Monticello, www.monticello.org, accessed July 23, 2008.

③ Mary Randolph, *The Virginia House-Wife* (Columbia: University of South Carolina Press, 1984), 144. Facsimile of the 1824 edition.

④ Ibid., 176.

⑤ Ibid., 178 - 179.

⑥ Jean Anthelme Brillat-Savarin, *The Physiology of Taste* (San Francisco: North Point Press, 1986), 377.

⑦ Abram C. Dayton, *Last Days of Knickerbocker Life in New York* (New York: George W. Harlan, 1882), 116 - 117.

⑧ Lately Thomas, *Delmonico's: A Century of Splendor* (Boston: Houghton Miffin, 1967), 8 - 9.

⑨ Eleanor Parkinson Biography and introduction to *The*

Complete Confectioner, *Pastry-Cook*, and *Baker*, February 2005, Feeding America: The Historic American Cookbook Project, Michigan State University Library, http://digital. lib. msu. edu/projects/ cookbooks/html/project.html, accessed July 23, 2008. 密歇根州立大学图书馆和密歇根州立大学博物馆合作创建了一个在线图书展示平台，收集了 18 世纪末至 20 世纪初一些最有影响力和最重要的美国烹饪书籍。

⑩ Eleanor Parkinson, *The Complete Confectioner*, *Pastry-Cook*, and *Baker* (1884; reprint, Philadelphia: J. B. Lippincott & Co., 1864), 69 - 70.

⑪ Ibid., 73.

⑫ Chas. H. Haswell, *Reminiscences of an Octogenarian of the City of New York* (*1816 to 1860*) (New York: Harper & Brothers, 1896), 60.

⑬ George G. Foster, *New York by Gas-Light and Other Urban Sketches*, edited and with an introduction by Stuart M. Blumin (1850; reprint, Berkeley: University of California Press, 1990), 138.

⑭ Dayton, *Last Days of Knickerbocker Life*, 140.

⑮ John Lambert, *Travels through Canada*, *and the United States of North America in the Years 1806*, *1807*, *1808* (London: Baldwin, Cradock, and Joy, 1816), excerpted in Kenneth T. Jackson and David S. Dunbar, eds., *Empire City: New York through the Centuries* (New York: Columbia University Press, 2002), 111 - 116. Thomas A. Janvier, In Old New York (New York: Harper & Brothers, 1894), 261 - 262.

⑯ Dayton, *Last Days of Knickerbocker Life*, 125.

⑰ Marvin McAllister, *White People Do Not Know How to Behave at Entertainments Designed for Ladies and Gentlemen of Colour: William Brown's African and American Theater* (Chapel Hill: University of North Carolina Press, 2003).

⑱ "A History of Ice Cream in Philadelphia," 2008, Chilly Philly

Ice Cream, www.chillyphilly.com, accessed July 23, 2008.

⑲ Heath Schenker, "Pleasure Gardens, Theme Parks, and the Picturesque," in *Theme Park Landscapes: Antecedents and Variations*, ed. Terence Young and Robert Riley (Washington, DC: Dumbarton Oaks Research Library and Collection, 2002), 80.

⑳ *New York Herald*, March 24, 1856, quoted in Schenker, Pleasure Gardens, Theme Parks, and the Picturesque," 80.

㉑ Ibid., 88.

㉒ Ibid., 69.

㉓ Ibid., 84.

㉔ Foster, *New York by Gas-Light*, 133.

㉕ Ibid., 138.

㉖ George G. Foster, *New York in Slices: By an Experienced Carver*: Being the Original Slices Published in the N. Y. Tribune (New York: W. H. Graham, 1849), 72.

㉗ Foster, *New York by Gas-Light*, 139.

㉘ "Ice House," n.d., Food and Cooking, Thomas Jefferson's Monticello, www.monticello.org, accessed July 23, 2008.

㉙ William Jeanes, *The Modern Confectioner: A Practical Guide* (London: John Camden Hotten, 1861), 90 – 92.

㉚ Joseph C. Jones Jr., *America's Icemen* (Humble, TX: Jobeco Books, 1984), 15 – 20.

㉛ Gavin Weightman, *The Frozen-Water Trade: A True Story* (New York: Hyperion, 2003), 39.

㉜ Ibid., 40.

㉝ Ibid., 142.

㉞ Richard O. Cummings, *The American Ice Harvests: A Historical Study in Technology, 1800 – 1918* (Berkeley: University of California Press, 1949), 67 – 68.

㉟ Jennie G. Everson, *Tidewater Ice of the Kennebec River*

（Freeport，ME：Bond Wheelwright，for the Maine State Museum by the Co.，1970），107.

㊱ Chauncey M. Depew，*One Hundred Years of American Commerce*（New York：D. O. Haynes，1895），467－468.

㊲ Elizabeth David，*Harvest of the Cold Months*（New York：Viking，1995），278.

㊳ Robert Maclay，"The Ice Industry," in *One Hundred Years of American Commerce*，ed. Chauncey M. Depew（New York：D. O. Haynes，1895），469.

㊴ Mary Lincoln，"Ice and Ices," *New England Kitchen* 1，no. 4（August 1894）：238－242.

㊵ Jones，*America's Icemen*，159.

㊶ Elizabeth Ellicott Lea，*Domestic Cookery，Useful Receipts，and Hints to Young Housekeepers*（Baltimore，MD：Cushings and Bailey，1869），126.

㊷ Eliza Leslie，*Seventy Five Receipts for Pastry，Cakes，and Sweetmeats*（Boston：Munroe and Francis，1832），85.

㊸ Catharine Esther Beecher，*Miss Beecher's Domestic Receipt Book: Designed as a Supplement to Her Treatise on Domestic Economy*（New York：Harper & Brothers，1850），219－220.

㊹ Sidney W. Mintz，*Sweetness and Power: The Place of Sugar in Modern History*（New York：Viking，1985），67.

㊺ Ibid.，144.

㊻ Wendy A. Woloson，*Refined Tastes: Sugar，Confectionery，and Consumers in Nineteenth-Century America*（Baltimore，MD：Johns Hopkins University Press，2002），5.

㊼ Mintz，*Sweetness and Power*，143.

㊽ Woloson，*Refined Tastes*，31.

㊾ *American Kitchen Magazine*（March 1898）：xiv.

㊿ William Woys Weaver，"Ice Cream," in *Encyclopedia of Food and Culture*, ed. Solomon H. Katz (New York: Charles Scribner's Sons, 2003), 239.

(51) Thomas Masters, *The Ice Book* (London: Simpkin, Marshall, 1844), xi. 53.

(52) Ibid., 161.

(53) Ibid., 172.

(54) Henry G. Harris and S. P. Borella, *All about Ices, Jellies, and Creams* (London: Kegan Paul, 2002), 2. Reprint of the 1926 edition.

(55) Ralph Selitzer, *The Dairy Industry in America* (New York: Dairy & Ice Cream Field and Books for Industry, 1976), 101.

(56) Ibid., 103.

(57) Funderburg, *Chocolate, Strawberry, and Vanilla*, 55.

(58) H. C. G. Matthew and Brian Harrison, eds., *Oxford Dictionary of National Biography* (New York: Oxford University Press, 2004), 641-643.

(59) P. Michael, *Ices and Soda Fountain Drinks* (London: Maclaren & Sons [1925?]), 42.

(60) Pellegrino Artusi, *Science in the Kitchen and the Art of Eating Well*, trans. Murtha Baca and Stephen Sartarelli (Toronto: University of Toronto Press, 2004), 545.

(61) Alberto Capatti and Massimo Montanari, *Italian Cuisine: A Cultural History* (New York: Columbia University Press, 2003), 259.

(62) Selitzer, *Dairy Industry in America*, 99.

第五章　为冰淇淋疯狂

① An Observer, *City Cries, or, a Peep at Scenes in Town* (Philadelphia: George S. Appleton, 1850), 65-66.

② Peter Quennell, editor, *Mayhew's London: Being Selections from London Labour and the London Poor, by Henry Mayhew* (1851;

reprint, London: Pilot, 1949), 136.

③ Ibid., 219.

④ Michael A. Musmanno, *The Story of the Italians in America* (New York: Doubleday, 1965), 103, 101.

⑤ Thomas Bailey Aldrich, *Unguarded Gates and Other Poems* (Boston: Houghton, Mifflin, 1895), 13 – 17.

⑥ Erik Amftheatrof, *The Children of Columbus: An Informal History of the Italians in the New World* (Boston: Little, Brown, 1973), 170.

⑦ Harvey Levenstein, *Revolution at the Table* (New York: Oxford University Press, 1988), 157.

⑧ Kenneth T. Jackson and David S. Dunbar, eds., *Empire City: New York through the Centuries* (New York: Columbia University Press, 2002), 433.

⑨ Terri Colpi, *The Italian Factor: The Italian Community in Great Britain* (Edinburgh: Mainstream, 1991), 36.

⑩ Ibid., 34.

⑪ Grace M. Mayer, *Once upon a City* (New York: Macmillan, 1958), 382.

⑫ Junius Henri Browne, *The Great Metropolis: A Mirror of New York* (Hartford, CT: American Publishing, 1869), 99.

⑬ P. Michael, *Ices and Soda Fountain Drinks* (London: Maclaren & Sons [1925?]), 99.

⑭ Ibid., 100.

⑮ Autumn Stanley, *Mothers and Daughters of Invention* (New Brunswick, NJ: Rutgers University Press, 1995), 50 – 52.

⑯ Mary Sherman, "Manufacturing of Foods in the Tenements," 1906, Tenant Net: Tenants and Renters' Rights, New York City, www.tenant.net/community/les, accessed July 23, 2008.

⑰ Ralph Selitzer, *The Dairy Industry in America* (New York:

Dairy & Ice Cream Field and Books for Industry, 1976), 244 - 245.

⑱ Mayer, *Once upon a City*, 79.

⑲ James W. Parkinson, "Letter from Paris," *Confectioners'Journal* 4, no. 40 (May 1878): 19. Published by Journal Publishing Company, Philadelphia.

⑳ Frederick T. Vine, *Ices: Plain and Decorated* (London: Offices of the British Baker and Confectioner, and Hotel Guide and Caterers Journal [1900?]), 6.

㉑ Andrew W. Tuer, *Old London Street Cries* (London: Field & Tuer, Leadenhall Press, 1885), 59 - 60.

㉒ Michael, *Ices and Soda Fountain Drinks*, 48.

㉓ Ibid., 48 - 49.

㉔ Soda Fountain, the Trade Magazine, comp., *Dispenser's Formulary*, 4th ed. (New York: Soda Fountain Publications, 1925), 171.

㉕ Selitzer, *Dairy Industry in America*, 245.

㉖ Michael, *Ices and Soda Fountain Drinks*, 70.

㉗ Ibid., 43.

㉘ Val Miller, *Thirty-six Years an Ice Cream Maker* (Davenport, IA: n.p., 1907), 51 - 54.

㉙ Michael, *Ices and Soda Fountain Drinks*, 105.

㉚ *American Kitchen Magazine* (March 1901): xxxiv.

㉛ Selitzer, *Dairy Industry in America*, 245.

㉜ Ice Cream Sandwiches: "All Wall Street Buying Them Nowadays to the Proft of the Inventor," *New York Sun*, August 19, 1900, p.7.

㉝ Ibid.

㉞ Barbara Haber, *From Hardtack to Home Fries* (New York: Free Press, 2002), 62 - 68.

㉟ Charles Herman Senn, *Ices, and How to Make Them* (London: Universal Cookery and Food Association, 1900), 69.

㊱ *Soda Fountain, the Trade Magazine*, comp., *Dispenser's Formulary*, 148.

㊲ James W. Parkinson, "Ice Cream and Ice Cream Machinery, Ancient and Modern," *Confectioners' Journal* 2, no.15 (March 1876): 11.

㊳ John J. Riley, *A History of the American Soft Drink Industry, Bottled Carbonated Beverages, 1805–1957* (New York: Arno, 1972), 5–6.

㊴ Harvey Wickes Felter, MD, and John Uri Lloyd, Phr. M., PhD, *King's American Dispensatory* (Cincinnati: Ohio Valley Company, 1898).

㊵ Riley, *History of the American Soft Drink Industry*, 49.

㊶ Ibid., 49.

㊷ Ibid., 50.

㊸ Ibid., 54.

㊹ See, for example, Anne Cooper Funderburg, *Sundae Best: A History of Soda Fountains* (Bowling Green, OH: Bowling Green State University Popular Press, 2002), 19; Riley, *History of the American Soft Drink Industry*, 3–21.

㊺ Funderburg, *Sundae Best*, 35–37.

㊻ James W. Tufts, "Soda-Fountains," in *One Hundred Years of American Commerce, 1795–1895*, ed. Chauncey M. Depew (New York: D. O. Hayes, 1895), 472.

㊼ James Dabney McCabe, *The Illustrated History of the Centennial Exhibition* (Philadelphia: National, 1876), 309–310.

㊽ Riley, *History of the American Soft Drink Industry*, 8–9.

㊾ Ibid., 9.

㊿ Ibid.

(51) Ibid., 10.

(52) E. F. White, *The Spatula Soda Water Guide* (Boston: Spatula Publishing, 1905), 115.

㊗ Ibid., 58.

㊙ Riley, *History of the American Soft Drink Industry*, 114.

㊝ Funderburg, *Sundae Best*, 52 - 59.

㊛ White, *Spatula Soda Water Guide*, 70.

㊞ Mayer, *Once upon a City*, 395.

㊘ Funderburg, *Sundae Best*, 62 - 64.

㊙ Michael Turback, *A Month of Sundaes* (New York: Red Rock Press, 2002), 30 - 32.

⑥ White, *Spatula Soda Water Guide*, 71.

㊑ Ibid.

㊒ Mayer, *Once upon a City*, 396 - 397.

㊓ Selitzer, *Dairy Industry in America*, 246.

第六章　妇女们的贡献

① *"Masser's Self-Acting Patent Ice-Cream Freezer and Beater,"* *Godey's Lady's Book* (Philadelphia) 41 (August 1850): 124.

② Marjorie Kreidberg, *Food on the Frontier: Minnesota Cooking from 1850 to 1900*, with *Selected Recipes* (St. Paul: Minnesota Historical Society Press, 1975), 147.

③ Jennie G. Everson, *Tidewater Ice of the Kennebec River* (Freeport, ME: Bond Wheelwright, for the Maine State Museum, 1970), 124.

④ "Sarah Tyson Rorer Biography," February 2005, Feeding America: The Historic American Cookbook Project, Michigan State University Library, http://digital .lib.msu.edu/projects/cookbooks/html/project.html, accessed July 23, 2008.

⑤ Laura Shapiro, Perfection Salad: Women and Cooking at the Turn of the Century (New York: Modern Library, 2001),47.

⑥ Catharine Esther Beecher, *Miss Beecher's Domestic Receipt Book: Designed as a Supplement to Her Treatise on Domestic Economy*

（New York: Harper & Brothers, 1850), 166 - 167.

⑦ Agnes B. Marshall, *Fancy Ices* (London: Marshall's School of Cookery and Simpkin, Marshall, Hamilton, Kent, 1894), 117.

⑧ Maria Parloa, *Miss Parloa's New Cookbook: A Guide to Marketing and Cooking* (New' York: C. T. Dillingham, 1882), 66 - 81.

⑨ Sarah Tyson Rorer, *Mrs. Rorer's Philadelphia Cook Book* (Philadelphia: Arnold, 1886), 546 - 548.

⑩ Mrs. D. A. Lincoln, *Mrs. Lincoln's Boston Cook Book* (Boston: Roberts Brothers, 1884), 361.

⑪ "Janice Bluestein Longone, Mary J. Lincoln," in *Culinary Biographies*, ed. Alice Arndt (Houston, TX: Yes Press, 2006), 243 - 245.

⑫ Mary Lincoln, "Ice and Ices," *New England Kitchen* 1, no.4 (August 1894): 238 - 242.

⑬ Parloa, *Miss Parloa's New Cookbook*, 69.

⑭ Aunt Babette, *"Aunt Babette's" Cook Book* (Cincinnati, OH: Block Publishing and Print Company, 1889), 365.

⑮ Sarah Rorer, *Good Cooking* (Philadelphia: Curtis; New York: Doubleday & McClure, 1898), 88.

⑯ Estelle Woods Wilcox, *Buckeye Cookery and Practical Housekeeping: Compiled from Original Recipes* (Minneapolis, MN: Buckeye, 1877), 147.

⑰ Ibid., 398 - 399.

⑱ Aunt Babette, *"Aunt Babette's" Cook Book*, 365.

⑲ Marion Harland [Mary Virginia Terhune], *Common Sense in the Household: A Manual of Practical Housewifery* (New York: Scribner, Armstrong, 1873), 443 - 446.

⑳ Cornelius Weygandt, *Philadelphia Folks: Ways and Institutions in and about the Quaker City* (New York: D. Appleton-Century Company, 1938), 18 - 20.

㉑ Ibid., 23.

㉒ "Susan MacDuff Wood, Eliza Leslie," in *Culinary Biographies*, ed. Alice Arndt (Houston, TX: Yes Press, 2006), 239 - 240.

㉓ Eliza Leslie, *Seventy-Five Receipts for Pastry, Cakes, and Sweetmeats* (1828; reprint, Boston: Munroe and Francis, 1832), 37 - 39.

㉔ Florence Fabricant, "James Beard's American Favorites," *Food & Wine* (July 1981): 25 - 28.

㉕ 在那时,甜品师和厨师通常喜欢冰淇淋和带有果核和树叶的蛋羹。然而它们确实含有少量氰化物。因此今天我们并不推荐这种做法,尤其是当甜点是做给儿童、病人或老年人吃的时候,必须慎之又慎。

㉖ Eliza Leslie, *The Lady's Receipt Book: a Useful Companion for Large or Small Families* (Philadelphia: Carey and Hart, 1847), 160.

㉗ Aunt Babette, *"Aunt Babette's" Cook Book*, 366.

㉘ Leslie, *Seventy-Five Receipts*, 39; Lincoln, *Boston Cook Book*, 363.

㉙ Elizabeth Fries Ellet, *Practical Housekeeper: A Cyclopaedia of Domestic Economy* (New York: Stringer and Townsend, 1857), 490.

㉚ Wilcox, *Buckeye Cookery*, 151.

㉛ Lincoln, *Boston Cook Book*, 363.

㉜ Rorer, *Good Cooking*, 87 - 88.

㉝ Sarah Tyson Rorer, *Ice Creams, Water Ices, Frozen Puddings, Together with Refreshments for All Social Affairs* (Philadelphia: Arnold, 1913; reprint, Whitefish, MT: Kessinger, n. d.), 2.

㉞ Ibid., 2.

㉟ Wilcox, *Buckeye Cookery*, 151.

㊱ Mrs. D. A. Lincoln, *Frozen Dainties* (Nashua, NH: White Mountain Freezer Company, 1889; reprint, Bedford, MA: Applewood Books, 2001), 5 - 8.

㊲ Barbara Ketcham Wheaton, *Victorian Ices & Ice Cream* (New York: Metropolitan Museum of Art, Charles Scribner's Sons, 1976),

6-7. Original recipes from Agnes B. Marshall, *The Book of Ices* (London: Marshall's School of Cookery and Simpkin, Marshall, Hamilton, Kent & Co., 1885).

㊳ Ibid., 13.蓖麻糖是细磨糖。马歇尔在她的《冰之书》第63页做了个广告，介绍了"一种无害的植物色素，用于给冰、奶油、果冻等着色"。滤布（tammy）用于精细过滤。

㊴ Alice Ross, "Fannie Merritt Farmer," in *Culinary Biographies*, ed. Alice Arndt ；(Houston, TX: Yes Press, 2006), 159-160.

㊵ Fannie Merritt Farmer, *The Boston Cooking-School Cook Book* (Boston: Little, Brown, 1896), 370.

㊶ Rorer, *Philadelphia Cook Book*, 451.

㊷ Elizabeth Ellicott Lea, *Domestic Cookery, Useful Receipts, and Hints to Young Housekeepers* (Baltimore, MD: Cushings and Bailey, 1869), 108-109.

㊸ Wilcox, *Buckeye Cookery*, 150.

㊹ Lincoln, *Boston Cook Book*, 362.

㊺ Beecher, *Miss Beecher's Domestic Receipt Book*, 167.

㊻ Rorer, *Philadelphia Cook Book*, 445.

㊼ Juliet Corson, *Miss Corson's Practical American Cookery and Household Management* (New York: Dodd, Mead, 1886), 527.

㊽ Sarah Tyson Rorer, *Dainty Dishes for All the Year Round* (Philadelphia: North Brothers Mfg., 1905), 23.

㊾ Rorer, *Ice Creams*, 14-16.

㊿ Marion Fontaine Cabell Tyree, *Housekeeping in Old Virginia* (Richmond, VA: J. W. Randolph & English, 1878), 439-440.

○51 Lincoln, *Frozen Dainties*, 22-23.

○52 Rorer, *Ice Creams*, 25.

○53 Henry G. Harris and S. P. Borella, *All about Ices, Jellies, and Creams* (London: Kegan Paul, 2002), 39. Reprint of the 1926 edition published in London by Maclaren & Sons.

(54) Lincoln，*Frozen Dainties*，20－21.

(55) Aunt Babette，"*Aunt Babette's*" *Cook Book*，376.

(56) Farmer，*Boston Cooking School Cook Book*，376.

(57) Mary Elizabeth Wilson Sherwood，*Manners and Social Usages* (New York：Harper & Brothers，1887)，275.

(58) Kreidberg，*Food on the Frontier*，187.

(59) Mary F. Henderson，*Practical Cooking and Dinner Giving* (New York：Harper & Brothers，1876)，306.

(60) Kathryn Grover，ed.，*Dining in America，1850－1900* (Amherst：University of Massachusetts Press，1987)，64－69.

(61) Lincoln，"*Ice and Ices*，" 242.

(62) Robin Weir et al.，Mrs. Marshall：*The Greatest Victorian Ice Cream Maker* (Otley，U. K.：Smith Settle，1998)，54.

(63) Parloa，*Miss Parloa's New Cookbook*，294.

(64) Wilcox，*Buckeye Cookery*，151.

(65) Charles Ranhofer，*The Epicurean* (New York：Charles Ranhofer，1894)，1007.

(66) Lincoln，*Frozen Dainties*，23.

(67) Aunt Babette，*Aunt Babette's Cook Book*，377.

(68) Lincoln，*Frozen Dainties*，23.

(69) Rorer，*Philadelphia Cook Book*，456.

(70) Rorer，*Dainty Dishes*，48.

(71) Henderson，*Practical Cooking*，308－310.

(72) Rorer，*Dainty Dishes*，43.

(73) Rorer，*Ice Creams*，41－48.

(74) Marshall，*Fancy Ices*，13.

(75) Mark Twain and Charles Dudley Warner，*The Gilded Age: A Tale of Today* (Hartford，CT：American Publishing，1874).

(76) Una Pope-Hennessy，ed.，*The Aristocratic Journey: Being the Outspoken Letters of Mrs. Basil Hall Written during a Fourteen Months'*

Sojourn in America, *1827 - 1828*（New York：G. P. Putnam's Sons, 1931），182.

⑦ Sherwood, *Manners and Social Usage*, 361.

⑧ D. Albert Soeffng, "A Nineteenth-Century American Silver Flatware Service," *Antiques*（September 1999）：327 - 328.

⑦ Alfred L. Cralle, *Ice Cream Mold and Disher*, patented February 2, 1897 U. S. Patent No.576, 395.

⑧ Charles Ross Parke, *Dreams to Dust: A Diary of the California Gold Rush*, *1849 - 1850*, ed. James E. Davis（Lincoln：University of Nebraska Press, 1989），46 - 47.

⑧ Susan Williams, *Savory Suppers and Fashionable Feasts: Dining in Victorian America*（New York：Pantheon, 1985），182.

⑧ Weygandt, *Philadelphia Folks*, 20.

⑧ Sandra L. Oliver, *Saltwater Foodways*（Mystic, CT：Mystic Seaport Museum, 1995），316 - 318.

第七章　现代冰淇淋

① Robert W. Rydell, John E. Findling, and Kimberly D. Pelle, *Fair America*（Washington, DC：Smithsonian Institution Press, 2000），52 - 57.

② Pamela J. Vaccaro, *Beyond the Ice Cream Cone*（St. Louis, MO：Enid Press, 2004），92 - 98.

③ Jenifer Harvey Lang, ed., *Larousse gastronomique*（New York：Crown, 1990），750 - 751, 1143 - 1145.

④ François Massialot, *Nouvelle instruction pour les confitures, les liqueurs, et les fruits*（Amsterdam：Aux Depens de la Compagnie, 1734），151.

⑤ Charles Elmé Francatelli, *The Royal Confectioner: English and Foreign*（London：Chapman and Hall, 1866），181.

⑥ Lang, *Larousse gastronomique*, 750.

⑦ Robert J. Weir, An 1807 Ice Cream Cone: Discovery and Evidence," *Food History News* 16, no.2 (2004): 1 - 6.

⑧ Francatelli, *Royal Confectioner*, 181.

⑨ "Wafer Making," 2003, Historic Food: The Website of Food Historian Ivan Day, http://www.historicfood.com, accessed July 23, 2008.

⑩ Charles Elmé Francatelli, *Francatelli's Modern Cook* (Philadelphia: T. B. Peterson & Brothers, 1846), 468.

⑪ Ibid., 469 - 470.

⑫ Agnes B. Marshall, *Fancy Ices* (London: Marshall's School of Cookery and Simpkin, Marshall, Hamilton, Kent, 1894), 135.

⑬ Ibid., 116 - 117.

⑭ Antonio Valvona, *Apparatus for Baking Biscuit-Cups for Ice-Cream*, patented June 3, 1902, U. S. Patent No.701,776, June 3, 1902.

⑮ I. Marchiony, *Mold*, patented December 15, 1903, U. S. Patent No.746,971, December 15, 1903.

⑯ William Marchiony, "You Scream, I Scream, We All Scream for Ice Cream," *National Ice Cream Retailers Association Newsletter*, *NICRA Bulletin* (August 1984): 3.

⑰ Vaccaro, *Beyond the Ice Cream Cone*, 123 - 127; and Jack Marlowe, "Zalabia and the First Ice-Cream Cone," *Saudi Aramco World* (July - August 2003): 2 - 5.

⑱ Ralph Selitzer, *The Dairy Industry in America* (New York: Dairy &z Ice Cream Field and Books for Industry, 1976), 243.

⑲ Al Reynolds, "IAICV Memories: The History of Ice Cream," 1998. International Association of Ice Cream Vendors, Philadelphia, www.iaicv.org, accessed July 23, 2008.

⑳ Selitzer, *Dairy Industry in America*, 247.

㉑ Ibid., 285.

㉒ Ibid., 106.

㉓ *Ice Cream Review* (December 1921): 83. Published by Olsen Publishing, Milwaukee, WI.

㉔ Selitzer, *Dairy Industry in America*, 235.

㉕ H. E. Van Norman, "Manufacture of IceCream and Other Frozen Products," in *Cyclopedia of American Agriculture*, ed. Liberty Hyde Bailey (New York: Macmillan, 1910), 195 – 198.

㉖ Selitzer, *Dairy Industry in America*, 258.

㉗ Ibid., 238 – 239.

㉘ Van Norman, "*Manufacture of Ice-Cream*," 195.

㉙ "Gelatine Aids Digestion," *Confectioners' and Bakers' Gazette* (June 1913): 22. Published by H. B. Winton, New York.

㉚ Selitzer, *Dairy Industry in America*, 260 – 261.

㉛ Ibid., 284 – 285.

㉜ Warner-Jenkinson Manufacturing Company, *Ice Cream, Carbonated Beverages* (St. Louis, MO: Warner-Jenkinson Mfg., 1924), 1 – 2.

㉝ Ibid., 5.

㉞ Ibid., 18 – 37.

㉟ P. Michael, *Ices and Soda Fountain Drinks* (London: Maclaren & Sons [1925?]), 67 – 68, emphasis in the original.

㊱ Van Norman, "*Manufacture of Ice-Cream*," 196.

㊲ Selitzer, *Dairy Industry in America*, 258.

㊳ Ibid., 258 – 259.

㊴ *Ice Cream Review* (December 1917): 2.

㊵ *Ice Cream Review* (February 1919): 35; (September 1919): 18.

㊶ T. Percy Lewis and A. G. Bromley, *The Victorian Book of Cakes* (New York: Portland House, 1991), 142.

㊷ *Ice Cream Review* (May 1921): 99.

㊸ *Ice Cream Review* (September 1919): 18.

㊹ Lewis and Bromley, *Victorian Book of Cakes*, 20.

㊺　Ibid., 74.

㊻　Michael，*Ices and Soda Fountain Drinks*，177.

㊼　E. F. White，*The Spatula Soda Water Guide*（Boston：Spatula Publishing，1905），133.

㊽　"Junket"凝乳酶片和"Junket"冰淇淋混合物仍在销售。后者有草莓、荷兰巧克力或香草口味。参见公司网址 www. junketdesserts. com。

㊾　Jell-O：" *America's Most Famous Dessert*，" n. d.，Duke University Libraries Digital Collections，http：//library. duke. edu/digitalcollections/eaa. ckoo5o，accessed July 22，2008；Carolyn Wyman，Jell-O：A Biography（New York：Harcourt，2001），16.

㊿　Arthur D. Burke，*Practical Ice Cream Making and Practical Mix Tables*（Milwaukee，WI：Olsen，1933），60 - 97.

51　Ibid.，104 - 105.

52　Reynolds，"*IAICV Memories*."

53　Selitzer，*Dairy Industry in America*，285.

54　Ibid.，249 - 250.

55　Ibid.，248.

56　Ibid.，248 - 249.

57　William Bliss Stoddard，"How a Big Spokane Dairy Has Solved the Winter Ice Cream Problem，" *Ice Cream Review*（August 1920）：78.

58　E. C. Beynon，"A Big Ice Cream Season，" *Confectioners and Bakers Gazette*（May 1913）：24 - 25.

59　*Ice Cream Review*（December 1921）：145.

60　*Ice Cream Review*（February 1922）：179.

61　Ibid.，127.

62　*Ice Cream Review*（April 1922）：141.

63　Michael，*Ices and Soda Fountain Drinks*，49.

64　"Cold Pie，" *Time*，March 28，1927.

65　Maurita Baldock，Eskimo Pie Corporation Records，1921 -

1926，♯ 553，1998，Smithsonian National Museum of American History，Archives Center. Advertising，Marketing，and Commercial Imagery Collections，http://am ericanhistory. si. edu/archives，accessed July 23，2008.

㊅ Funderburg，*Chocolate*，*Strawberry*，*and Vanilla*，129 - 130.

㊆ Selitzer，*Dairy Industry in America*，264 - 266.

㊇ Ibid.，266 - 267.

㊉ Jefferson M. Moak，The Frozen Sucker War：Good Humor v. Popsicle，' *Prologue Magazine*（Spring 2005），U. S. National Archives and Records Administration，www.archives.gov publications/prologue/2005/spring/pop sicle，accessed July 23，2008.

⑩ F. W. Rueckheim，Confectionery："Then and Now," *Confectioners and Bakers* Gazette（March 10，1913）：19.

⑪ *Ice Cream Review*（August 20，1920）：1.

⑫ Selitzer，*Dairy Industry in America*，276.

⑬ Siegfried Giedion，Mechanization Takes Command（New York：Oxford University Press，1948），602；Sylvia Lovegren，"Refrigerators," in The Osford Encyclopedia of Food and Drink in America，ed. Andrew F. Smith（New York：Oxford University Press，2004），351 - 352；"Consumer Guide，the Auto Editors，1923 - 1927 Ford Model T," September 18，2007，HowStuffWorks.com，http://auto. howstuffworks/1923-1927-ford-model-t. htm，accessed July 29，2008.

⑭ Lovegren，*"Refrigerators*," 351.

⑮ Selitzer，*Dairy Industry in America*，264.

⑯ Ibid.，276.

⑰ *"Company History*," 1995，Hugh Moore Dixie Cup Company Collection，1905 - 1986，compiled by Anke Voss-Hubbard，Lafayette College Libraries，Easton，PA，ww2.lafayette.edu/～library/special/dixie/dixie.html，accessed July 22，2008.

⑱ A. Emil Hiss, *The Standard Manual of Soda and Other Beverages: A Treatise Especially Adapted to the Requirements of Druggists and Confectioners* (Chicago: G. P. Engelhard, 1904), 233.

⑲ Sarah Tyson Rorer, *Dainty Dishes for All the Year Round* (Philadelphia: North Brothers Mfg., 1905), 47.

⑳ Joseph Oliver Dahl, *Soda Fountain and Luncheonette Management* (New York: Harper & Brothers, 1930), 217.

㉑ Soda Fountain, the Trade Magazine, comp., *Dispenser's Formulary*, 4th ed. (New York: Soda Fountain Publications, 1925), 132.

㉒ Selitzer, *Dairy Industry in America*, 285.

㉓ Ibid., 269 - 270.

第八章　早餐冰淇淋

① *Howard Johnson's Presents Old Time Ice Cream Soda Fountain Recipes, or How to Make a Soda Fountain Pay* (New York: Winter House, 1971), 16 - 18.

② Ralph Selitzer, *The Dairy Industry in America* (New York: Dairy & Ice Cream Field and Books for Industry, 1976), 288.

③ Wendell Sherwood Arbuckle, *Ice Cream* (Westport, CT: Avi, 1966), 6 - 7.

④ Selitzer, *Dairy Industry in America*, 288 - 289.

⑤ Ibid., 291.

⑥ *A 50-Years History of the Ice Cream Industry*, 1905 - 1955 (New York: Trade Paper Division, Reuben H. Donnelley Corporation, 1955), 128.

⑦ Selitzer, *Dairy Industry in America*, 289 - 290.

⑧ Malcolm Parks, "An Open Letter to My Manufacturer," *Ice Cream Trade Journal* 33 (August 1937): 30. Published by the Trade Papers Division of the Reuben H. Donnelley Corporation, New York.

⑨ Selitzer, *Dairy Industry in America*, 290.

⑩ "Some Suggestions on Methods of Meeting Mechanical Household Refrigeration Competition," *Ice Cream Review* (May 1933): 32. Published by Olsen Publishing, Milwaukee, WI.

⑪ Alice Bradley, *Electric Refrigerator Menus and Recipes: Recipes prepared especially for the General Electric Refrigerator* (Cleveland, OH: General Electric, 1927), 40.

⑫ Ibid., 37.

⑬ Ibid., 93.

⑭ Ibid., 94.

⑮ P. H. Tracy, "Questions and Answers," *Ice Cream Trade Journal* (November 1937): 33.

⑯ *A 50-Years History*, 129.

⑰ Selitzer, *Dairy Industry in America*, 288 - 289.

⑱ Arthur D. Burke, *Practical Ice Cream Making and Practical Mix Tables* (Milwaukee: Olsen, 1933), 203 - 206.

⑲ Joseph Oliver Dahl, *Soda Fountain and Luncheonette Management* (New York: Harper & Brothers, 1933), 10 - 12.

⑳ *Ice Cream Review* (November 1932): 19.

㉑ *Ice Cream Trade Journal* (July 1937): 9.

㉒ *Howard Johnson's Presents*, 19.

㉓ "Walker's Insures Its Business with Quality," *Ice Cream Trade Journal* (July 1937): 22.

㉔ Brian Butko, Klondikes, *Chipped Ham & Skyscraper Cones: The Story of Isaly's* (Mechanicsburg, PA: Stackpole Books, 2001), 1.

㉕ Selitzer, *Dairy Industry in America*, 291 - 292.

㉖ Ibid., 292.

㉗ Philip Langdon, *Orange Roofs, Golden Arches: The Architecture of American Chain Restaurants* (New York: Alfred A. Knopf, 1986), 43.

㉘ Ibid., 64.

㉙ Ibid., 50.

㉚ Ibid., 69.

㉛ Marcy Norton, "Dairy Queen History Curls through Area," 1998, Progress '98: 300 Things That Make the Quad-Cities Great, http://qconline.com/progress98/ business, accessed July 23, 2008.

㉜ "I'll Take Vanilla," *Time* (May 1, 1942), Time Archive, 1923 to the Present, www.time.com/time/archive, accessed July 23, 2008.

㉝ Selitzer, *Dairy Industry in America*, 337 - 338.

㉞ Ibid., 338.

㉟ Ibid., 337.

㊱ Arbuckle, *Ice Cream*, 6 - 7.

㊲ "Victory Sundaes," *Ice Cream Review* (March 1942): 24 - 25.

㊳ Selitzer, *Dairy Industry in America*, 338.

㊴ "Patterns," *Time* (June 15, 1942), Time Archive, 1923 to the Present, www.time.com/time/archive, accessed July 23, 2008.

㊵ Helen Robertson, *Sarah MacLeod*, and *Frances Preston*, *What Do We Eat Now?*. *A Guide to Wartime Housekeeping* (Philadelphia: J. B. Lippincott, 1942), 290.

㊶ Warner-Jenkinson Manufacturing Company, *Ice Cream*, *Carbonated Beverages* (St. Louis: Warner-Jenkinson Mfg., 1924), 34.

㊷ About Dreyer's: Dreyer's Historic Headlines," n.d., Dreyer's Grand Ice Cream, www.dreyersinc.com, accessed July 22, 2008.

㊸ Robertson, MacLeod, and Preston, *What Do We Eat Now?*, 297.

㊹ Arbuckle, *Ice Cream*, 6 - 7.

㊺ Robert T. Marshall, H. Douglas Goff, and Richard W. Hartel, *Ice Cream* (New York: Kluwer Academic/Plenum, 2003), 8.

㊻ *A 50-Years History*, 143.

㊼ Ibid., 144.

㊽ Ruth Graves Wakefield, *Toll House Tried and True Recipes* (New York: M. Barrows, 1948), 216.

㊾ William I. Kaufman, *Quick and Easy Desserts* (New York: Pyramid Publications, 1965).

㊿ Wakefield, *Toll House Tried and True Recipes*, 217.

(51) Peg Bracken, *The I Hate to Cook Book* (Greenwich, CT: Fawcett Publications, 1960), 97.

(52) Will Anderson, *Lost Diners and Roadside Restaurants of New England and New York* (Bath, ME: Anderson & Sons' Publishing, 1987), 92.

(53) "Real Scoop," *Time* (April 7, 1958), Time Archive, 1923 to the Present, www .time.com/time/archive, accessed July 23, 2008.

(54) James Beard, "Cooking with James Beard, Ice Cream," *Gourmet* (July 1970): 50.

(55) "A Bang-Up Finish: Peach Bombe," *McCall's* (August 1970): 57.

(56) Carolyn Anderson, *The Complete Book of Homemade Ice Cream, Milk Sherbet 8 Sherbet* (New York: Saturday Review Press, 1972), 23.

(57) "Herrell's in the Media," *quoting Entrepreneur Magazine* (March 1987), Herrell's Ice Cream, www.herrells.com, accessed July 23, 2008.

(58) John Skow, "They All Scream for It," *Time* (August 10, 1981), Time Archive, 1923 to the Present, www. time. com/time/ archive, accessed July 23, 2008.

结语 工业与艺术

① Robert T. Marshall, H. Douglas Goff, and Richard W. Hartel, *Ice Cream* (New York: Kluwer Academic/Plenum, 2003), 7.

② G. O. Heck, "The Future of the Ice Cream Business," *Ice*

Cream Field & Trade Journal（June 1967）：70 - 77.

③ Chris Ryan，"An Old Favorite Gets New Attention，" *Fresh Cup Specialty Coffee & Tea Trade Magazine*（July 2005），www.freshcup.com，accessed July 2008.

参 考 文 献

书籍

Albala, Ken. *Eating Right in the Renaissance*. Berkeley: University of California Press, 2002.

Amfitheatrof, Erik. *The Children of Columbus: An Informal History of the Italians in the New World*. Boston: Little, Brown, 1973.

Anderson, Carolyn. *The Complete Book of Homemade Ice Cream, Milk Sherbet & Sherbet*. New York: Saturday Review Press, 1972.

Anderson, Will. *Lost Diners and Roadside Restaurants of New England and New York*. Bath, ME: Anderson & Sons' Publishing, 1987.

Anthimus. *On the Observance of Foods*. Translated and edited by Mark Grant. Totnes, U. K.: Prospect Books, 1996.

Arbuckle, Wendell Sherwood. *Ice Cream*. Westport, CT: Avi, 1966.

Arndt, Alice, ed. *Culinary Biographies*. Houston, TX: Yes Press, 2006.

———. *Seasoning Savvy*. New York: Haworth Herbal Press, 1999.

Arnold, Arthur. *Through Persia by Caravan*. New York: Harper & Brothers, 1877.

Aron, Jean-Paul. *The Art of Eating in France*. Translated by Nina Rootes. New York: Harper & Row, 1973.

Artusi, Pellegrino. *Science in the Kitchen and the Art of Eating Well*. Translated by Murtha Baca and Stephen Sartarelli. Toronto: University of Toronto Press, 2004.

Audiger, Nicolas. *La maison réglée*. Paris: Librairie Plon, 1692. Reprinted in Alfred Franklin, *La vie privée d'autrefois*. Paris: Librairie Plon, 1898.

Babette, Aunt. *"Aunt Babette's" Cook Book*. Cincinnati, OH: Block Publishing and Print Company, 1889.

Bailey, Liberty Hyde, ed. *Cyclopedia of American Agriculture*. New York: Macmillan, 1910.

Baldini, Filippo. *De sorbetti*. Bologna, Italy: Arnaldo Forni Editore, 1979. Reprint of the 1784 edition.

Balzac, Honoré de. *A Harlot High and Low* [Splendeurs et misères des courtisanes]. Translated and with an introduction by Rayner Heppenstall. Harmondsworth, U. K.: Penguin Books, 1970.

———. *Splendeurs et misères des courtisanes*. 1839. Reprint, Paris: Éditions Gallimard, 1973.

Batchelder, Ann. *New Delineator Recipes*. Chicago: Butterick, 1930.

Batterberry, Michael, and Ariane Batterberry. *On the Town in New York: A History of Eating, Drinking, and Entertainments from 1776 to the Present*. New York: Charles Scribner's Sons, 1973.

Beecher, Catharine Esther. *Miss Beecher's Domestic Receipt Book: Designed as a Supplement to Her Treatise on Domestic Economy*. New York: Harper & Brothers, 1850.

Belden, Louise Conway. *The Festive Tradition: Table Decoration and Desserts in America, 1650 – 1900*. New York: W. W. Norton, 1983.

Bernardi. *L'Art de donner des bals et soirées, ou le glacier royal*. Bruxelles: Société Typographique Belge, 1844.

Berolzheimer, Ruth. *Culinary Arts Institute Encyclopedic Cookbook*. New York: Grosset & Dunlap, 1965.

Better Homes & Gardens Dessert Cook Book. New York: Meredith, 1967.

Better Homes & Gardens New Cook Book. New York: Meredith, 1962.

Betty Crocker's Picture Cook Book. New York: McGraw-Hill Book Company and General Mills, 1950.

Borella, Mr. *The Court and Country Confectioner: Or, the House-Keeper's Guide*. 1770. Reprint, London: printed for G. Riley ... J. Bell ... J. Wheble ... and C. Etherington, 1772.

Bracken, Peg. *The I Hate to Cook Book*. Greenwich, CT: Fawcett Publications, 1960.

Bradley, Alice. *Electric Refrigerator Menus and Recipes: Recipes prepared especially for the General Electric Refrigerator*. Cleveland, OH: General Electric, 1927.

Briggs, Richard. *The New Art of Cookery*. Philadelphia: W. Spotswood, R. Campbell, and B. Johnson, 1792.

Brillat-Savarin, Jean Anthelme. *The Physiology of Taste*. San Francisco: North Point Press, 1986.

Brown, Peter B., and Ivan Day. *Pleasures of the Table: Ritual and Display in the European Dining Room, 1600 - 1900*. York, U. K.: York Civic Trust, 1997.

Browne, Junius Henri. *The Great Metropolis: A Mirror of New York*. Hartford, CT: American Publishing, 1869.

Brydone, Patrick. *A Tour Through Sicily & Malta, In a series of letters to William Beckford, Esq*. London: T. Cadell and W. Davies, 1806.

Burke, Arthur D. *Practical Ice Cream Making and Practical Mix Tables*. Milwaukee, WI: Olsen, 1933.

Butko, Brian. *Klondikes, Chipped Ham & Skyscraper Cones: The Story of Isaly's*. Mechanicsburg, PA: Stackpole Books, 2001.

Capatti, Alberto, and Massimo Montanari. *Italian Cuisine: A Cultural History*. New York: Columbia University Press, 2003.

Chardin, Jean. *A Journey to Persia, Jean Chardin's Portrait of a*

Seventeenth-Century Empire. Translated and edited by Ronald W. Ferrier. London: I. B. Tauris, 1996.

———. *Travels in Persia*, *1673 – 1677*. New York: Dover, 1988.

Ciocca, Giuseppe. *Il pasticciere e confettiere moderno*. Milano: U. Hoepli, 1907.

Coan, Peter Morton. *Ellis Island Interviews*. New York: Facts on File, 1997.

Coe, Sophie D., and Michael D. Coe. *The True History of Chocolate*. London: Thames and Hudson, 1996.

Coffin, Sarah D., et al. *Feeding Desire: Design and the Tools of the Table*, *1500 – 2005*. New York: Assouline Publishing in association with Cooper-Hewitt, National Design Museum, 2006.

Colpi, Terri. *The Italian Factor: The Italian Community in Great Britain*. Edinburgh: Mainstream, 1991.

———. *Italians Forward: A Visual History of the Italian Community in Great Britain*. Edinburgh: Mainstream, 1991.

Corrado, Vincenzo. *Il credenziere di buon gusto*. Naples: Nella Stamperia Raimondiana, 1778. Reprint, Sala Bolognese: A. Forni, 1991.

Corson, Juliet. *Miss Corson's Practical American Cookery and House-hold Management*. New York: Dodd, Mead, 1886.

Crosby, Alfred W., Jr. *The Columbian Exchange: Biological and Cultural Consequences of 1492*. Westport, CT: Greenwood Press, 1972.

Cummings, Richard O. *The American Ice Harvests: A Historical Study in Technology*, *1800 – 1918*. Berkeley: University of California Press, 1949.

Dahl, Joseph Oliver. *Soda Fountain and Luncheonette Management*. New York: Harper & Brothers, 1933.

Damerow, Gail. *Ice Cream! The Whole Scoop*. Macomb, IL: Glenbridge,

1991.

David, Elizabeth. *Harvest of the Cold Months*. New York: Viking Penguin, 1995.

———. *Is There a Nutmeg in the House?* New York: Penguin Books, 2002.

Davidson, Alan. *The Oxford Companion to Food*. Oxford: Oxford University Press, 1999.

Dayton, Abram C. *Last Days of Knickerbocker Life in New York*. New York: George W. Harlan, 1882.

DeGouy, Louis P. *Ice Cream and Ice Cream Desserts*. New York: Dover, 1938.

———. *Soda Fountain and Luncheonette Drinks and Recipes*. Stamford, CT: J. O. Dahl, 1940.

Depew, Chauncey M., ed. *One Hundred Years of American Commerce*. New York: D. O. Haynes, 1895.

DeVoe, Thomas F. *The Market Assistant*. New York: Hurd and Houghton, 1867.

———. *The Market Book*. 1862. Reprint, New York: Burt Franklin, 1969.

Dickson, Paul. *The Great American Ice Cream Book*. New York: Atheneum, 1978.

Dictionnaire portatif de cuisine, d'office, et de distillation. Paris: Vincent, 1767.

Dorsey, Leslie, and Janice Devine. *Fare Thee Well: A Backward Look at Two Centuries of Historic American Hostelries, Fashionable Spas & Seaside Resorts*. New York: Crown, 1964.

Dubelle, G. H., ed. *Soda Fountain Beverages: A Practical Receipt Book for Druggists, Chemists, Confectioners, and Venders of Soda Water*. New York: Spon & Chamberlain, 1917.

Eales, Mary. *Mrs. Mary Eales's Receipts*. London: Prospect Books,

1985. Facsimile of the 1733 edition; originally published in 1718. Distributed in the United States by the University Press of Virginia.

Ellet, Elizabeth Fries. *Practical House keeper: A Cyclopaedia of Domestic Economy*. New York: Stringer and Townsend, 1857.

Emy, M. *L'Art de bien faire les glaces d'office*. Paris: Chez Le Clerc, 1768.

Escoffier, Auguste. *Escoffier's Cook Book of Desserts, Sweets, and Ices*. New York: Crescent Books, 1941.

Estes, Rufus. *Good Things to Eat*. Chicago: self-published, 1911.

Eustis, Célestine. *Cooking in Old Créole Days*. New York: R. H. Russell, 1904.

Evelyn, John. *The Diary of John Evelyn*. Edited by E. S. de Beer. London: Oxford University Press, 1959.

Everson, Jennie G. *Tidewater Ice of the Kennebec River*. Freeport, ME: Bond Wheelwright, for the Maine State Museum, 1970.

Farmer, Fannie Merritt. *The Boston Cooking-School Cook Book*. Boston: Little, Brown, 1896.

Felter, Harvey Wickes, MD, and John Uri Lloyd, Phr. M., PhD. *King's American Dispensatory*. Cincinnati: Ohio Valley Company, 1898.

Fierro, Alfred. *Histoire et dictionnaire de Paris*. Paris: Éditions Robert Laffont, S. A., 1996.

A 50-Year History of the Ice Cream Industry, 1905 – 1955. New York: Trade Paper Division, Reuben H. Donnelley Corporation, 1955.

Finley, M. I., Denis Mack Smith, and Christopher Duggan. *A History of Sicily*. New York: Viking, 1987.

Flandrin, Jean-Louis. *Food: A Culinary History from Antiquity to the Present*. New York: Columbia University Press, 1999.

Fletcher, H. Phillips. *The St. Louis Exhibition, 1904*. London: B. T.

Batsford, 1905.

Foster, George G. *New York by Gas-Light and Other Urban Sketches*. Edited and with an introduction by Stuart M. Blumin. 1850. Reprint, Berkeley: University of California Press, 1990.

———. *New York in Slices: By an Experienced Carver; Being the Original Slices Published in the N. Y. Tribune*. New York: W. H. Graham, 1849.

Fox, Minnie C. *The Blue Grass Cook Book*. New York: Fox, Duffield, 1904.

Foy, Jessica, and Thomas J. Schlereth, eds. *American Home Life*, *1880 - 1930*. Knoxville: University of Tennessee Press, 1992.

Francatelli, Charles Elmé. *Francatelli's Modern Cook*. Philadelphia: T. B. Peterson & Brothers, 1846.

———. *The Royal Confectioner: English and Foreign*. London: Chapman and Hall, 1866.

Frieda, Leonie. *Catherine de Medici*. London: Weidenfeld & Nicolson, 2003.

Frost, Sarah Annie. *The Godey's Lady's Book Receipts and Household Hints*. Philadelphia: Evans, Stoddart, 1870.

Funderburg, Anne Cooper. *Chocolate, Strawberry, and Vanilla: A History of American Ice Cream*. Bowling Green, OH: Bowling Green State University Popular Press, 1995.

———. *Sundae Best: A History of Soda Fountains*. Bowling Green, OH: Bowling Green State University Popular Press, 2002.

Garland, Sarah. *The Complete Book of Herbs & Spices*. London: Frances Lincoln, 1989.

Garrett, Theodore Francis, ed. *The Encyclopædia of Practical Cookery*. London: Upcott Gill [1890?].

Gelernter, David. *1939: The Lost World of the Fair*. New York: Free Press, 1995.

Gentile, Maria. *The Italian Cook Book*. New York: Italian Book Company, 1919.

Giedion, Siegfried. *Mechanization Takes Command*. New York: Oxford University Press, 1948.

Gilliers, Joseph. *Le Cannameliste français*. Nancy: Chez Jean-Baptiste-Hiacinthe Leclerc, 1768.

Glasse, Hannah. *The Art of Cookery Made Plain and Easy*. London, 1796. Reprint, Hamden, CT: Archon Books, 1971.

———. *The Compleat Confectioner*. Dublin: printed by John Exshaw, 1762.

Glasse, Hannah, with considerable additions and corrections by Maria Wilson. *The Complete Confectioner, or, House keeper's Guide*. London: printed by J. W. Meyers for West and Hughes, 1800.

Glimpses of the Louisiana Purchase Exposition and City of St. Louis. Chicago: Laird & Lee, 1904.

The Good Housekeeping Cook Book. New York: Farrar & Rinehart, 1944.

Gosnell, Mariana. *Ice: The Nature, the History, and the Uses of an Astonishing Substance*. New York: Alfred A. Knopf, 2005.

Gouffé, Jules. *Le livre de cuisine*. Paris: Librairie Hachette et Cie, 1870.

———. *The Royal Cookery Book*. Translated from the French and adapted for English use by Alphonse Gouffé. London: Sampson Low, Marston, Searle & Rivington, 1880.

Gronow, Rees Howell. *The Reminiscences and Recollections of Captain Gronow: 1810 – 1860*. Vols. 1 and 2. London: John C. Nimmo, 1892.

Grover, Kathryn, ed. *Dining in America: 1850 – 1900*. Amherst: University of Massachusetts Press, 1987.

Gunter, William. *Gunter's Confectioner's Oracle*. London: Alfred

Miller, 1830.

Haber, Barbara. *From Hardtack to Home Fries*. New York: Free Press, 2002.

Haine, W. Scott. *The World of the Paris Café: Sociability among the French Working Class, 1789 - 1914*. Baltimore, MD: Johns Hopkins University Press, 1996.

Haines, Pamela. *Tea at Gunter's*. London: Heinemann, 1974.

Hall, Florence Howe. *Social Customs*. Boston: Estes and Lauriat, 1887.

Handy, Etta H. *Ice Cream for Small Plants*. Chicago: Hotel Monthly Press, 1937.

Harland, Marion [Mary Virginia Terhune]. *Common Sense in the Household: A Manual of Practical Housewifery*. New York: Scribner, Armstrong, 1873.

Harris, Henry G., and S. P. Borella. *All about Ices, Jellies, and Creams*. London: Kegan Paul, 2002. Reprint of the 1926 edition published in London by Maclaren & Sons.

Haswell, Chas. H. *Reminiscences of an Octogenarian of the City of New York (1816 to 1860)*. New York: Harper & Brothers, 1896.

Havens, Catherine Elizabeth. *Diary of a Little Girl in Old New York*. New York: Henry Collins Brown, 1919.

Hayes, Joanne Lamb. *Grandma's Wartime Kitchen: World War II and the Way We Cooked*. New York: St. Martin's Press, 2000.

Heatter, Maida. *Maida Heatter's Book of Great Desserts*. New York: Alfred A. Knopf, 1977.

Heimann, Jim. *Car Hops and Curb Service: A History of American Drive-In Restaurants, 1920 - 1960*. San Francisco: Chronicle Books, 1996.

Henderson, Mary F. *Practical Cooking and Dinner Giving*. New York: Harper & Brothers, 1876.

Herbert, Sir Thomas. *Travels in Persia*, *1627 - 1629*. Abridged and edited by Sir William Foster. New York: Robert M. McBride, 1929.

Hess, Karen. *Martha Washington's Booke of Cookery*. New York: Columbia University Press, 1981.

Hickman, Peggy. *A Jane Austen Household Book*. Newton Abbot, U. K.: David & Charles, 1977.

Hirtzler, Victor. *The Hotel St. Francis Cook Book*. Chicago: Hotel Monthly Press, 1919.

Hiss, A. Emil. *The Standard Manual of Soda and Other Beverages: A Treatise Especially Adapted to the Requirements of Druggists and Confectioners*. Chicago: G. P. Engelhard, 1904.

Howard Johnson's Presents Old Time Ice Cream Soda Fountain Recipes, or How to Make a Soda Fountain Pay. New York: Winter House, 1971.

Jackson, Kenneth T., and David S. Dunbar, eds. *Empire City: New York through the Centuries*. New York: Columbia University Press, 2002.

Janin, Jules. *The American in Paris*. London: Longman, Brown, Green, and Longmans, 1843.

Janvier, Thomas A. *In Old New York*. New York: Harper & Brothers, 1894.

Jarrin, G. A. *The Italian Confectioner*. 1820. Reprint, London: John Harding, 1823.

——. *The Italian Confectioner*. London: William H. Ainsworth, 1827.

Jarrin, W. A. [William Alexis]. *The Italian Confectioner*. London: E. S. Ebers, 1844.

Jeanes, William. *Gunter's Modern Confectioner*. London: J. C. Hotten, 1871.

————. *The Modern Confectioner: A Practical Guide*. London: John Camden Hotten, 1861.

Jones, Joseph C., Jr. *America's Icemen*. Humble, TX: Jobeco Books, 1984.

Kander, Mrs. Simon. *The New Settlement Cook Book*. New York: Simon and Schuster, 1951.

Katz, Solomon H., ed. *Encyclopedia of Food and Culture*. New York: Charles Scribner's Sons, 2003.

Kaufman, William I. *Quick and Easy Desserts*. New York: Pyramid Publications, 1965.

Kelly, Patricia M., ed. *Luncheonette: Ice-Cream, Beverage, and Sandwich Recipes from the Golden Age of the Soda Fountain*. New York: Crown, 1989.

Kreidberg, Marjorie. *Food on the Frontier: Minnesota Cooking from 1850 to 1900, with Selected Recipes*. St. Paul: Minnesota Historical Society Press, 1975.

Kurlansky, Mark. *Salt: A World History*. New York: Walker, 2002.

Lacam, Pierre. *Le mémorial des glaces et entremets*. Paris: Chez l'Auteur, 1911.

La Chapelle, Vincent. *Le cuisinier moderne*. La Haye, Netherlands: V. La Chapelle, 1742.

————. *The Modern Cook*. London: Nicolas Prevost, 1733.

Lane, Roger. *William Dorsey's Philadelphia and Ours: On the Past and Future of the Black City in America*. New York: Oxford University Press, 1991.

Lang, Jenifer Harvey, ed. *Larousse gastronomique*. New York: Crown, 1990.

Langdon, Philip. *Orange Roofs, Golden Arches: The Architecture of American Chain Restaurants*. New York: Alfred A. Knopf, 1986.

Larson, Charles R., ed. *The Fountain Operator's Manual*. New York:

Fountain Operator's Manual Division of the Syndicate Store Merchandiser, 1940.

Latini, Antonio. *Lo scalco alla moderna*. 2 vols. Napoli: Parrino & Mutii, 1692, 1694. Reprint, Milano: Appunti di Gastronomia, 1993.

La Varenne, François Pierre de. *Le vrai cuisinier françois*. Bruxelles: Chez George de Backer ... , 1712.

Lea, Elizabeth Ellicott. *Domestic Cookery, Useful Receipts, and Hints to Young Housekeepers*. Baltimore, MD: Cushings and Bailey, 1869.

Leslie, Eliza. *Directions for Cookery in Its Various Branches*. Philadelphia: B. L. Carey & A. Hart, 1840.

————. *The Lady's Receipt-Book; a Useful Companion for Large or Small Families*. Philadelphia: Carey and Hart, 1847.

————. *Seventy-Five Receipts for Pastry, Cakes, and Sweetmeats*. 1828. Reprint, Boston: Munroe and Francis, 1832.

Levenstein, Harvey. *Revolution at the Table*. New York: Oxford University Press, 1988.

Lewis, T. Percy, and A. G. Bromley. *The Victorian Book of Cakes*. New York: Portland House, 1991.

Liddell, Caroline, and Robin Weir. *Ices: The Definitive Guide*. London: Grub Street, 1995.

Lincoln, Mrs. D. A. *Frozen Dainties*. Nashua, NH: White Mountain Freezer Company, 1889. Reprint, Bedford, MA: Applewood Books, 2001.

————. *Mrs. Lincoln's Boston Cook Book*. Boston: Roberts Brothers, 1884.

London, Anne, ed. *The Complete American-Jewish Cookbook*. Cleveland, OH: World Publishing, 1952.

The Louisiana Purchase Exposition at St. Louis, 1904. Boston:

Raymond & Whitcomb, 1904.

Lovegren, Sylvia. *Fashionable Food: Seven Decades of Food Fads*. Chicago: University of Chicago Press, 2005.

Mariani, John. *America Eats Out*. New York: William Morrow, 1991.

Marsh, Dorothy B., ed. *The Good Housekeeping Cook Book*. New York: Rinehart, 1949.

Marshall, Agnes B. *The Book of Ices*. 1885. Reprint, London: Marshall's School of Cookery and Simpkin, Marshall, Hamilton, Kent, 1894.

———. *Fancy Ices*. London: Marshall's School of Cookery and Simpkin, Marshall, Hamilton, Kent, 1894.

———. *Mrs. A. B. Marshall's Cookery Book*. London: Robert Hayes [1890?].

Marshall, Ann Parks, ed. *Martha Washington's Rules for Cooking Used Everyday at Mt. Vernon*. Washington, DC: Ransdell, 1931.

Marshall, Robert T., H. Douglas Goff, and Richard W. Hartel. *Ice Cream*. New York: Kluwer Academic/Plenum, 2003.

Mason, Laura. *Sugar-Plums and Sherbet: The Prehistory of Sweets*. Devon, U. K.: Prospect Books, 2004.

Massialot, François. *Le nouveau cuisinier royal et bourgeois*. Paris: Chez Claude Prudhomme, 1734.

———. *Nouvelle instruction pour les confitures, les liqueurs, et les fruits*. Paris: Chez Claude Prudhomme, 1716.

———. *Nouvelle instruction pour les confitures, les liqueurs, et les fruits*. Amsterdam: Aux Depens de la Compagnie, 1734.

Masters, Thomas. *The Ice Book*. London: Simpkin, Marshal, 1844.

Matthew, H. C. G., and Brian Harrison, eds. *Oxford Dictionary of National Biography*. New York: Oxford University Press, 2004.

May, Robert. *The Accomplisht Cook*. London: printed for Obadiah Blagrave, 1685.

Mayer, Grace M. *Once upon a City*. New York: Macmillan, 1958.

Mayhew, Henry. *London Labor and the London Poor*. New York: Harper, 1851.

McAllister, Marvin. *White People Do Not Know How to Behave at Entertainments Designed for Ladies and Gentlemen of Colour: William Brown's African and American Theater*. Chapel Hill: University of North Carolina Press, 2003.

McCabe, James Dabney. *The Illustrated History of the Centennial Exhibition*. Philadelphia: National, 1876.

McGee, Harold. *On Food and Cooking: The Science and Lore of the Kitchen*. New York: Collier Books, 1984.

Menon, François. *The Art of Modern Cookery Displayed* [Les soupers de la cour]. London: R. Davis, 1767.

———. *The Professed Cook*. London: R. Davis, 1769.

Mentor [Nathan D. Urner]. *Never: A Hand-Book for the Uninitiated and Inexperienced Aspirants to Refined Society's Giddy Heights and Glittering Attainments*. New York: G. W. Carleton, 1883.

Meyer, Hazel. *The Complete Book of Home Freezing*. Philadelphia: J. B. Lippincott, 1964.

Michael, P. *Ices and Soda Fountain Drinks*. London: Maclaren & Sons [1925?].

Milioni, Stefano. *Columbus Menu: Italian Cuisine after the First Voyage of Christopher Columbus*. New York: Italian Trade Commission, 1992.

Miller, Mildred, and Bascha Snyder. *The Kosher Gourmet*. New York: Vantage, 1967.

Miller, Val. *Thirty-six Years an Ice Cream Maker*. Davenport, IA: n. p., 1907.

Mintz, Sidney W. *Sweetness and Power: The Place of Sugar in Modern History*. New York: Viking, 1985.

Moore, John. *A View of Society and Manners in Italy*. Vol. 3. Dublin:
    printed for W. Gilbert, W. Wilson, J. Moore, W. Jones, and J.
    Rice, 1792.

Morier, James. *The Adventures of Hajji Baba of Ispahan*. 1824.
    Reprint, New York: Hart, 1976.

Moura, Jean, and Paul Louvet. *Le Café Procope*. Paris: Perrin, 1929.

Murphy, Agnes. *The American Everyday Cookbook*. New York:
    Random House, 1955.

Musmanno, Michael A. *The Story of the Italians in America*. New
    York: Doubleday, 1965.

Naft, Stephen. *International Conversion Tables*. Expanded and revised
    by Ralph de Sola. New York: Duell, Sloan and Pearce, 1961.

Nasaw, David. *Going Out: The Rise and Fall of Public Amusements*.
    New York: Basic Books, 1993.

New York Herald Tribune. *America's Cook Book*. New York: Charles
    Scribner's Sons, 1940.

Nutt, Frederick. *The Complete Confectioner*. 4th ed. 1789. Reprint,
    London: Richard Scott, 1807.

An Observer. *City Cries, or, a Peep at Scenes in Town*. Philadelphia:
    George S. Appleton, 1850.

Official Guide Book of the New York World's Fair, 1939. New York:
    Exposition Publications, 1939.

Official Guide Book: The World's Fair of 1940 in New York. New
    York: Rogers, Kellogg, Stillson, 1940.

Oliver, Sandra L. *Saltwater Foodways*. Mystic, CT: Mystic Seaport
    Museum, 1995.

Palmer, Carl J. *History of the Soda Fountain Industry*. Chicago: Soda
    Fountain Manufacturers Association, 1947.

Parke, Charles Ross. *Dreams to Dust: A Diary of the California Gold
    Rush, 1849‑1850*. Edited by James E. Davis. Lincoln: University

of Nebraska Press, 1989.

Parkinson, Eleanor. *The Complete Confectioner, Pastry-Cook, and Baker*. 1844. Reprint, Philadelphia: J. B. Lippincott, 1864.

Parloa, Maria. *Chocolate and Cocoa Recipes*. Dorchester, MA: Walter Baker, 1911.

———. *Miss Parloa's New Cookbook: A Guide to Marketing and Cooking*. New York: C. T. Dillingham, 1882.

Picard, Liza. *Victorian London: The Tale of a City, 1840 - 1870*. New York: St. Martin's, 2005.

Pinkerton, John. *Recollections of Paris, in the Years 1802 - 3 - 4 - 5*. London: Longman, Hurst, Rees & Orme, 1806.

Plante, Ellen M. *The American Kitchen: 1700 to the Present*. New York: Facts on File, 1995.

Pope-Hennessy, Una, ed. *The Aristocratic Journey: Being the Outspoken Letters of Mrs. Basil Hall Written during a Fourteen Months' Sojourn in America, 1827 - 1828*. New York: G. P. Putnam's Sons, 1931.

Powell, Marilyn. *Cool: The Story of Ice Cream*. Toronto: Penguin Group, 2005.

Prentiss, Rev. George Lewis. *The Life and Letters of Elizabeth Prentiss*. London: Hodder and Stoughton, 1882.

Quennell, Peter, ed. *Mayhew's London: Being Selections from 'London Labour and the London Poor,' by Henry Mayhew*. 1851. Reprint, London: Pilot, 1949.

Raffald, Elizabeth. *The Experienced English Housekeeper*. 1769. Reprint, Lewes, U. K.: Southover Press, 1997.

Rain, Patricia. *Vanilla*. New York: Jeremy P. Tarcher/Penguin, 2004.

Randolph, Mary. *The Virginia House-Wife*. Columbia: University of South Carolina Press, 1984. Facsimile of the 1824 edition.

Ranhofer, Charles. *The Epicurean*. New York: Charles Ranhofer,

1920.

Read, George. *The Confectioner's and Pastry-Cook's Guide*. London：
Dean & Son [1840?].

———. *The Guide to Trade: The Confectioner*. London：Charles
Knight，1842.

Rebora, Giovanni. *Culture of the Fork*. New York：Columbia
University Press，2001.

Riley, Gillian. *The Oxford Companion to Italian Food*. New York：
Oxford University Press，2007.

Riley, John J. *A History of the American Soft Drink Industry*, *Bottled
Carbonated Beverages*, *1807 - 1957*. New York：Arno，1972.

Robertson, Helen, Sarah MacLeod, and Frances Preston. *What Do
We Eat Now? A Guide to Wartime Housekeeping*. Philadelphia：J.
B. Lippincott，1942.

Rombauer, Irma S. *The Joy of Cooking*. Indianapolis：Bobbs-Merrill，
1967.

Rorer, Sarah Tyson. *Dainty Dishes for all the Year Round*.
Philadelphia：North Brothers Mfg.，1905.

———. *Good Cooking*. Philadelphia：Curtis；New York：Doubleday &
McClure，1898.

———. *Ice Creams*, *Water Ices*, *Frozen Puddings*, *Together with
Refreshments for All Social Affairs*. Philadelphia：Arnold，1913.
Reprint，Whitefish，MT：Kessinger，n.d.

———. *Mrs. Rorer's Philadelphia Cook Book*. Philadelphia：Arnold，
1886.

———. *World's Fair Souvenir Cook Book*. Philadelphia：Arnold，1904.

Rosenzweig, Roy, and Elizabeth Blackman. *The Park and the People:
A History of Central Park*. Ithaca, NY：Cornell University Press，
1992.

Rundell, Maria Eliza Ketelby. *A New System of Domestic Cookery*.

Boston: W. Andrews, 1807.

Rydell, Robert W., John E. Findling, and Kimberly D. Pelle. *Fair America*. Washington, DC: Smithsonian Institution Press, 2000.

Sala, George Augustus. *Twice Round the Clock; or the Hours of the Day and Night in London*. London: Houlston and Wright, 1859.

Seely, Mrs. L. *Mrs. Seely's Cook Book*. New York: Grosset & Dunlap, 1902.

Selitzer, Ralph. *The Dairy Industry in America*. New York: Dairy & Ice Cream Field and Books for Industry, 1976.

Senn, Charles Herman. *Ices, and How to Make Them*. London: Universal Cookery and Food Association, 1900.

Shachtman, Tom. *Absolute Zero and the Conquest of Cold*. Boston: Houghton Mifflin, 1999.

Shaida, Margaret. *The Legendary Cuisine of Persia*. Henley-on-Thames, U. K.: Lieuse, 1992.

Shapiro, Laura. *Perfection Salad: Women and Cooking at the Turn of the Century*. New York: Modern Library, 2001.

———. *Something from the Oven: Reinventing Dinner in 1950s America*. New York: Viking, 2004.

Shephard, Sue. *Pickled, Potted, and Canned: How the Art and Science of Food Preserving Changed the World*. New York: Simon & Schuster, 2000.

Sherwood, Mary Elizabeth Wilson. *Manners and Social Usages*. New York: Harper & Brothers, 1887.

Shuman, Carrie V. *Favorite Dishes: A Columbian Autograph Souvenir Cookery Book*. Chicago: R. R. Donnelley & Sons, 1893.

Simeti, Mary Taylor. *Pomp and Sustenance*. New York: Alfred A. Knopf, 1989.

Smith, Andrew F., ed. *The Oxford Encyclopedia of Food and Drink in America*. New York: Oxford University Press, 2004.

Soda Fountain, the Trade Magazine, comp. *Dispenser's Formulary*. 4th ed. New York: Soda Fountain Publications, 1925.

Spurling, Hilary. *Elinor Fettiplace's Receipt Book*. New York: Viking, 1986.

Stanley, Autumn. *Mothers and Daughters of Invention*. New Brunswick, NJ: Rutgers University Press, 1995.

Stefani, Bartolomeo. *L'Arte de ben cucinare*. 1662. Reprint, Sala Bolognese, Italy: A. Forni, 1983.

Street, Julian Leonard. *Paris à la carte*. New York: John Lane, 1912.

Theophano, Janet. *Eat My Words: Reading Women's Lives through the Cookbooks They Wrote*. New York: Palgrave, 2002.

Thomas, Edith. *Mary at the Farm and Book of Recipes*. Norristown, PA: John Hartenstine, 1915.

Thomas, Lately. *Delmonico's: A Century of Splendor*. Boston: Houghton Mifflin, 1967.

Thoughts for Buffets. Boston: Houghton Mifflin, 1958.

Tuer, Andrew W. *Old London Street Cries*. London: Field & Tuer, Leadenhall Press, 1885.

Turback, Michael. *A Month of Sundaes*. New York: Red Rock Press, 2002.

Turnbow, Grover Dean, et al. *The Ice Cream Industry*. New York: John Wiley & Sons, 1947.

Twain, Mark, and Charles Dudley Warner. *The Gilded Age: A Tale of To-day*. Hartford, CT: American Publishing, 1874.

Tyree, Marion Fontaine Cabell. *Housekeeping in Old Virginia*. Richmond, VA: J. W. Randolph & English, 1878.

Vaccaro, Pamela J. *Beyond the Ice Cream Cone*. St. Louis, MO: Enid Press, 2004.

Viard, A. *Le cuisinier royal*. Paris: Gustave Barba, 1844.

Vine, Frederick T. *Ices: Plain and Decorated*. London: Offices of the

British Baker and Confectioner, and Hotel Guide and Caterers' Journal [1900?].

Visser, Margaret. *Much Depends on Dinner*. New York: Grove, 1986.

Wakefield, Ruth. *Toll House Tried and True Recipes*. New York: M. Barrows, 1948.

Wansey, Henry. *The Journal of an Excursion to the United States of North America in the Summer of 1794*. New York: Johnson Reprint, 1969.

Warner-Jenkinson Manufacturing Company. *Ice Cream, Carbonated Beverages*. St. Louis, MO: Warner-Jenkinson Mfg., 1924.

Weaver, William Woys. *Thirty-five Receipts from " The Larder Invaded."* Philadelphia: Library Company of Philadelphia, 1986.

Weightman, Gavin. *The Frozen-Water Trade: A True Story*. New York: Hyperion, 2003.

Weinreb, Ben, and Chrisopher Hibbert, eds. *The London Encyclopedia*. London: Macmillan, 1983.

Weir, Robin, Peter Brears, John Deith, and Peter Barham. *Mrs. Marshall: The Greatest Victorian Ice Cream Maker*. Otley, U. K.: Smith Settle, 1998.

West Glens Falls Fire Company Ladies Auxiliary. *What's Cooking in West Glens Falls*. Mimeographed, West Glens Falls, NY, 1977.

Weygandt, Cornelius. *Philadelphia Folks: Ways and Institutions in and about the Quaker City*. New York: D. Appleton – Century, 1938.

Wheaton, Barbara Ketcham. *Savouring the Past: The French Kitchen & Table from 1300 – 1789*. London: Chatto & Windus, Hogarth Press, 1983.

——. *Victorian Ices & Ice Cream*. New York: Metropolitan Museum of Art, Charles Scribner's Sons, 1976.

White, E. F. *The Spatula Soda Water Guide*. Boston: Spatula Publishing, 1905.

Wilcox, Estelle Woods. *Buckeye Cookery and Practical Housekeeping: Compiled from Original Recipes*. Minneapolis, MN: Buckeye, 1877.

Williams, Jacqueline. *Wagon Wheel Kitchens: Food on the Oregon Trail*. Lawrence: University Press of Kansas, 1993.

Williams, Susan. *Savory Suppers and Fashionable Feasts: Dining in Victorian America*. New York: Pantheon, 1985.

Wilson, C. Anne. *Food and Drink in Britain*. Chicago: Academy Chicago Publishers, 1991.

Wilson, Fred A. *Some Annals of Nahant*. Boston: Old Corner Book Store, 1928.

Wolff, Joe. *Café Life Florence: A Guidebook to the Cafés & Bars of the Renaissance Treasure*. Northampton, MA: Interlink Books, 2005.

Woloson, Wendy A. *Refined Tastes: Sugar, Confectionery, and Consumers in Nineteenth-Century America*. Baltimore, MD: Johns Hopkins University Press, 2002.

Woodward, C. Vann, ed. *Mary Chestnut's Civil War*. New Haven, CT: Yale University Press, 1981.

Woody, Elizabeth. *The Pocket Cook Book*. New York: Pocket Books, 1959.

Wyman, Carolyn. *Jell-O: A Biography*. New York: Harcourt, 2001.

Young, Terence, and Robert Riley, eds. *Theme Park Landscapes: Antecedents and Variations*. Washington, DC: Dumbarton Oaks Research Library and Collection, 2002.

期刊

American Kitchen Magazine (March 1898): xiv.

American Kitchen Magazine (March 1901): xxxiv.

"A Bang-Up Finish: Peach Bombe." *McCall's* (August 1970): 56 – 57.

Beard, James. "Cooking with James Beard, Ice Cream." *Gourmet*

(July 1970): 27, 50 - 52.

Cattani, Richard J. "Superior Homemade Ice Cream—a Sunday-to-Sunday Supply." *Quincy (MA) Patriot Ledger*, August 5, 1976.

Child, Theodore. "Characteristic Parisian Cafés." *Harper's New Monthly Magazine*, no. 467 (April 1889): 687 - 703.

Confectioners' and Bakers' Gazette. 1913 - 1917. Published by H. B. Winton, New York.

Confectioners' Journal. Vols. 1 - 4. 1874 - 1878. Published by Journal Publishing Company, Philadelphia.

David, Elizabeth. "Fromage Glacés and Iced Creams." *Petits Propos Culinaires* 2 (1979): 23 - 35. Published by Prospect Books, London.

———. "The Harvest of Cold Months." *Petits Propos Culinaires* 3 (1979): 8 - 15. Published by Prospect Books, London.

———. "Hunt the Ice Cream." *Petits Propos Culinaires* 1 (1979): 8 - 13. Published by Prospect Books, London.

———. "Savour of Ice and Roses." *Petits Propos Culinaires* 8 (1981): 7 - 17. Published by Prospect Books, London.

Day, Ivan. "A Natural History of the Ice Pudding." *Petits Propos Culinaires* 74 (2003): 23 - 38. Published by Prospect Books, London.

———. "Which Compleat Confectioner?" *Petits Propos Culinaires* 59 (1998): 44 - 53. Published by Prospect Books, London.

Dewey, Stoddard. "The End of Tortoni's." *Atlantic Monthly* 73, no. 440 (June 1894): 751 - 762.

Durfee, Stephen. "Make a Milk Chocolate and Toasted Marshmallow Ice Cream Sandwich." *Fine Cooking* (August - September 1997): 60 - 65.

Fabricant, Florence. "James Beard's American Favorites." *Food & Wine* (July 1981): 25 - 28.

"Flourishes with Food." *McCall's* (August 1970).

Grewe, Rudolph. "The Arrival of the Tomato in Spain and Italy." *Journal of Gastronomy* 3, no. 2 (Summer 1987): 67 - 82.

Heck, G. O. "The Future of the Ice Cream Business." *Ice Cream Field & Trade Journal* (June 1967): 70 - 77.

Hesser, Amanda. "Inspiration in a Tall, Cool Glass." *New York Times*, July 5, 2000.

"Hot Plate Coming Through." *Food Arts* (July - August 1998): 134.

Ice Cream Review. 1917 - 1942. Published by Olsen Publishing, Milwaukee, WI.

Ice Cream Trade Journal. 1937. Published by the Trade Papers Division of Reuben H. Donnelley, New York.

Idone, Christopher. "Desserts for Melting Days." *New York Times Magazine* (August 16, 1987): 59 - 60.

Johnnes, Daniel. "Lazy Sundaes." *Gourmet* (August 1997): 78 - 82.

Keller, Thomas. "The Days of Figs and Honey Are Here, Borne on a Bed of Ice Cream." *New York Times*, July 14, 1999, D5.

———. "A Savory Summer." *New York Times*, May 26, 1999.

Lauden, Rachel. "Birth of the Modern Diet." *Scientific American* (August 2000): 76 - 81.

———. "A Kind of Chemistry." *Petits Propos Culinaires* 62 (1999): 8 - 22. Published by Prospect Books, London.

Lincoln, Mary. "Ice and Ices." *New England Kitchen* 1, no. 4 (August 1894): 238 - 242.

Lukins, Sheila. "Scoops of Delight." *Parade Magazine* (July 28, 2002).

Marchiony, William. "You Scream, I Scream, We All Scream for Ice Cream." *National Ice Cream Retailers Association Newsletter*, *NICRA Bulletin* (August 1984): 3 - 5.

Marlowe, Jack. "Zalabia and the First Ice-Cream Cone." *Saudi Aramco World* (July - August 2003): 2 - 5.

Mason, Laura. "William Alexis Jarrin: An Italian Confectioner in London," *Gastronomica* (Spring 2001): 50 - 64.

"Masser's Self-Acting Patent Ice-Cream Freezer and Beater." *Godey's Lady's Book* (Philadelphia) 41 (August 1850): 124.

Morrison, Joseph L. " The Soda Fountain." *American Heritage Magazine* (August 1962): 1 - 3.

Oliver, Sandy. "Joy of Historical Cooking: Ice Cream." *Food History News* 17, no. 1 (2005): 3 - 8.

O'Neill, Molly. "Postcards from the Sun." *New York Times Magazine* (January 23, 1994): 49 - 50.

Parkinson, James W. "Ice Cream and Ice Cream Machinery, Ancient and Modern," *Confectioners' Journal* 2, no. 15 (March 1876): 11. Published by Journal Publishing Company, Philadelphia.

———. "Letter from Paris." *Confectioners' Journal* 4, no. 40 (May 1878): 19. Published by Journal Publishing Company, Philadelphia.

Parks, Mal. "Ice Cream Cones." *American Druggist Magazine* (April 1940): 36 - 37, 106 - 108.

Potter, David. "Icy Cream." *Petits Propos Culinaires* 72 (2003): 44 - 50. Published by Prospect Books, London.

Quinzio, Jeri. "Asparagus Ice Cream, Anyone?" *Gastronomica* (Spring 2002): 63 - 67.

———. "The Ice Cream Cone Conundrum." *Radcliffe Culinary Times* 10, no. 1 (Spring 2000): 6, 17.

———. " Ices in Disguise." *Radcliffe Culinary Times* 11, no. 2. (Autumn 2001): 10 - 11.

———. "The Triumph of Tortoni." *Radcliffe Culinary Times* 8, no. 2 (Winter 1999): 8.

Riely, Elizabeth. "I Scream, You Scream, We All Scream for Ice Cream." *Yankee Magazine* (July 1999): 78 - 87.

Rossant, Juliette. "The World's First Soft Drink." *Saudi Aramco World* (September - October 2005): 36 - 39.

Schwartz, David M. "Sippin' Soda through a Straw." *Smithsonian* (July 1986): 114 - 124.

"Seasonal Kitchen." *Gourmet* (November 2000): 88 - 94.

Simmons, Marie. "Sure-Bet Sherbets." *Cuisine* (July 1984): 44, 82 - 88.

Soeffing, D. Albert. "A Nineteenth-Century American Silver Flatware Service." *Antiques* (September 1999): 324 - 328.

Stallings, W. S., Jr. "Ice Cream and Water Ices in 17th and 18th Century England." *Petits Propos Culinaires* 3 (1979): S1 - 7. Published by Prospect Books, London.

Steingarten, Jeffrey. "Scoop Dreams." *Vogue* (August 2004).

Sterns, E. E., ed. *Carbonated Drinks: An Illustrated Quarterly Gazette* (New York) 1, no. 2 (October 1877) through 2, no. 4 (April 1878).

Vought, Elizabeth. "Five Ingredients: True Vanilla." *Gourmet* (July 2000): 121.

Wechsberg, Joseph. "The Historic Café Procope." *Gourmet* (September 1972): 18 - 71.

Weir, Caroline, and Robin Weir. "The Egg and Ice." *Ice Screamer*, no. 112 (November 2006): 3 - 14.

Weir, Robert J. "An 1807 Ice Cream Cone: Discovery and Evidence." *Food History News* 16, no. 2 (2004): 1 - 2, 6.

Willinger, Faith Heller. "Gelato: The Inside Scoop on Italian Frozen Desserts." *Gourmet* (July 1991): 94 - 97.

手册

Connecticut Light & Power's Holiday Recipe Book. Hartford, CT: Connecticut Light & Power, n.d.

Cooking with Norge Cold. Detroit, MI: Norge Division, Borg-Warner Corporation, 1941.

Coolinary Art. Schaumburg, IL: Admiral Home Appliances, 1983.

Dainty Desserts, Salads, Candies. Johnstown, NY: Knox Gelatine, Charles Knox Company [1915?].

Desserts That Make Themselves. New York: Auto Vacuum Freezer, n.d.

Frigidaire Frozen Desserts. Dayton, OH: Frigidaire, 1930.

Frigidaire Recipes. Dayton, OH: Frigidaire, 1928.

How to Freeze Foods. Cleveland, OH: General Electric, n.d.

International Harvester Refrigerator Recipes. Chicago: International Harvester, 1950.

Live Better with Your 1951 General Electric Space Maker Refrigerator. Cleveland, OH: General Electric, 1951.

Silent Hostess Treasure Book. Cleveland, OH: General Electric, 1932.

The Westinghouse Refrigerator Book. Mansfield, OH: Westing house, 1935.

Your Frigidaire Recipes. Dayton, OH: Frigidaire, 1938.

网站

"About Dreyer's: Dreyer's Historic Headlines." N.d. Dreyer's Grand Ice Cream, www.dreyersinc.com, accessed July 22, 2008.

Baldock, Maurita. "Eskimo Pie Corporation Records, 1921 – 1926, # 553." 1998. Smithsonian National Museum of American History, Archives Center. Advertising, Marketing, and Commercial Imagery Collections, http://americanhistory. si. edu/archives, accessed July 23, 2008.

"Caraffa." Units and Systems of Units. 2001. Sizes, www.sizes.com/ units/caraffa.htm, accessed July 21, 2008.

"Company History." 1995. Hugh Moore Dixie Cup Company

Collection, 1905 – 1986. Compiled by Anke Voss-Hubbard. Lafayette College Libraries, Easton, PA, ww2.lafayette.edu/~ library/special/dixie/dixie.html, accessed July 22, 2008.

"The Court Dessert in Eighteenth Century France." 2003. Historic Food: The Website of Food Historian Ivan Day, http://www. historicfood.com, accessed July 23, 2008.

"Eleanor Parkinson Biography" and introduction to *The Complete Confectioner*, *Pastry-Cook*, *and Baker*. February 2005. Feeding America: The Historic American Cookbook Project. Michigan State University Library, http://digital.lib.msu.edu/projects/cook books/html/project.html, accessed July 23, 2008.

Feeding America: The Historic American Cookbook Project. February 2005. Michigan State University Library, http://digital.lib.msu. edu/projects/cookbooks/html/project. html, accessed July 23, 2008.

Gale, Jeffrey B. "Carvel Ice Cream Records, 1934 – 1989, ♯ 488." 1993. Smithsonian National Museum of American History, Archives Center. Advertising, Marketing, and Commercial Imagery Collections, http://americanhistory. si. edu/archives, accessed July 23, 2008.

"Georgian Ices." 2003. Historic Food: The Website of Food Historian Ivan Day, http://www.historicfood.com, accessed July 23, 2008.

Green, Hardy. "The Man Who Brought Ice to the Masses." *Business Week Online* (February 2003), www.businessweek.com/magazine/ content/03_08/b3821033.htm, accessed July 23, 2008.

"Herrell's in the Media," quoting *Entrepreneur Magazine* (March 1987). Herrell's Ice Cream, www.herrells.com, accessed July 23, 2008.

"History." N.d. Junket Desserts, www. junketdesserts. com, accessed July 23, 2008.

"A History of Ice Cream in Philadelphia." 2008. Chilly Philly Ice Cream，www.chillyphilly.com，accessed July 23，2008.

"Ice Cream Recipe." N. d. Thomas Jefferson's Monticello，www. monticello.org，accessed July 23，2008.

"Ice House." N.d. Thomas Jefferson's Monticello，www.monticello. org，accessed July 23，2008.

"I'll Take Vanilla." *Time* (May 11，1942). Time Archive. 1923 to the Present，www.time.com/time/archive，accessed July 23，2008.

"Industry Facts: Ice Cream." N. d. International Dairy Foods Association，www.idfa.org，accessed July 23，2008.

"Jell-O: America's Most Famous Dessert." N. d. Duke University Libraries Digital Collections，http://library. duke. edu/ digitalcollections/eaa.ck0050，accessed July 22，2008.

Kassel，Dominique. "Tout va très bien Madame la marquise." June 2005. Ordre National des Pharmaciens. Documents de référence，Histoire et art pharmaceutique，www. ordre. pharmacien. fr，accessed July 22，2008.

Moak，Jefferson M. "The Frozen Sucker War: Good Humor v. Popsicle." *Prologue Magazine* (Spring 2005). U. S. National Archives and Records Administration. www. archives. gov/ publications/prologue/2005/spring/popsicle，accessed July 23，2008.

Norton，Marcy. "Dairy Queen History Curls through Area." 1998. Progress '98: 300 Things That Make the Quad-Cities Great，http://qconline.com/progress98/business，accessed July 23，2008.

"Patterns." *Time* (June 15，1942). Time Archive. 1923 to the Present，www.time.com/time/archive，accessed July 23，2008.

Porta，Giambattista della. *Natural Magick*. Bk. 14，chap. 11，"Of Diverse Confections of Wines." 1658，http://homepages.tscnet. com/omard1/jportac14.html♯bk14X1，accessed July 23，2008.

"Real Scoop," *Time* (April 7, 1958), Time Archive, 1923 to the Present, www.time.com/time/archive, accessed July 23, 2008.

Reynolds, Al. "IAICV Memories: The History of Ice Cream." 1998. International Association of Ice Cream Vendors, Philadelphia, www.iaicv.org, accessed July 23, 2008.

Ryan, Chris. "An Old Favorite Gets New Attention." *Fresh Cup Specialty Coffee & Tea Trade Magazine* (July 2005), www.freshcup. com, accessed July 2008.

"Sarah Tyson Rorer Biography." February 2005. Feeding America: The Historic American Cookbook Project. Michigan State University Library, http://digital. lib. msu. edu/projects/ cookbooks/html/project.html, accessed July 23, 2008.

Seaburg, Carl, and Stanley Paterson. "Frederic Tudor, the Ice King." September 2003. Harvard Business School. Working Knowledge Archive, http://hbswk.hbs.edu, accessed July 23, 2008.

Sherman, Mary. "Manufacturing of Foods in the Tenements." 1906. Tenant Net: Tenants' and Renters' Rights, New York City, www. tenant.net/community/les, accessed July 23, 2008.

Skow, John. "They All Scream for It." *Time* (August 10, 1981). Time Archive. 1923 to the Present, www. time. com/time/archive, accessed July 23, 2008.

"Wafer Making." 2003. Historic Food: The Website of Food Historian Ivan Day, http://www.historicfood.com, accessed July 23, 2008.

专利文献

Burt, H. B. Process of Making Frozen Confections, patented October 9, 1923. U. S. Patent No. 1,470,524.

Cralle, Alfred L. Ice-Cream Mold and Disher, patented February 2, 1897. U. S. Patent No. 576,395.

Johnson, Nancy M. Artificial Freezer, patented September 9, 1843.

U. S. Patent No. 3，254.

Marchiony，I. Mold，patented December 15，1903. U. S. Patent No. 746，971.

Valvona，Antonio. Apparatus for Baking Biscuit-Cups for Ice-Cream，patented June 3，1902. U. S. Patent No. 701，776.

译　后　记

　　校订完这部《糖与雪》的时候，我刚刚顺利结束了14天的上海回甬人员集中隔离与健康监测。此前80余天，我被"封"在上海大学宝山校区，经历过"足不出校"的寂寞，忍受过"足不出楼"的煎熬，也生平第一次涌起了对工业化甜食（或曰"垃圾食品"，譬如可乐、粗制奶糖、代可可脂小蛋糕）的强烈渴望。回想起那段物资相对贫乏、每日生活高度同质化，三餐都与"塑料盒"打交道的"封校"日子，我发自肺腑地感激那些不健康却浓烈馥郁的甜食，谢谢它们给我送来了些许身体与心灵的双重慰藉。

　　其中让我尤其怀念的是，"封校"之初校内超市还在正常运转时所能购得的冰淇淋。那几周天气异于往年，虽是早春，热胜初夏。当时尚未"足不出楼"的我，时常约请室友郭思恒博士一道信步泮池边，听他聊文人骚客、国际纵横。走着走着口干舌燥、汗流浃背了，便绕到教学楼下的校内超市，大啖一根巧克力脆皮包裹的雪糕。在那几天，以及后来被"禁足"的苦熬等待中，我总觉得冰淇淋透心的甜汁，就是飞仙才能一品的天上琼浆。倒不是说那款冰淇淋有多美味，但是在缺少甘甜与清净的"封校"日子里，这种片刻的安宁与喜悦着实珍贵、令人满足。记得在还"有的挑"的那几周里，我对两款冰淇淋青睐有加。第一款是号称"春季限定"的"樱花雪糕"，粉嫩的糖壳里藏着车厘子果酱点缀的冰淇淋，奶味交织着果味,浓烈的芬芳刹那间便充盈了口腔。另一款是抹茶味的同类型冰淇淋。我是个"茶迷",但由于很"突然"地封校,我从宁波带去的两周的茶叶库存很快断供。而更令我深感遗憾的是,多位老友馈赠下的 2022 年新茶,我直到六月初方才得以沏上一壶。所以那几天,抹茶冰淇淋里的淡淡茶味,总能让我肚里馋虫大动。树梢的"樱花",杯中的"绿意",两款冰淇淋让我的味蕾在一个"寂静的春天"尝到了"时鲜"。回到宁波后,我也隔三岔五享用各色冰淇淋,但似乎没有一款冰淇淋,能在我内心激起当时那种涟漪。

有意思的,当我结束逐字逐句译校文本,开始以文化欣赏姿态重读本书之际,我惊讶地发现,原来不久前我的那段"冰淇淋之思"(请原谅我挪用了无比风雅的"莼鲈之思"),竟然与冰淇淋发展的历史轨迹有如此多的合辙!从五花八门的"造型"冰淇淋到批量化生产的"格式化"冰淇淋,人们的甜品偏好在时时刷新,但冰淇淋制造商把握消费者的关键点却始终未变——审美与味觉一直是串联起冰淇淋与美好体验的两条纽带。这一体悟让我不禁陷入更深一层的思考:是什么促使冰淇淋总在审美与味觉方面与时俱进?

答案势必要从蛋筒或餐桌之外去找寻。这种超脱却并未脱离冰淇淋本体的历史复线,正是本书的可读之处。食品史的书写可以是重温食谱,也可立足分子层面,但最理想的状态,还是像本书这般既演绎了"吃的体验",亦讲明了"吃的由来",看着清楚明白又不索然寡味。事实上,在本书之前,已有好几部各语种的冰淇淋史著述面世,而且其中也有个别已译成中文。但是阅读比对后,我们深感本书把"老题目"做出了"新气象",也就因此下定决心,让本书再次与中国读者聊一聊冰淇淋的传奇。至于上面抛出的那个设问，考虑到很多读者朋友都和我一样，习惯在拆封新书后先浏览序言、后记，这里且容我"卖个关子"，约请朋友们到正文里自行叩问。我想正如冰淇淋的风味众口难调，很少会有读者在本书里看到与他人完全一致的图景——我特别期待读者朋友们能结合自身知识背景，做出个性化的诠释。我很希望看到"经济驱动""发明家创造"等平面化分析之外的其他理解。我尤其期盼朋友们能从多角度着眼，阐明为何"冰淇淋口味如何被'商业驯化'又如何走向'消费者驯化'"，以及"为何冰淇淋的表意造型永远是其最重要的附加值来源"这两项问题。我坚信，相关思考将有机更新食品史乃至物质文化史宏观研究的底层逻辑，让我们更好地感触食物与我们之间存在已久的一段段情缘。

这里我希望读者朋友也能思考一段本书着墨不多的历史。倘若把冰淇淋放在近代中国的语境里，它毫无疑问是一种舶来品。然而为数众多的海内外研究表明，中国唐代的"冰酪"才是现代冰淇淋的真正鼻祖。这就延伸出了一个更有思想张力的话题——唐代中国乳食、冰食勾连而成的"冰酪"，又是东土食俗与异域风情的一次交融。如果再把时间焦点拉至当代，诸如花生牛轧糖、高度白酒等创新口味冰淇淋，以及圆明园、故宫等"国潮"文创冰淇淋的诞生，何尝不是中国饮食系统吹向冰淇淋世界的一股清风呢？冰淇淋，以及多数其他世界性美食从来不是权势流动的单向输出品，它们依赖并造就了一个真正配得上"全球史"之名的大环流。此般"没有地道却处处都产生了地道"的国际风味，很好地揭示了全人类的"不相同而相通"。

本书成稿之际，我首先要向合作译者王燕萍女士致敬。燕萍的辛勤劳动与缜密行文，为本书翻译工作的顺利推进、胜利完成注入了必不可少的鲜活动力。我要特别感谢耶丽女士在我们翻译过程中提供的悉心指导与真诚鼓励，也要感谢上海社会科学院出版社章斯睿博士的编辑。作为我们共同策划的"食可语"书系的一员，本书从最开始的选题阶段，就凝结着章斯睿博士的智慧与汗水。与此同时，我要向宁波大学项霞教授、上海图书馆黄薇博士，以及宁波财经学院沈荟老师表示由衷的谢意，她们为本书翻译工作答疑解惑，令许多难点拨云见日。本书的翻译、出版，也得到了诸多其他师友的鞭策、勉励，囿于篇幅，恕不能逐一列出尊名，教诲之恩，赜韬与朋友们必当谨记。我也要感谢小犬太极，每届暑天，你总会卖萌讨冰淇淋吃，这些年来你舔冰棍的痴迷神情，成为我们家和很多朋友的经典"开心果"。说到这，我忽然想到可以和耶丽女士谈谈，请她写写其他动物与冰淇淋的故事。是啊，人类无法放下的甜蜜诱惑，其他动物想来也难以抗拒吧！

邹赜韬

2022 年 6 月 6 日

记于宁波鄞州

图书在版编目(CIP)数据

糖与雪：冰淇淋与我们相遇的五百年／（美）耶丽·昆齐奥（Jeri Quinzio）著；邹赜韬，王燕萍译.— 上海：上海社会科学院出版社，2024
书名原文：Of Sugar and Snow：A History of Ice Cream Making
ISBN 978 - 7 - 5520 - 4284 - 9

Ⅰ.①糖… Ⅱ.①耶… ②邹… ③王… Ⅲ.①冰激凌—介绍 Ⅳ.①TS277

中国国家版本馆 CIP 数据核字(2023)第 244064 号

糖与雪：冰淇淋与我们相遇的五百年

［美］耶丽·昆齐奥 著　邹赜韬、王燕萍 译
责任编辑：章斯睿
封面设计：黄婧昉
出版发行：上海社会科学院出版社
　　　　　上海顺昌路 622 号　邮编 200025
　　　　　电话总机 021 - 63315947　销售热线 021 - 53063735
　　　　　https://cbs.sass.org.cn　E-mail：sassp@sassp.cn
排　　版：南京展望文化发展有限公司
印　　刷：上海雅昌艺术印刷有限公司
开　　本：890 毫米×1240 毫米　1/32
印　　张：10.5
插　　页：2
字　　数：243 千
版　　次：2024 年 3 月第 1 版　　2024 年 3 月第 1 次印刷

ISBN 978 - 7 - 5520 - 4284 - 9/TS · 019　　　定价：68.00 元